易行健 著

全球三十亿爱茶者
不可不知的中国原创文化

复旦大学
出版社

中华茶道——和、清、静、美。

和者，乃是一种架构。它是一种具有格局和气度的逻辑，是中国茶道的核心要义，唯和而不同，方成天下大同。天和、地和、人和，世间万物各归其位、自适相和。和，是为茶之世界观。

清者，乃是一种态度。为人清白，为政清廉，做事清楚，思维清晰，判断清醒，诸物清洁。穷则独善其身，达则兼济天下。虽恶小而不为，虽善微而为之。自律，自省，自觉，勤俭，坚守，执着。清，是为茶之人生观。

静者，乃是一种状态和价值取向。有定力，不随波逐流，不人云亦云。静察世事，静观变幻，宠辱不惊，物来顺应。人不知而不愠，不以物喜，不以己悲。不喧闹，不浮躁，不盲从，不争宠。静，是为茶之价值观。

美者，乃是一种审美，亦是一种追求，更是一种善果。以付出为美，以渡人为美，以修善为美，以孝敬为美，以举案为美，以慈爱为美。在所有的努力之后，接受不完美之美。成人之美而达己，美不胜收。美，是为茶之审美观，亦是茶之形而上的终极觉解。

开 卷 的 话

　　泡一杯明前的狮峰龙井，我在西子湖畔看莺飞
燕舞，也等你。暖风夏至，饮一瓯福鼎白茶，用建
盏曜变的釉彩映照出夏天的蝉鸣树影，观一池荷花
开放，等待莲池舟动你的身影。秋风起时，沏一壶
上好的武夷岩茶，迷醉于令人上瘾的岩骨花香，望
不穿秋水也难戒积年的欢念。终于，在冬天，窗外
飘着雪，梅花绽放，风炉上煮一罐浓酽的云南古树
普洱茶……你来，或者不来，我就在那里。

　　微笑着，翻开这本《茶道两千年》。

茶禅无心问

（代序）

（一）

　　一叶知秋。中国的文字和文化，美得不可方物。其中饮茶文化居于琴棋书画诗酒茶之列，又隐于柴米油盐酱醋茶之间，处于形而上之下而又跻身于形而下之上，自神农氏尝百草得茶解毒的传说以降，历代帝王公卿、文人雅士皆喜好之，世间黎民百姓、贩夫走卒亦普爱之，犹以唐宋以后茶成为国饮，陆羽因著《茶经》传于后世而受各国茶界尊崇。

　　衣食足而爱茶饮。历史上中外各国饮茶都是从富裕阶层开始，然后逐渐向中下层蔓延以至形成社会风习。我国古代的帝王将相、文武官员、诗人雅士，欧洲早期的王公贵族、巨贾商人和殖民者，莫不如是。社会经济兴盛之后往往继之以文化的繁荣，比如中国的茶饮兴于唐而盛于宋，以隋唐经济发展和两宋社会发达为基础和背景，宋徽宗在《大观茶论》中所谓"至治之世，岂惟人得以尽其材，而草木之灵者，亦得以尽其用矣"。英国乃至欧洲在资本主义兴起和工业革命之后，经济与社会发展领先世界，而后饮茶文化渐趋兴盛，以至社会各阶层趋之若鹜而不产茶的英国以英伦下午茶闻名于世。

　　一个国家或地区的文化往往因其政经的强盛而影响并输入其他国家和地区。万邦来朝的大唐在朝贡贸易和对外交流中经由丝绸之路将中国的丝绸、瓷器及茶文化输出至日本、朝鲜半岛以及吐蕃、南诏等地，远至中亚、西亚和地中海地区。美国在二战以后因其经济和政治的强盛而将肯德基、麦当劳开遍了全世界，奥斯卡和好莱坞电影成为全球影业的流行风向标。中国在蛰伏百年而卧薪崛起之后，礼仪的重建、文化的兴盛必成回归及螺旋上升之势。茶文化源于中国而源远流长，益于国民健康而蕴涵礼仪文化，中华茶道的复兴与繁盛已经成为当然趋势。茶文化将更具象而场景化地融入渐富起来的中国人的日常生活，并且成为新生活的艺术。

<h1 style="text-align:center">（二）</h1>

当人类社会以科技为运载工具，沿着物质至上的轨道向前飞奔的时候，人们在物质占有和消耗的满足感中对未来的隐忧甚至焦虑却日甚一日，精神的退却和失去领航位置令失去约束和藩篱的物质加速显性式膨胀，不同主体之间的矛盾和冲突在不断累积和消解中持续堆高。沿着牛顿和爱因斯坦绘制的宇宙航图自信地前进了几百年之后，人类似乎又进入了时空认知的浩瀚盲区。外部难以突破的困境又让人回归内省的自我观照，千百年来的人生难题依然以无解的姿势傲睨着人类的智者和哲学家。急于寻找出路的运势规律论者以史为鉴，得出了人类再次到了大突破、大解放前夜的乐观主义判断。

困扰了人类千年的人生意义问题至今悬而未决。前不见古人、后不见来者的困境甚至让人对问题本身产生了怀疑。古今中外的哲学家概莫例外地皓首以思，他们都曾经衣带渐宽、独上高楼，望不尽天涯路遥。很多人后来因为耽溺于红尘世事或承压于思考苹果为什么会从天上掉下来等逻辑和技术性问题而遗忘或隐却了这个终极性的命题。

<h1 style="text-align:center">（三）</h1>

Coffee or Tea? 这个问题是若干年前中国人出国时在欧美宾馆的早餐厅里听到微笑的侍者问得最多的一个问题。在愉快地做出了早餐佐餐饮料的决策之后，也有人仍然对于红茶为什么会称为 Black Tea 而不

是 Red Tea 而困惑不已。中国人用"茶以色分"和发酵逻辑将茶分为白茶、绿茶、黄茶、青茶、红茶和黑茶六大类的分类方法别具诗意和实用价值，日本人"茶以形分"的方法至今得到日本茶道的坚守，印度、斯里兰卡、肯尼亚的茶商采用 CTC 制茶和工业化拼配的方法来满足不同市场的需要，欧美国家的茶界人士则更倾向于用茶多酚氧化的逻辑来定义茶类并发明各种调和、包装和营销方法来迎合不同消费客群的期望。自维多利亚时期盛行的英伦下午茶已经成为英国文化的标签之一，许多英国人对 300 年前来自中国福建武夷山的"正山小种"红茶依然有着贵族饮品信仰式的怀旧。

中国人饮茶有悠久的历史。神话故事中有神农氏尝百草遇茶解毒的传说，西汉文学家王褒撰写的《僮约》成为史籍里中国人最早饮茶的记载，司马相如将茶列为 20 种有名中药材之一，公元前 59 年吴理真道人第一个在四川蒙顶山栽植人工茶树制茶而被尊为茶祖，三国时东吴孙权的孙子孙皓在宫廷中宴饮赐茶而留下了"以茶代酒"的最早典故，唐朝中期陆羽所著《茶经》耀然问世而令茶圣之名传于中外，宋徽宗则以帝王之尊领衔宋代的点茶艺术并撰《大观茶论》传世，朱元璋废团兴芽的茶政改变了后六百年中国茶业的走向，乾隆帝六下江南五题龙井则在江湖留下了盛世爱茶的佳话。白居易、欧阳修、苏轼、温庭筠、李清照、耶律楚材、关汉卿、郑板桥、金庸等一众文人墨客以无数茶诗、茶词、茶曲、茶文为中国茶文化添注底蕴，日本的最澄、空海、荣西等高僧将中国茶道之唐物宋艺传至东瀛而令唐宋茶礼茶艺幸以得到传承和发扬。15 世纪末的航海探险和地理大发现开辟了中国茶传往欧美的海上通路，1775 年"波士顿倾茶事件"引燃的美国独立战争改变了后两百多年的世界格局，而大部分人不知晓影响中国近代史进程的两次鸦片战争的最初起因是由于茶叶贸易引起的巨额国际贸易逆差。进入 21 世纪以后，非洲肯尼亚经百年发展而成长为全球第一大茶叶出口国，人均茶叶消费量第一的头衔落在了有着复兴奥斯曼帝国荣耀梦想的土耳其人头上，中国则重新登上了世界第一产茶大国的位置并呈遥遥领先之势。

（四）

互联网的发展深刻地改变着世界。15世纪末、16世纪初哥伦布、达·伽马、麦哲伦航海探险发起的第一轮全球化努力让中国的茶叶通过海上贸易传至世界各地。20世纪初美国莱特兄弟驾驶着发明的第一架飞机"飞行者一号"开启了世界航空史的进程，包括茶叶在内的世界物产加速了全球性的流通和交易。21世纪以来移动互联技术的日新月异正加速着全世界的物质财富乃至知识文本的交互与传播，线上信息高速公路和线下陆路、海路和空中航路连接，将全世界的物产以供需框架和商品形式快速输往全球的各个角落。这一次互联网技术革新的兴起，更对人类知识的传播方式产生了革命性的影响，知识文本能够在互联网上实现秒送和病毒式的散播，不同区域、不同领域的知识在经过交互、叠加、互混、竞优、组合之后产生了几何级的信息能量。数字技术和人工智能正裹挟着人类文明以前所未有的加速度驶向未知而浩瀚的时空，曾经以快为正向价值取向的人类或许已经生出些许隐隐的不安全忧虑，正如霍金在离世前给予世界的警告。

系统无法决定自身的运行方向和速度，它因循着既定的轨道飞速前进。以人类目前的三维世界观和辩证法语境而言，有利有弊、快慢相对、全球共运或许可以作为抗拒焦虑、宽慰躁进的缓释方法论。碎片化的知识和信息已呈海洋式漫灌全人类，背后是庞大的政治逻辑和商业结构化诱导，信息的洪流不可避免地持续冲击着个人的既有知识体系和世界观，执着地蚕食并动摇着人们的价值取向和人生方向。如果意图不被淹没和迷失，源头探寻式的知识获取和逻辑性实事求是，独立、系统化的思考及体系建构或许可以成为人们免于被喂食意识食粮而被结构化的重要途径。形成一种持续性的自辨别、自选择、自结构、自扬弃、自完善的机制成为抵御被解构的可能路径，甚或可以防御个人的信念和核心价值免于被稀释、分解乃至击溃。对一事一物系统性地研究和体系化构建，通过溯源和机理梳理形成闭环，或许可以引致对初心和价值的坚守。

（五）

只有当所有的浮华褪去，事物才露出它本真的面目。未来二十年经济的缓速降温或许正为下一轮全球经济的复苏与繁荣蓄势，人们获取财富的速度正趋于平缓，经济高速成长时期的躁动与泡沫正渐渐消解，对于未来的再规划、价值观念的修复、生活品质的提升、人生圆满的思考以及知识技能的充电将成为社会生活的重要内容。中外历史上这样的时期往往会带来饮茶文化的兴盛，或无事幽坐，或思索内省，或舞文弄墨，或以茶会友，茶艺、茶礼、茶德、茶道将兴起于各类高雅或休闲场所，辅以高端的文化讲座、主题分享、禅修悟道、品茗读书、知己倾谈乃至插花研习等文化活动，茶将成为人们举行各种分享和共暖活动不可或缺的侣友。中国和日本的饮茶式其文化意象浓厚但是宜于小众场景，而欧美各国工业化拼配和袋泡茶、瓶装茶的方式则适用于大众消费和量化供给。如何既做到茶道的广为传布而又保持饮茶文化的格调高雅，东方文化与西方技术的深度融合和协同或许是茶业进入更加繁盛通道的法门。

（六）

茶宛如一个高明的诱惑者，对爱茶人的吸引力拿捏得恰到好处。玄妙在于它坚守了不对他人造成损害的底线，从而令茶在人们的心目中建立了温良而友好的意向，润物无声地潜移默化入了人们的生活。茶似乎天生君子的谦逊和涵养，不骄不躁、心平气和，以枝头舒展的翠绿到高温烘焙的高跨度转变，期待着一期一会的浴水重生，以不绝如缕、沁人心脾的茶香韵味，解君体乏、扩人胸襟、启发心力、增益意志。茶又好像天生了女性的智慧，不强势、不张扬，自修禅、自美丽，养成温润的美和幽长的韵味，以颜值和气质吸引喜爱者长情的告白，以偶然的机会相遇成一世的恋情。喜爱某项事、物、人而形成生理和心理上的依赖谓之上瘾，上瘾者容易对自己造成财富损失或身体损害，因此人们对于可能上瘾的事物往往比较警惕。涉世不深的年轻人对倾慕对象用情过深容易伤情伤身，玩物丧志成为人们对迷恋不悟的负向警示性语言，喝酒过量容易对酒精产生依赖，吸烟过多引发肺部疾病的发病概率上升，咖啡喝得过多容易对心脏造成压力。唯有茶，如上苍恩赐的福祉，除了晚间饮用可能令当夜难以入眠以外，还未见有对人有损害的记录或报道，由于饮茶而治愈头痛、胃病、肠疾等事例反而时常闻于亲友乡邻。

（七）

将坊间涉茶史籍与散见于各种刊媒的有关茶的论述，输入经年的饮茶感知与研茶实证，以时间为纵轴予以梳理，择其主脉和概要，剪其枝蔓、摘花取果，加以政治、战争、诗词等背景史实的横向相映旁证，令茶的起源与繁盛脉络清晰而重点凸显，兼以通白优畅的文字洗练描述，使阅读者在轻松愉悦的时光中掌握茶的千年历史，从而对茶产生乡情而时尚的情感交互和深层认知，不受俘于星巴克咖啡的浮香和网红水杯，乐见曾为唐宋国饮的茶再燃成时代的徽章和烽火。虽则囿于作者学养和功力而有站位不高、史料不全、资讯不足以及力所不逮的忧怯隐生于心，然而思及茶文化之兴盛须有不揣孤陋而添砖加瓦者，遂在薪火相传和各尽其力的使命感召下落笔成真。放下文以载道的重负，恰似茶友相会品茗，将一期一会的茶道精神和对生命的思考注入严谨而豁达的人生，知识与思想的分享其愉悦或远大于物质收获的欲望满足。

（八）

存在即合理，这样的哲学性判断令人愉悦、放松而失去警惕，让既成事实和既得利益开怀大笑，然而也容易让一个既存系统逐渐走向自我封闭和陈腐朽坏，从而让颠覆者和替代者看到了革命性的机会和路径。

一个冀望长期存在的事物或系统，必须建立起自怀疑、自否定、自扬弃、自修复、自完善的机制，常态化地去芜存菁、吐故纳新、与时俱进，在坚守特定时空核心价值和理念的基础上，根据系统外部环境的变化持续不断地创新与改进，增强系统存在的必要性、合理性建设，提升能量输出、输入与调适的能力，始终沿着时间矢量的方向与时代同步发展。

日本名僧千利休受师父之命去打扫院子，却发现院子此前已经被师父清扫干净，于是他摇落了院中几棵树的树叶，认真地打扫起院子来，此举居然深得师父的嘉许，千利休日后成为一代日本高僧和日本茶道的集大成者。唐朝时的禅宗大师赵州和尚，曾以同样三句"吃茶去、吃茶去、吃茶去"应对不同使命的三位学法者，以此显示其无差别心和对世界本质的认知。如果你问赵州禅师："敢问大师，人生到底有何意义？"大师必答曰："吃茶去！"如果你又问赵州禅师："敢问大师，人类将往何处去，吉凶如何？"大师亦必答曰："吃茶去！"如果你再问赵州禅师："敢问大师……"大师亦必答曰："吃茶去！"

泡一壶上好的武夷岩茶，我们喝茶去。

易行健

2020 年 3 月

目　录

第三辑　济天下·茶道传布与散播的早期路径 / 111

　　孟子曰：穷则独善其身，达则兼济天下。这种与格物、致知、诚意、正心、修身、齐家、治国、平天下一脉相承的儒家精神千百年来已然成为大部分中国人安身立命的人生信条。

第四辑　东渡扶桑·茶道的东瀛传承与发扬 / 133

　　日本民族文化中的剑道、花道、茶道、棋道、歌道等其理念和精神源于 12 世纪末期日本著名隐士歌人鸭长明。中国的茶随日本留学僧从唐朝传入东瀛以后，在传承和弘扬过程中融合成为集宗教、哲学、伦理和美学为一体的综合性文化艺术，最终集成升华为日本茶道。

第五辑　西向东至·欧洲通往神秘东方的航海探险 / 155

始于 15 世纪的大航海是人类历史上第一次全球化努力，裹挟着宗教情节的地缘政治需要以及称霸世界的抱负与野心，西欧各国都冀望开辟出通往东方大陆的海上航路，从而绕过被阿拉伯人扼守的东西方贸易的陆上通道，去往《马可·波罗游记》中描绘的东方神秘富庶流金之地。

第六辑　芽茶大兴于明清·全球化背景下茶叶成大宗国际商品 / 179

洪武二十四年（1391），明太祖朱元璋颁下诏令，为减轻茶户劳役而"废团兴芽"。从此散茶崛起成为主流，泡茶道兴起迭代了点茶道，改变了此后 600 年中国乃至世界茶业的走向。

第七辑　欧洲宗主国茶税引燃美国独立战争 / 203

蝴蝶效应诠释了事物之间具有普遍的关联性，亚马孙河流域的
一只蝴蝶扇动一下翅膀，可能在南美洲引发一场浩大的飓风。

第八辑　资本主义全球扩张与茶资源的世界性配置 / 215

工业革命和资本主义生产方式扩张带动全球化市场的形成，世
界各国和不同地区因其禀赋和生产能力的差异而产生比较优
势，大宗商品在国际和地区间的贸易交换中被逐渐纳入全球化
资源配置的范畴。

第九辑　全球茶叶分布与著名产区 / 239

摊开一张世界地图，除了北美洲和南极洲以外，亚洲、非洲、欧洲、南美洲、大洋洲五大洲都有茶叶产出，其中亚洲和非洲是主要产茶区域。

第十辑　风雅颂·茶诗茶词茶曲茶文化 / 275

唐、宋、元、明、清五朝历经一千三百年，其间以茶入诗、词、曲、文、画者不计其数，凡李白、杜甫、白居易、李商隐、欧阳修、苏轼、陆游、曾巩、朱熹、唐寅、曹雪芹等皆有涉茶佳作，乾隆、嘉庆亦有御笔茶诗留于后世，茶诗、茶词、茶曲、茶文、茶画等帧卷浩繁、多不胜数。

第十一辑　爱茶者说·古今人物竞风流 / 333

此身合是诗人未？细雨骑驴入剑门。你以为青衣小帽的书生，实为仗剑走天涯的剑客。煮一壶茗茶，处江湖之远，笑看窗含西岭千山雪，犹论心忧庙堂社稷事。

第十二辑　饮一盏茶·漫话人生哲学 / 367

茶盏里的倒影，千百年来始终在。一个人外在的财富、人脉、感情恰在他的内心心湖中形成倒影，内化成心绪、境界和理念，由内而外扩散外化于表情、精神与状态，即所谓境由心生。你看到的世界，恰是世界看你的样子。

引　言
电影里茶的历史

> 谁谓荼苦，其甘如荠。
>
> ——《诗经·邶（bèi）风·谷风》

《赤壁》·一盏茶的工夫

对酒当歌，人生几何。譬如朝露，去日苦多。

慨当以慷，忧思难忘。何以解忧，唯有杜康。

青青子衿，悠悠我心。但为君故，沉吟至今。

呦呦鹿鸣，食野之苹。我有嘉宾，鼓瑟吹笙。

明明如月，何时可掇。忧从中来，不可断绝。

越陌度阡，枉用相存。契阔谈讌[1]，心念旧恩。

月明星稀，乌鹊南飞。绕树三匝，何枝可依。

山不厌高，海不厌深。周公吐哺，天下归心。

[1] 讌（yàn），同"宴"。

这首著名的《短歌行》，作者曹操，写于公元 208 年赤壁大战前夕。

许多年以后，曹操依然难以相信，因为与小乔喝了一盏茶，输了赤壁之战。

没有人会相信。

然而 1800 年后的一部公映的电影，是这么演的。好像也没有人特别来反对吴宇森导演拍摄的这样一个结果，以及造成这样一个结果的过程。

因为，历史上曹操确实输了赤壁之战。

曹操原本也打算在铜雀台与小乔、大乔一起烹茗煮茶，甚或有人弹一曲，有人歌一曲。他甚至也想好了豪气任性的话，弹错了也不妨，因为擅长抚琴的周郎已经不在了，唱错了也不打紧，因为精通音律的孔明也不在了。

这是说如果。如果，他赢了赤壁之战的话。

曹操后来也一定对赤壁之战进行了复盘，所有的定量和变量都指向他会赢得这场力量悬殊的战争。

八十万对十一万，战船，武器，粮草，天时，风向，备战，操练……他和他的团队已经为胜利谋划和安排好了一切。

探子回报江东可能采用火攻。曹操听完，笑了。

火攻是一个好计策，诸葛亮、周瑜想到了，曹操当然也想到了。黄盖诈降，身经百战、老谋深算的曹操焉能看不出来。螳螂捕蝉，黄雀则将计就计。

那么风呢？江南的冬天，尽吹西北风啊。

曹营的战船如果发起渡江进攻，向着东南方向顺风顺水、疾速而至，要用火攻也得是曹军才可以。逆风火攻，曹操心里呵呵了两下。

然而，时间有时候会改变一切。

虽然连周瑜也不大相信诸葛亮祭天能在冬天里唤来东南风，但是六月飞霜、太阳天下雨的小概率事件确实会发生。

诸葛亮心里最担心的，是曹军会提前发起进攻。

善战的曹操也确实是这么安排的。

这时候，美丽而有心机的小乔出场了。她本来应该像绝大部分江南女子一样，端坐在闺房里为即将开战的夫婿祈祷。然而，电影里她只身来到了曹营。

曹操心念的女子，果然有胆识。

电影桥段：小乔气韵清娴、温润如玉，微笑间玉手纤纤、兰花指动，煮水，烹茶，盛舀茶汤，奉茶。

小乔："别急，先观汤色，闻茶香。"

曹操："这烹茶最难的是什么？"

小乔："茶叶，火候，水质，器皿，都有讲究。"

"比较难的是煮水……沸如鱼目微有声，为一沸。边缘如涌泉连珠，为二沸。此时用茶，茶品最佳。腾波鼓浪，为三沸。再煮的话，水就老了，不能喝了。"

时间此时或已凝滞了。江南仕女的婉约风姿，似有若无的茶的清香，已然轻微撩动了一个北方男子粗犷的野心之心，更加深了他此战必胜、不差这一会儿的意识流自负。

然而一盏茶的工夫，风向变了……

许多年以后，当老骥伏枥、志在千里的曹操再次想起赤壁之战前喝的这一盏茶，他懵懂的心执意认为这是命中注定的。

不然，怎么解释呢？宁教我负天下人、休教天下人负我的曹孟德，会因为一个女子的一盏茶，而输了一场战争吗。

不可能。

然而，逻辑上不成立的命中注定，也是一种选项或可能。

英雄难过美人关，天下一物降一物。

世界上还有多少因为时间的变化而令一个胜利的决策变成了一个失败的选择，令一个正确的选择变成了截然相反的决定。然而那个错失时机而做错决定的人，断然不会告诉你，他的犹豫和迟疑，是因为心底默念了一抹红颜而贻误了时不再来的绝佳战机。

成败得失非关茶。

但是一盏茶的工夫，形与势和果，都会发生变化。

芳草萋萋，春风吹又生。

《日日是好日》· 阅尽千山

日日是好日。

这是日本著名禅师云门文偃说过的一句话。

至简，至朴，然而有道存焉。犹如阅尽千山万水后的见山还是山、见水还是水，浮烟散去而心未蒙尘，不以物喜与己悲，自然心如花之盛开。

根据日本茶道大家森下典子所著的茶道日记而拍成的《日日是好日》，是一部自传体式电影。该片被评为2019年日本十佳影片之一。

电影讲述的是20世纪90年代，即将大学毕业的中产家庭女儿——典子，因为陷入人生的迷茫而到表千家茶室学习茶道，历经二十四年寒来暑往的坚持研习与感悟，最终悟道生命真谛的故事。

表千家茶道是16世纪日本茶道集大成者千利休的嫡传流派。

茶室是典型的草庵风格，日式榻榻米整洁、宽敞、明亮，墙上挂着卷轴，横梁上悬着"日日是好日"的匾额，茶具与茶器精美而庄穆，风炉、铁釜、竹杓、茶盒、茶盏各安其位、井然有序，室外的亭院绿树掩映，流水潺潺……

日本茶道，和、敬、清、寂。

如果不是为了对冲由于焦虑、纠结和失去方向带来的痛苦和迷惘，即便面对如此良辰美景，典子本来也很难在茶道研习上坚持下去。一个简单的动作重复进行，规范的流程一成不变，快了不行、慢了不对，高了不准、低了不可。连叠一帕帛纱也要十几个动作才可以完成，折起来、放下来、再折起来，亭主进入茶室时必须按礼仪先迈左脚，六步走完一张榻榻米，不得踩踏边缝处，舀水时手势举轻若重、捧罐时用力举重若轻……茶道老师武田对每一个动作都言传身教，极为耐心地讲解示范，一个个步骤用身体去记忆，强调不用脑子强记茶道的动作，渐至人、物、动作浑然一体。

武田老师的扮演者是日本国宝级女演员树木希林，其演技精湛已至炉火纯青。她像一株老树梅花，头发花白、身着和服，平静而慈瑞地端坐在那里，表情祥和、声调平缓，舀水、煮水、茶筅击拂，每一个动作似乎都与生俱来，无需记忆与思考，讲的话如水顺溪流，通俗而易懂，不说教、不勉强，顺其自然，深谙哲理，而又直达人心深处。

总之就这么做。不明白意义也没关系，先照着做吧。

与其因为找不到想做的事而焦躁不已，不如开始做些具体的事。

有些事情其实不必勉强去懂。勉强自己试图去了解，却徒劳无功，其实是时候未到，时候到了自然了然于胸。

人生在世，虽然一切均应向前看，充满光明本具有价值。然而，若无反向事物的存在，反而显现不出"光明"的价值。两者共存，才能相互映照深奥的意义。所以，不必妄加断言何者必为善、何者必为恶，各有各存在的意义。

沏茶时，重的东西要轻轻放下，轻的东西才要重重放下。我们往往因为用力过度而造成自己与他人的负担，所以"举重若轻"才是用心而不过度用力的智慧表现。

庸庸碌碌的大半辈子一直像水滴落杯中一样，直到滴满杯子，也没有发生任何变化，尽管杯里的水表面张力已高出杯面。但当某日某一时刻，决定性的一小滴水滴打破均衡，那一瞬间，满溢的水便会朝杯缘宣泄而下。

世上的事物可归纳为"能立即理解"和"无法立即理解"两大类，能立即理解的事物，有时只要接触过后即了然于心。无法立即理解的，往往需要多次交会，才能点点滴滴领会，进而蜕变成崭新的事物。而每次有更深刻的体悟后，才会发觉自己所见的，不过是整体的片段而已。

见山是山、见水是水，见山不是山、见水不是水，见山还是山，见水还是水。山还是山，水还是水。

有人站在桥上看风景，楼上的人把桥上的人看在风景里。蓦然回首，那人已在，灯火阑珊处。

心的宁静，是幸福的前提。物的保障，则是生存的基础。

茶室的安静与洁净，茶具的精美与置放，沏茶、饮茶时动作的一丝不苟，态度的谦和虔诚，将亭主和客人带入一方静谧而物我两忘、抛开一切尘世心机的境界。

当一切安静下来，回归到事物本真的状态，甚至可以听到生水和熟水的声音都是不同的，引致人的心开始澄净明亮，智慧如星光熠熠生发，欢喜油然而生。彼时，带人入境的茶汤、茶具、动作、挂画等都已成为引渡之道具，由实生虚而明事理，心明神聚而力生，这或许才是真正的茶之道吧。

茶道要从形式学起，再将心意放入其中。

日日是好日，是看待事物和问题的方法与态度的一种。一期一会的茶事，让人明白生命的偶然与珍惜当下的坦然。

"这样有什么意义呢？"

"嗯，呵呵。凡事用头脑去思考，才会这么想。"

《傲慢与偏见》·爱情中的茶影

她两百年前写下的故事，依旧是我理想中爱情的样子。

这是 2018 年一篇纪念英国小说家简·奥斯汀（Jane Austen）逝世 201 年文章的标题。

奥斯汀所著的长篇小说《傲慢与偏见》，描绘了 18 世纪末到 19 世纪初保守和闭塞的英国乡镇的生活和世态人情，曾被毛姆列为世界十大小说之一。

小说的女主人公伊丽莎白是班纳特家中五个女儿之一，机智而善于思考，追求女性的独立人格和平等权利，是英国文学中最著名的女

6

性形象之一。伊丽莎白美貌而聪颖，有胆识、有远见、有很强的自尊心，能和任何人优雅地交谈，她的诚实以及富有智慧的品质让她从她所属的社会阶层的低俗、无聊中脱颖而出。小说中爱情另一端的达西先生是一个富有、英俊、庄园地主家的公子，他出身高贵、拥有巨额财富，生性骄傲并看重自己的社会地位，他的傲慢给初识的伊丽莎白留下了不好的印象，其间青年军官威克汉姆的挑拨离间和姐姐简的婚事受阻又增添了两人之间的误解。

然而人性在爱情中的作用千百年来似乎从未改变。伊丽莎白的冷漠与拒绝反而使达西对她一往情深而魂不守舍，爱情解除了达西贵族式的傲慢并驱使他对伊丽莎白展开了坚持不懈的追求。他运用自己的财富和影响力对班纳特一家给予了不留名的帮助，当伊丽莎白获知真相时的感动消除了伊丽莎白对他的偏见。最终，达西赢得了伊丽莎白的芳心。

英国人常说，当一个女孩的床头摆满了奥斯汀的小说时，说明她已经长大了。虽然人们高尚的价值观中拒绝将身份、财富和地位作为爱情的前提，并且鄙夷那种为了获得财富和地位而投入感情的做法，但是男主人公的富有、英俊以及对女主人公的帮助能力往往会更容易赢得女性的倾慕，而女主人公的美貌、贤淑与优雅总会激发男主人公持续不断的追求热情。如果能够一见钟情，或者相互倾慕的一对男女在历经山重水复后最终柳暗花明而有情人终成眷属，甚或相爱的恋人在克服种种困难、冲破各种阻力后终于喜结良缘，这不正是多少女性理想中的爱情的样子吗？

奥斯汀的《傲慢与偏见》问世后被无数次搬上舞台和银幕。2005年美国焦点影业公司发行的电影版本由著名女演员凯拉·奈特莉（Keira Knightley）主演，片中班纳特先生由唐纳德·萨瑟兰扮演，班纳特太太由朱迪·丹奇扮演，姐姐简由罗莎曼德·派克扮演，该片获得了第78届奥斯卡三项获奖提名。

观众很容易被片中几位演员人物形象鲜明的演技以及男女主人公的爱情所感动，也极容易忽视了在故事高潮阶段，一心想让自己的女儿嫁给达西的贵族夫人凯萨琳气势汹汹地赶到班纳特家中，蛮横地要求伊丽莎白保证不与达西结婚时，班纳特先生对凯萨琳夫人说"是不是允许我给您准备一杯茶"并受到凯萨琳夫人拒绝的场景。

《傲慢与偏见》中的这个场景之所以特别，在于英国本地并不出产茶叶，一直到今天英国所有的茶叶都依赖于从外国进口。1662 年葡萄牙公主凯瑟琳嫁给查理二世成为英国王后以后，在英国王室和贵族社交圈中示范形成了饮茶风习，以致饮茶在英国上层社会成为时尚并逐渐蔓延向社会其他阶层。影片的这个场景说明在 18 世纪末期和 19 世纪早期茶已经普及到英国的乡村并成为英国人的待客之道。

这个关于茶的场景让人更容易理解为什么一个不产茶叶的国家会对茶的进口贸易产生巨大的依赖，并且为什么英国人在 19 世纪 30 年代会想尽办法将中国的茶引种至英属印度殖民地，后来印度阿萨姆和锡兰成为向英国及欧洲供应茶叶的重要产地，而在 1903 年英国人又在非洲肯尼亚开辟了新的茶业种植园，一百年后肯尼亚成为全球最大的茶叶出口国。

时至今日，英式下午茶风靡世界。白金汉宫每年还会举行一场盛大的传统下午茶会。

导 论
与宋徽宗论茶

> 寒夜客来茶当酒，竹炉汤沸火初红。
>
> 寻常一样窗前月，才有梅花便不同。
>
> ——〔宋〕杜耒（lěi）《寒夜》

公元前 221 年秦始皇统一天下以降，中国历史上一共诞生了 400 多位皇帝。历代皇帝中在时间矢量曲线上形成高点、辉耀古今的君王，除了书同文、车同轨、统一度量衡的始皇帝嬴政以外，还有亲赴鸿门宴、战胜西楚霸王项羽的汉高祖刘邦，罢黜百家、独尊儒术、开辟丝绸之路的汉武帝刘彻，创设科举制度的隋文帝杨坚，引领贞观之治的唐太宗李世民，不让须眉的一代女皇武则天，马背弯刀建立大蒙古国的成吉思汗，黄袍加身、杯酒释兵权的宋太祖赵匡胤，铁腕反腐的布衣皇帝明太祖朱元璋，杀鳌拜、平三藩、收台湾的康熙帝，六下江南、五题龙井、主持编纂《四库全书》的乾隆帝等。

对于他们，毛泽东在《沁园春·雪》中作出了点评。

江山如此多娇，引无数英雄竞折腰。惜秦皇汉武，略输文采；唐宗宋祖，稍逊风骚。一代天骄，成吉思汗，只识弯弓射大雕。俱往矣，数风流人物，还看今朝。

历史上也有几位皇帝，文治未创太平盛世，武功亦无丰功伟绩，但却因为在某项非政经技术上的天赋和成就而名传后世。写下《虞美人》的南唐后主李煜是比较有名的一位。

春花秋月何时了？往事知多少。小楼昨夜又东风，故国不堪回首月明中。

雕栏玉砌应犹在，只是朱颜改。问君能有几多愁？恰似一江春水向东流。

写愁绪和悔意也能写得如此清艳、冰洁而高格，哀而不伤、简而不朴，遗世独立、不染纤尘，唯李后主而已。而《相见欢》更似乎是在月中桂宫拟写而成，非人间情与景。

无言独上西楼，月如钩。寂寞梧桐深院锁清秋。

剪不断，理还乱，是离愁。别是一般滋味在心头。

亡国之君的愁怨与不甘，难免在他生命最后几年的文字下偶然爆裂。如《破阵子》，必然是坐过龙椅、掌过山河、经历变故者的心怀笔墨。

四十年来家国，三千里地山河。凤阁龙楼连霄汉，玉树琼枝作烟萝，几曾识干戈？

一旦归为臣虏，沈腰潘鬓[1]消磨。最是仓皇辞庙日，教坊犹奏别离歌，垂泪对宫娥。

王国维在《人间词话》中曾说："词至李后主而眼界始大，感慨遂深，遂变伶工之词而为士大夫之词。"李煜的词，意境、格局均好，蕴人事哲理，多兴衰之恨，是史上写词写得最好的皇帝。

历史上还有一位皇帝，阴差阳错被荐举继位，身逢盛世而竟然被异族俘虏，遭受"靖康之辱"后病逝他乡。但他却因为"瘦金体"书法、"院体"花鸟画和《大观茶论》而名扬后世，被认为是一位被政治耽误了的天才艺术家。

他，就是宋徽宗赵佶。

披黄袍的天才艺术家·宋徽宗《大观茶论》

宋徽宗（1082—1135），名赵佶，宋神宗十一子，号宣和主人。他的兄长宋哲宗驾崩时无子而传位于他，他因此成为宋朝第八位皇帝。据宋赵滹《养疴漫笔》记载，赵佶降生之前，其父宋神宗曾到秘书省

【1】沈腰：沈约的瘦腰。《南史·沈约传》载，沈约曾对友人说自己年老多病，百日数旬，皮腰带常要移孔。后世常用沈腰代指人病腰瘦。潘鬓：潘岳的白发。潘岳《秋兴赋》说：斑鬓发以承弁合。"后人常以潘鬓代指年老发白。沈腰潘鬓泛指男子又瘦又老。

观看收藏的南唐后主李煜画像，"见其人物俨雅，再三叹讶"，随后徽宗出生，"生时梦李主来谒，所以文采风流，过李主百倍"。此番李煜托生的传说不足为信，但徽宗自幼爱好笔墨、丹青、骑马、射箭、蹴鞠，对奇花异石、飞禽走兽具有浓厚兴趣，尤其在书法绘画方面，更是表现出非凡的天赋。宋徽宗在位 26 年（1100—1125），社会经济文化繁荣发达，但是朝廷内党争不断、腐败丛生，北方的辽、金对中原虎视眈眈、屡次南下侵袭，宋江起义和方腊起义先后爆发。宋徽宗继位后权力上受到太后的掣肘，他自己则崇信道教，醉心于书法字画和烹茗煮茶，后在金兵入侵时临危禅位给儿子宋钦宗，终因局势无法挽回，徽宗、钦宗父子于 1127 年（靖康二年）被金兵俘虏北上。宋徽宗被俘后于 1135 年亡于五国城（今黑龙江依兰），后棺椁由南宋迎回，葬于永佑陵。

赵佶在政治上的失败常被后世所诟病，然而将北宋亡国的责任完全归因于宋徽宗的玩物丧志似乎也失之偏颇。决定一项事物走向和结局的往往是各种势力综合作用的结果，而并非单一个人能力因素。如今时过境迁，假如当下宋徽宗端坐在你对面，相信他更愿意以一个艺术家的气质与你烹茶品茗或坐而论道，谈得投机了或请徽宗挥毫泼墨，定然笔下生辉、"瘦金体"现。然而如果不出意外，赵前辈必然会避谈当年"靖康之辱"的话题，并且不掩对政治的疏离和厌弃。

与宋徽宗聊天，茶尤为重要。依场景，应该泡一壶上好的武夷岩茶。宋代的御茶园设于闽北武夷山麓建瓯一带，大红袍、铁罗汉、水金龟、白鸡冠、水仙、肉桂、正山小种等名茶皆出于此处。如果清淡一点的话，煮一壶福鼎老白茶，或许更适宜。

世人大都知道有一部《茶经》，著者陆羽被尊称为中国茶圣。

然而在高端小众的文化族群圈子里，对于写茶的经典文论更推崇宋徽宗的《大观茶论》。

宋徽宗很难说是个成功的皇帝，但却是个艺术的天才。他工于书画、通晓百艺，尤其钟爱并精于烹茶、品茗。自古所谓上有所好，下必甚焉，朝中百官乃至地方官吏自然趋之若鹜、竞相进献。南宋时胡仔编撰的《苕溪渔隐丛话》记载，公元1120年（宣和二年），负责漕运的官员郑可简创新研制出"银丝水芽茶"，茶色像雪一样白，取名"龙团胜雪"，进献给宋徽宗。宋徽宗品评后龙颜大悦，下旨封赏郑可简为福建路转运使。后来，郑可简又让自己的儿子携一款名为"朱草"的极品好茶进京呈献给宋徽宗，郑的儿子居然也因为进献有功而得到了封赏。北宋宰相蔡京在《太清楼侍宴记》中记载"遂御西阁，亲手调茶，分赐左右"。徽宗以帝王之尊，亲自点茶分赐臣下，或为笼络臣心之举，然亦可见其对茶艺的喜爱和推崇程度。

宋徽宗所著《大观茶论》，凡二十篇，分述地产、天时、采择、蒸压、制造、鉴辨、白茶、罗碾、盏、筅（xiǎn）、瓶、杓（sháo）、水、点、味、香、色、藏焙、品名、外焙。原文写成后名为《茶论》，因成书于大观元年（1107），后人遂称之为《大观茶论》。《大观茶论》是历史上唯一一部由皇帝撰写的茶书，全篇以咏物起兴，呈一览众山之格局，阐述行云流水、金句迭出，写实中铺陈写意，写意中蕴含哲理。尤其《点（茶）》一篇，将点茶的七个环节写得具象、生动而有情趣，非深谙其道者不能著述。

以下节录并译解书中部分段落及佳句，以管窥徽宗文采之斐然。

至若茶之为物，擅瓯闽之秀气，钟山川之灵禀，祛襟涤滞，
致清导和，则非庸人孺子可得而知矣；冲淡简洁，韵高致
静，则非遑遽之时可得而好尚矣。

译解：至于茶，蕴含了建瓯闽北的灵秀气韵，钟集了高山流水的美好禀性，能够祛除胸中烦忧阻滞而致清朗平和，这种风雅和玄妙不是一般平庸之人和妇孺之流所能领会；饮茶能使内心恬淡而洁净，气韵高雅而安静，在社会困顿、张皇失措的时期也不可能安下心来饮茶并成为社会风尚。

百废俱举，海内晏然，垂拱密勿[1]，俱致无为。荐绅之士[2]，
韦布之流[3]，沐浴膏泽，熏托德化，咸以雅尚相推，从事
茗饮。

译解：天下百废俱兴，四海平定安宁，天子不论是无为而治或是

【1】垂拱：垂衣拱手，不亲理事务。《尚书·武成》："惇信明义，崇德报功，垂拱而天下治。"后多用以称颂帝王无为而治。密勿：勤勉努力。
【2】荐绅：古代高级官吏的装束，亦指有官职或做过官的人。又称为"搢绅""缙绅"。荐，通"搢"，皆指插笏于绅带之间。绅，古代士大夫束于腰间，一头下垂的大带。
【3】韦布：韦带布衣，贫贱所服，用以指称贫贱者，泛指平民百姓。

12

勤勉从事，都能达到无为而治天下太平。官商与平民均沐浴着朝廷的恩泽，受道德教化之熏陶，大家都推崇高雅风尚的习俗，热衷于品茗饮茶。

> 物之兴废，固自有然，[1]亦系乎时之污隆。时或遑遽，人怀劳悴，则向所谓常须而日用，犹且汲汲营求，惟恐不获，饮茶何暇议哉。

译解：事物的兴盛或衰败固然有其自身规律，然而也和世道时局的好坏相关。如果时局动乱，百姓惊惧不安、劳累憔悴，庶民为获取日常温饱所需而急切忧虑、疲于奔命，唯恐求而不得，哪里还有闲心去考虑饮茶这等雅事呢？

> 世既累洽[2]，人恬物熙。常须而日用者，固久厌饫狼藉[3]。天下之士，励志清白，竞为闲暇修索之玩，莫不碎玉锵金，啜英咀华[4]，较箧笥之精[5]，争鉴裁之妙。虽否士于此时[6]，不以蓄茶为羞，可谓盛世之清尚也。

译解：如今我宋朝世代相承太平安宁，民众安适和乐、物产丰富。百姓日常所需的生活用品，长期以来自然充裕富足而不稀奇。普天下的人士，一心向往品格端正、行为高雅，大家竞相追求休闲、娱乐的生活，无不用金属制的茶碾碾圆玉状的饼茶，品赏、体味茶饮的美妙，比较各人所藏之茶的精巧，较量鉴别裁断的高明巧妙。即便是质朴之人处于这样的时世，也不以藏有茶叶为羞愧，饮茶真可以称得上是太平盛世的风情时尚啊。

> 至治之世，岂惟人得以尽其材，而草木之灵者，亦得以尽其用矣。

译解：安定昌盛、教化大行的时代，不仅优秀人才的才能得到充分发挥，自然界中那些灵秀的草木也都能够物尽其用。

> 白茶自为一种，与常茶不同。其条敷阐，其叶莹薄。崖林之间偶然生出，盖非人力所可致。正焙之有者不过四五家，生者不过一二株，所造止于二三胯而已[7]。芽英不多，尤难蒸焙。汤火一失，则已变而为常品。须制造精微，运度得宜，

【1】时之污隆：指世道之盛衰或政治的兴替。污隆，高下，指时风世俗的盛衰。《文选·广绝交论》："龙骧蠖屈，从道污隆。"

【2】世既累洽：世代相承太平无事。累洽，和睦，协调。《文选·两都赋》："至于永平之际，重熙而累洽。"

【3】厌饫（yù）：饮食饱足，厌通"餍"。

【4】啜英咀华：啜咀英华，饮茶。语出唐韩愈《进学解》："沉浸醲郁，含英咀华。"英华，指花木之美，此处代指茶。啜，食，饮。

【5】箧笥（qiè sì）：盛茶等物的盛器，此处指茶。箧，小箱子，藏物之具。笥，盛衣物或饭食等的方形竹器。

【6】否士：质朴之人。否，通"鄙"，用在名词前，用以谦称自己或与自己有关的事物，此处意为质朴。

【7】胯：又称"銙"（kuǎ），古代附于腰带上的扣版，方形或椭圆形；宋代用以作计茶的量词；又作茶名。

13

则表里昭澈，如玉之在璞，他无与伦也。

译解：白茶与一般的茶不同，自成一个种类。它的条索柔软易展，叶薄而晶莹。它在石崖山林间自然生长，无法人力栽种而获得。制作真正白茶的只有四五家茶农，每家只有白茶树一二株，每年能生产出的白茶也只有二三胯。白茶的茶芽量较少，蒸青和烘焙难度很高。只要汤火一不得当，就变成十分普通的茶叶了。白茶的制作必须十分精巧细致，方法的运用和调适得当，做出来的成品才会表里透澈，宛如璞玉，其他的茶无法与之相比。

点茶不一，而调膏继刻。以汤注之，手重筅轻，无粟文蟹眼者，谓之静面点。盖击拂无力，茶不发立，水乳未浃，[1]又复增汤，色泽不尽，英华沦散，茶无立作矣。有随汤击拂，手筅俱重，立文泛泛，谓之一发点。盖用汤已故，指腕不圆，粥面未凝，茶力已尽，雾云虽泛，水脚易生。

妙于此者，量茶受汤，调如融胶。环注盏畔，勿使侵茶。势不欲猛，先须搅动茶膏，渐加击拂，手轻筅重，指绕腕旋，上下透彻，如酵蘖之起面[2]，疏星皎月，灿然而生，则茶面根本立矣。

第二汤自茶面注之，周回一线，急注急止，茶面不动，击拂既力，色泽渐开，珠玑磊落。

三汤多寡如前，击拂渐贵轻匀，周环旋复，表里洞彻，粟文蟹眼，泛结杂起，茶之色十已得其六七。

四汤尚啬，筅欲转稍宽而勿速，其真精华彩，既已焕然，轻云渐生。

五汤乃可稍纵，筅欲轻盈而透达，如发立未尽，则击以作之。发立已过，则拂以敛之，结浚霭，结凝雪，茶色尽矣。

六汤以观立作，乳点勃然，则以筅著居[3]，缓绕拂动而已。

七汤以分轻清重浊，相稀稠得中，[4]可欲则止。乳雾汹涌，溢盏而起，周回凝而不动，谓之"咬盏"，宜均其轻清浮合者饮之。

【1】浃（jiā）：浸透，融合。

【2】如酵蘖（jiào niè）之起面：就像酵母发面一样。酵，含有酵母的有机物。蘖，酒曲，酿酒用的发酵剂。起，指发酵。

【3】著：通"伫"，滞留。居：停息。

【4】相（xiàng）：看，观察。

译解：点茶是将茶瓶或茶壶里的沸水注入茶盏，点茶之法不尽相同。先往茶盏中的茶末加少许水，调成茶膏。过片刻往茶盏中注入沸水，手重筅轻，茶汤中没有出现粟纹、蟹眼状的汤花，叫作"静面点"。如果击拂没有力道，茶不能生发，水乳还没交融，再添注沸水，茶的色泽尚未完全焕发，茶末的英华散开，茶就不能及时成形。如果随着沸水的注入不断击拂，手和筅都用力较重，茶汤中浮着立纹，叫作"一发点"。如果注水过多，指腕用力不圆熟，茶面未凝结而茶的力道散尽，茶面虽泛起云雾，容易生出水脚。

深谙点茶奥妙的人，会依据茶末的多少注入适量沸水，将茶膏调得像融化的胶汁。加水时环绕茶盏的边沿注水，不让沸水直冲茶末。要避免注水的势力过猛，先用筅搅动茶膏，渐渐加力击拂。手的动作轻，筅的力度重，手指绕着手腕旋转，将茶汤搅拌得上下透彻，宛如发酵的酵母在面上慢慢发起一样。汤面如疏星皎月的光华，熠熠生辉，茶汤表面的根本就生成了。

第二次注水从茶面上注入，绕茶面注入细线般一圈，急速注水急速收止，茶面纹丝不动。然后用力击拂，茶的色泽渐渐舒展开，茶面上泛起错落有致的珠玑般汤花。

第三次注水量同前一次，击拂用力渐趋均匀，顺着同一个圆周方向旋回，盏中茶汤里外通透，粟纹、蟹眼状汤花泛起凝结，这时茶的汤色已十得六七了。

第四次注水要少，筅搅动的幅度要宽，速度要慢，此时茶的真精华彩已焕发出来，渐渐形成像淡淡薄云一样的汤面。

第五次注水可略增量，筅的搅动要轻匀、通透，如果茶汤还没有完全生发，就用力击拂使它生发出来，如果茶汤已经生发，就以筅轻拂使茶汤收敛凝聚。这时茶面上如云雾白雪凝结，茶汤之色尽现。

第六次注水是要看茶的状态，茶面上乳珠凝结，只需轻缓地绕着茶面拂动就可以了。

第七次注水要区分茶的轻重清浊，观察茶汤稀稠是否适中，好了即可停止。此时茶面上如云雾般白乳汹涌，似欲溢出茶盏，在茶盏的周围回旋，继而附着不动，称为"咬盏"，这时就可均匀轻清浮合的汤花乳沫进行饮用。

宋徽宗当政的 26 年，可否称为"至治之世"，想来当年他写《大观茶论》时必然拥趸云集、赞成者众，而在后世的历史上定然会见仁见智。若以国人盖棺论定的逻辑，北宋亡于金而南宋偏安隅，以成败而论徽宗治下的北宋或曾辉煌一时，然是否可谓太平盛世却殊难公断。

若伏案研读而三思，《大观茶论》有三奇：一为稀奇，日理万机的皇帝居然对种茶、制茶、饮茶研究熟稔至此，古往今来的君王中唯徽宗一人。二为奇怪，作为茶的专论，全文没有提及当时主要的名茶，或类别，或目种，或单品，单单在文中提到了白茶。三为奇观，对于点茶的动作过程，描绘生动精到、跃然纸上，俨然行家叙述和演绎，其他茶书或茶论中鲜见如此生动者。

宋徽宗一生中有没有亲自去闽北的御茶园考察过茶树的种植、茶叶的制作没有史料可考，或许通过茶商茶农或下层官员的叙述，在艺术方面天资聪颖的赵佶也能精确掌握这些茶树栽种和茶叶制作的技术细节，这至少印证宋徽宗对茶是真正的喜爱，在茶的研究方面用功颇深。古今中外，钟爱饮茶的名人多不胜数，清代的乾隆、雍正、慈禧，日本的嵯峨天皇、英国的维多利亚女王等都极爱喝茶，白居易、欧阳修、苏轼、陆游、李清照等都是喜爱品茗的文人雅士，日本的千利休、荣西禅师、空海法师等高僧都将茶道作为禅修的重要内容，而像宋徽宗这样以黄袍之尊，不仅喜爱烹茶品茗，而且把栽茶、制茶、点茶等工艺掌握得如此细致而完整并形成专论的，确实世所罕见。

北宋亡于金，徽宗、钦宗尽受靖康之辱。待中原被蒙人占据，南宋王朝偏安江南，所谓"暖风熏得游人醉，只把杭州作汴州"。宋徽宗赵佶虽有旷世才艺、书画传世，但是作为一代泱泱大国君主，政治上却是以失败而告终。

在押解去往金国的途中，赵佶写下了《燕山亭·北行见杏花》：

　　裁翦冰绡，打叠数重，冷淡燕脂匀注。新样靓妆，艳溢香融，羞杀蕊珠宫女。易得凋零，更多少、无情风雨。愁苦！闲院落凄凉，几番春暮。

　　凭寄离恨重重，这双燕，何曾会人言语。天遥地远，万水千山，知他故宫何处。怎不思量，除梦里、有时曾去。无据，和梦也、有时不做。

因于冰天雪地的五国城，坐井观天的徽宗写下这首《眼儿媚》：

　　玉京曾忆昔繁华，万里帝王家。琼林玉殿，朝喧弦管，暮列笙琶。

　　花城人去今萧索，春梦绕胡沙。家山何处，忍听羌笛，吹彻梅花。

　　解读以上两首词，固然文采斐然、缠绵悱恻，然未见帝王反思治国之内政外交，唯有对故国奢华生活之怀恋与北国囚禁悲苦的哀叹，词风一如南唐后主李煜。如果将亡宋之责当面归于宋徽宗，徽宗大概率会不服气，盖原因有四：第一，赵佶本不是太子，宋哲宗驾崩时无子，向太后推赵佶上位，当皇帝是家族安排，不是他的责任和义务，且他被推上皇位后权力受到向太后的掣肘；第二，他在位期间宋朝也曾一度经济发展、社会繁荣、文化发达，人民安居乐业，从《清明上河图》上可见一斑[1]；第三，他在位时内政、外交、军事都有宰相、将军等各领其职，朝政运行正常，至少表面看似乎并没有渎职、失职的重大失策；第四，凡人皆会有所爱好，一国之君喜爱书画饮茶也无可厚非。

【1】根据其后的题跋、题诗记载，《清明上河图》描绘的是北宋末期政和至宣和年间（1111—1125年）的汴京繁华景象。

帝王何以不能痴迷于茶艺·以史为鉴

🍃 驿站 《清明上河图》

　　《清明上河图》是宋代画家张择端所绘北宋时期的社会风俗画，名列中国十大传世名画之一，属国宝级文物，现珍藏于北京故宫博物院。《清明上河图》以工笔长卷形式，生动呈现了宋徽宗时期北宋都城东京的城市面貌以及当时社会各阶层民众的生活状况，是北宋时期社会经济和城市面貌的生动描绘和历史写照。

《清明上河图》画卷长 5 米有余,绘制了数量众多的社会场景、人物、动物和建筑,具有很高的历史价值和艺术价值。全图构图严谨、笔法细致、内容丰富、气势宏大,显示出画家对北宋社会生活的深刻洞察力和高超的艺术表现功力。它采用"散点透视"的表现手法和技巧摄取所需景象,市铺、原野、河流、房屋、舟车、摊贩乃至招牌文字和谐地组成为一个统一整体。画中大街小巷纵横、店铺茶肆林立,其中士、农、商、医、卜、僧、道、胥吏、篙师、缆夫、妇女、儿童等人物形象以及驴、牛、骆驼等牲畜皆栩栩如生,饮酒、闲逛、赶集、买卖、聚谈、推舟、拉车、乘轿、骑马等场景细致逼真。画作独特的审美视角、丰富的思想内涵和现实主义的表现手法,在中国乃至世界绘画史上均被奉为经典之作。

《清明上河图》是一件伟大的现实主义绘画艺术作品,同时也为现代人提供了北宋大都市的商业、手工业、民俗、建筑、交通等翔实具象的珍贵史料,具有重要的历史文献价值。《清明上河图》曾被宋代皇家收藏,据其后的李东阳的题跋记载,宋徽宗赵佶还曾在卷首题签,并加盖了双龙小印,遗憾的是题签和龙印已经佚失。

然而,亡国是史实,史学家低评是事实。九百年倏忽已过,泡一壶上好的武夷岩茶,平心静气地解析前朝旧事。定不了功过,改不了史评,只能是解徽宗之哀情、鉴古人之教训,说前人故事、启后人智慧。

其一,《孙子兵法》开篇就讲:"兵者,国之大事也。"战争,既是国防,也是政治和外交。在古代作为一国之君,如果没有开疆拓土、扩大版图的抱负和野心,保护本国不受外族侵略,臣民、领土不受侵犯应该属于底线责任。不在其位,不谋其政,反过来若在其位,必尽其责。假如徽宗自知志不在朝政,能力不及九五之尊,哲宗崩后被向太后举荐继位时如果他坚辞不受,或许宋代的历史就不是现在这个版本了。

其二,孟子云:"生于忧患、死于安乐。"为君者,固然希望政通人和、社会繁荣，乐见百姓安居敬业、生活安逸，但是如果做皇上的带头精研书法绘画，醉心于诗词歌赋及点茶，必然形成重文轻武、竞相奢靡的社会风气，所谓上有所好、下必甚焉，皇上爱茶，必有人进献争宠，各种资源用于茶业。龙颜大悦之下赏赐封官，那些离乡背井镇守边关、为国杀敌浴血奋战者如果听说有人上贡几饼好茶而获得加官晋级，必然不利军心和民心同仇敌忾、精忠报国。普通民众很难理解宋徽宗借封赏以鼓励茶业发展，从而利于财税收入和茶马互市的用意和苦心。重文轻武或许减弱了内部挑战甚至反抗的力量，然而在应对外部威胁的强悍力量入侵时，则可能出现被碾压甚或被颠覆的风险。

其三，君做君的事，臣尽臣的责。一国之君这个职务必然每天公务如山，徽宗迷恋于金石字画、品茗点茶，必然挤占披阅奏折、治国理政的时间，而将权责下放给蔡京、童贯等人，就很容易造成腐败和失职。因为这个天下不是他们的，宰相、将军做了本该天子做的事，寻租、舞弊等就必然会产生。方腊、宋江等起义虽未颠覆赵家政权，但是也暴露出宋朝所谓繁盛的表象下内部矛盾错综复杂，北方辽、金的南下侵扰更显现出边防不足、威胁不断。处理好与北方诸族的关系，强化边防应是北宋当政者之要务。

其四，人皆有兴趣爱好，然而须分主次而有度。皇帝也是凡人，也会有七情六欲、个人喜好，譬如唐太宗喜爱音律，康熙帝喜欢狩猎，乾隆则爱好诗词，但是他们都是在尽责于内政、外交的前提下顾及个人业余爱好，或者将个人兴趣作为履职政务后的减压、舒缓甚或团结臣工的方式，所以史上才会有"贞观之治""康乾盛世"。李白、杜甫、白居易未生帝王家、未居高位承担要职，大把时间游山玩水，历史并不苛责于他们的仕途不腾达，却盛赞其诗歌之伟大。

《宋史》讲"宋不立徽宗，金虽强，何衅以伐宋哉"。后人叹曰："宋徽宗诸事皆能，独不能为君耳。"赵佶如果没有继位登基，他作为"端王"在艺术上的成就应该会更高，历史上不会把他作为一个亡国之君来记载，而是作为瘦金体的创始人，"院体"花鸟画的代表性人物，作为《大观茶论》的作者，作为北宋著名词人，作为艺术品鉴赏和收藏家，作为中国历史上罕有的艺术天才载入史册。

然而，一个不可回避的事实是，政治上的失败某种程度上遮掩和削弱了赵佶在艺术领域登峰造极的光芒。

第一辑

起源·茶的信仰

锚地

陆羽度茶图

天地玄黄，宇宙洪荒。远古的人类在蛮荒时代，狩猎捕捉眼力与人力所及的飞禽走兽、虾蟹鱼虫，采摘天地间自然生长的植物的根、茎、果、叶，用以充饥、果腹、解馋、小食，或者祛病、疗伤、缓解疼痛，乃是早期人类动物本能性的求生图存和趋利避害行为。

历经千万次试验性行为和选择性试错，以及代代相传的意识、经验与教训积累之后，原始人类开始选取猪、羊、鸡、鸭等易驯化畜禽进行圈养，选择粟、谷、果、蔬等植物进行培育耕种，从囚居于山洞、地穴等天然居所渐至用草木结庐、取山石为障，人类慢慢进入了农耕文明时代。

树叶，是茶最初的存在。

将茶叶从千百种树叶中辨识区别出来的，必然是它与其他树叶所不同的特质与功效。西方早期有学者撰述茶的起源，想象茶是由释迦牟尼的两条眉毛掉到地上演变而来，这种神话式假说固然是脑洞大开、极富想象力，但是此类怪诞式表述已经很难让 21 世纪沐浴在科学光辉下的人们相信真有其事，中国远古时期"神农氏尝百草、日遇七十二毒得茶（茶）而解之"的故事似乎更符合人们的逻辑和想象预期。茶叶早期在中国、日本、英国、荷兰等地都曾作为药材使用的实例，也佐证了茶叶最初以其药用功效而为人们所辨识和采用的历史渊源。

茶产生于何时，源于何地，于爱茶人是一个信仰源头的锚。

茶源自中国在汉语语境下不证自明。如果将茶的起源放入到全球视野中考察，在更大标尺的时空坐标系中梳理史实并进行全貌式呈现和逻辑性论证，能够更加清晰精准地定义或找到它的源头和演进路线。

中国历史如果划分为古代、近代和现代，1840 年前为古代，

1840—1949 年为近代，1949 年以后为现代。1840 年以前中国经历了旧石器时代（约公元前 300 万年）、新石器时代（约公元前 1 万年）以及夏、商、周［西周、东周（春秋、战国）］、秦、汉（西汉、东汉）、三国（魏、蜀、吴）、晋（西晋、东晋）、五胡十六国、南北朝［南朝（宋、齐、梁、陈）、北朝（北魏、东魏、西魏、北齐、北周）］、隋、唐、五代（后梁、后唐、后晋、后汉、后周）、十国［吴、吴越、前蜀、闽、南汉、荆南（南平）、楚、后蜀、南唐、北汉］、宋（北宋、南宋）、辽、西夏、金、元、明、清等朝代，统称为古代。

《康熙字典》： 茶 chá ㄔㄚˊ《集韵》直加切。《正韵》锄加切。并垞平声。《广韵》：俗槎字。春藏叶，可以为饮。《韵会》：茗也。本作荼。或作搽。今作茶。陆羽《茶经》：一曰茶，二曰槚，三曰蔎，四曰茗，五曰荈。《博物志》：饮真茶令人少眠。又《本草》：山茶。注：其叶类茗，故得茶名。又茶陵，地名。《前汉·地理志》：长沙国茶陵。《正字通》引《魏了翁集》曰：茶之始，其字为荼，如《春秋》齐荼、《汉志》荼陵之类。陆、颜诸人虽已转入茶音，未尝辄改字文，惟陆羽、卢仝以后则遂易荼为茶，其字从艹、从人、从木。〇按《汉书·年表》荼陵，师古注：荼音涂。《地理志》荼陵从人、从木，师古注：弋奢反。又音丈加反。则汉时已有荼、茶两字，非至陆羽后始易荼为茶也。

《辞海》： 茶 chá ❶ 植物名。学名 *Camellia sinensis*。亦称"茗"。山茶科。常绿灌木。叶革质，长椭圆状披针形或倒卵状披针形，边缘有锯齿。秋末开花，花 1～3 朵腋生，白色，有花梗。蒴果扁球形，有三钝棱。中国中部至东南部和西南部广泛栽培；印度等国亦产。喜湿润气候和微酸性土壤，耐阴性强。用种子、扦插或压条繁殖。叶含咖啡碱、茶碱、鞣酸、挥发油等，除作饮料外，并为制茶碱、咖啡碱的原料。根供药用。❷ 水沏茶叶而成的饮料。如：茶水；茶汤。《新唐书·陆羽传》："羽嗜茶，著经三篇，言茶之原之法之具尤备。"又为茶与点心的合称。如：早茶；晚茶。❸ 某些糊状饮品的名称。如：奶茶；杏仁茶。❹ 指油茶树。如：茶油；茶林；茶果。❺ 像茶水颜色的。如：茶镜；茶晶。❻ 指山茶。如：茶花。❼ 古代指聘礼。如：下茶；代茶。《警世通言·庄子休鼓盆成大道》："忠臣不事二君，烈女不更二夫。那见好人家妇女吃两家茶睡两家床！" 吃茶，谓受聘礼。

《中国茶叶大辞典》：茶（1）〔Tea〕❶ 茶树。是以叶用为主的多年生常绿植物。在现代植物学分类中，茶树属山茶科山茶属植物，属下分类未定。中国多采用张宏达分类。可以泛指芽叶可制茶饮用的各种茶树。在张宏达分类中，包括茶亚属或茶组下茶系植物；也可特指茶系下的茶种植物〔*Camellia sinensis* (L.) O. Kuntze〕。有乔木、半乔木、灌木三种类型。秋季开白花，具有喜温暖、湿润，喜酸性土壤的生长特点。中唐之前谓"荼"。西汉司马相如《凡将篇》谓"荈诧"，扬雄《方言》谓"蔎"，东汉《说文解字》谓"茗"，三国魏张揖《埤仓》谓"荈"，《杂字》谓"荈"，并有"葭萌"、"诧"等称。唐代陆羽《茶经》："其名一曰茶，二曰槚，三曰蔎，四曰茗，五曰荈。"中唐时"荼"字衍生为"茶"。陆羽《茶经·一之源》："茶者，南方之嘉木也。一尺、二尺乃至数十尺。其巴山峡川，有两人合抱者，伐而掇之。其树如瓜芦。叶如栀子，花如白蔷薇，实如栟榈，蒂如丁香，根如胡桃。"中国茶的外传，主要依靠中外文化交流和贸易。唐代时茶传往日本、朝鲜等地，后又从南方海路传往印度、锡兰（今斯里兰卡）和欧洲各国，并进一步传向美洲大陆。北方由陆路传往俄国、波斯等地。现世界各国语言中"茶"词的读音，大多源于中国福建厦门及广东方言的译音。❷ 茶产品或制品。茶树芽叶及由其制成的饮料。如茶叶（茶）、茶水。传说以茶为饮料，始于神农时代，兴于唐，盛于宋，今已成为世界三大饮料之一（另两种是咖啡和可可）。

鉴于前人对此已有大量旁征博引，此处兹录七处重要而极简的古籍记载：

《诗经·邶风·谷风》："谁谓荼苦，其甘如荠。"美国教授梅维恒（Victor H. Mair）与瑞典考古学家郝也麟（Erling Hoh）合著《茶的真实历史》第二章章首引用了此诗句。《诗经》是我国最早的诗歌总集，起篇"关关雎鸠，在河之洲；窈窕淑女，君子好逑"在中国妇孺皆知。

西汉司马相如《凡将篇》："乌啄，桔梗，芫华，款冬，贝母……荈诧，白敛，白芷，菖蒲，芒消[1]，莞椒，茱萸。"荈诧即指茶叶，与其余19种中药材并列。司马相如是西汉辞赋大师、著名文学家，鲁迅曾将他与司马迁并称，他与张骞同时期在汉武帝朝中任职，于公元前135年出使并平定了西南夷，司马相如与卓文君的爱情故事在中国广为流传。

西汉王褒《僮约》："脍鱼炰鳖，烹茶尽具……牵犬贩鹅，武阳买茶。"这是在僮仆的工作契约中明确规定了烹茶和买茶的职责。武阳是汉时四川地名，可见西汉时期在西南地区的富裕人家已有饮茶的习惯，而且在市场上有茶叶的买卖。

《食论》东汉华佗："苦荼久食，益意思。"华佗是东汉末年著名医学家，被国人奉为"神医"，他对茶具有提神醒脑、振奋精神的药用功效给予了医学专业上的诠释。

西晋陈寿，《三国志·吴书·韦曜传》："（孙）皓每飨宴，无不竟日。坐席无能否，率以七升为限。虽不悉入口，皆浇灌取尽。（韦）曜素饮酒不过三升，初见礼异时，常为裁减，或密赐茶荈以当酒。"孙皓乃是东吴孙权之孙，孙吴政权的末代皇帝，孙吴被西晋灭亡后归降，封为归命侯。可见最晚在三国时期，茶已从西南传向长江中下游地区，当时东吴的皇室和上层社会已有饮茶待客的做法，这也成为"以茶代酒"的最早典故。

唐代的《新修本草》记载："茗、苦荼。茗味甘、苦，微寒，无毒。主瘘疮，利小便，去淡渴热，令人少睡，秋采之。苦荼，主下气，消宿食，作饮食，作饮加茱萸、葱、姜等，良。"茶叶在中国古代被采摘用作中药材之一。

唐代陆羽《茶经·六之饮》："茶之为饮，发乎神农氏，闻于鲁周公。"鲁周公（约前1100年）乃周文王之子、周武王之弟，是中国儒学的奠基者，其治国思想帮助周武王开创了周朝八百年的基业，将我国第一个文明社会推向了巅峰。陆羽被尊为中国的茶圣，其所著《茶经》一书是世界上第一部系统论述茶的专著，不仅被中国茶界奉为经典，而且被世界各国茶史、茶道专著所广泛引用。陆羽在日本、欧美各国的茶界亦广受尊崇。

尝百草·神农氏遇茶解毒的远古传说

神农氏，生活在距今大约 4 700 多年前，被奉为中国人的远古先祖之一。传说中我国的先民在神农氏时期就已经开始采摘野生茶树叶，用于解毒、提神、驱困、祛热等。

传说中神农氏牛首人身、头上长角，在蛮荒的环境中带领先民创造人类文明，他在实践中发明了刀耕火种，教会部族制作农具、从事农业生产，开立了最早的交易市场，组织先民编麻织布、穿上衣裳，制造陶器、乐器、弓箭等。为了帮助部落的子民找到祛病解毒的良药，神农氏曾尝遍百草。

神农氏有一次采择草木试药时不幸中毒，在身体疲弱、生命垂危之际，顺手从身旁的灌木丛中扯下几片树叶嚼烂咽下，聊以解渴充饥。出人意料的是这几片树叶竟然缓解了神农氏的中毒症状，后来神农氏在病愈后发现这种树叶用水煮服后不仅能够治疗某些病症，而且还具有提神醒脑、清咽润喉、利尿泻热等功效，他将这种树叶命名为"茶"，并且教导当时的人们采制、煮饮。

这个传说故事缺乏信史采证，它是否符合历史事实以现有史料和记载无法确切证实，但是神农氏发现茶的场景和情节印证符合于事物发展的一般规律，中国民间也确有流传神农种植五谷、尝药饮茶的故事，如果不是神农氏也可能是另外一位远古先祖因为类似的机缘发现了茶。既然没有其他先祖或古人具有发现茶的史实或传说记载，神农氏作为中国茶叶的最早发现者而被信奉符合人们的认知和期望。

史籍记载的茶·巴山蜀水出香茗

世界的茶源于中国，那么中国的茶又源自哪里？根据各类史籍的记载和史学家的考证，中国西南部的"巴蜀"为茶的最早起源地。"巴蜀"指四川盆地及其附近地区，地域相当于今天的四川、重庆、陕西南部和湖北西部。四川三星堆遗址出土的精美人面像青铜器和玉器昭示了巴蜀地区在商周时期就已经存在与中原地区有联系的文化中心，长江流域和黄河流域都是中华文明起源的发祥地。

地方史志·《华阳国志》六记茶

公元前1046年周武王率军攻入朝歌灭掉了商朝。晋代历史学家常璩（291—361年）所著的《华阳国志·巴志》记载："周武王伐纣，实得巴蜀之师。"此后巴蜀一带出产的茶、桑、麻、鱼、盐、铜、铁等都成为向周天子进贡的贡品。到春秋战国时期，茶叶的产区从巴蜀扩展到了湖南西部、湖北西部、贵州西北、云南北部地区。秦惠文王于公元前316年攻占巴蜀，巴蜀的茶业于是逐渐走出西南而向外传播开来。

巴蜀在先秦时期是地区名和地方政权名，当时东部为巴国，以重庆为都城，西部为蜀国，以成都为都城。《华阳国志》翔实记录了远古至晋代中国西南地区的政治、经济、历史、地理和人文。《华阳国志·巴志》记载："其地东至鱼复，西至僰[1]道，北接汉中，南极黔涪。土植五谷，牲具六畜。桑、蚕、麻、纻，鱼、盐、铜、铁、丹、漆、茶、蜜、灵龟、巨犀、山鸡、白雉，黄润、鲜粉，皆纳贡之。"《华阳国志》另外有五处也提到了巴蜀的茶，指出"南安、武阳皆出名茶"。按照《华阳国志》等史籍的记载，早在汉朝时期，以四川为中心的西南地区已有大量产茶的记录，早于中国其他地区对茶的记录。

汉代（公元前202—220年）以后，以四川为中心的巴蜀地区已经有许多关于茶的记载传于后世。西汉司马相如（约公元前179—公元前118年）在《凡将篇》中将荈诧（chuǎn chà，即茶叶）列为20种中医药材之一，公元前 59 年王褒撰写的《僮仆》显示在四川武阳当时已经存在有茶叶买卖的市场，公元前 53 年茶祖吴理真道人在四川蒙顶山最早进行了人工驯化茶树的栽植。东汉史学家班固（32—92 年）所著《汉书·地理志》中记载当时长沙国有 13 个县，其中一个名为荼陵县（治今湖南省茶陵县）。东汉末年名医华佗（145—208 年）在《食论》中讲"苦茶久服，益意思。"

🍃 驿站　考古印证·世界最古老的茶叶

2015 年中国科学院证实陕西汉阳陵出土的植物样品为古代茶叶，这些茶叶距今已经有 2 100 多年的历史。2016 年 5 月 6 日，在北京举行了吉尼斯世界纪录认证仪式，最终确认陕西省考古研究院从汉阳陵挖掘出土的古代茶叶距今约 2 100 年，是当时发现的世界最古老茶叶。考古发现和吉尼斯纪录认证印证了《凡将篇》《僮约》等史料中记载的我国汉代已有饮茶的记录。

据《考古与文物》2021 年第 5 期刊载，2021 年在山东邹城邾国故城遗址西岗墓地战国早期一号墓发现了荷叶炭化残留物。经考古专家通过红外光谱、气相色谱质谱、热辅助水解甲基化裂解气相色谱质谱分析，确定该茶叶炭化残留物为古人煮（泡）过后的茶渣，这一发现将中华茶文化起源的实物证据前推了至少 300 年，提前到战国早期偏早阶段（前 453—前 410 年）。

三国两晋时期（220—420 年），茶由西南巴蜀地区逐渐向长江中下游地区传播，江南东吴一带的王公贵族在宴席中饮茶的事迹已被记载于史籍。唐代陆羽《茶经》引《桐君采药录》云："西阳、武昌、庐江、晋陵好（hào）茗。"显示汉末晋初，在今天的湖北黄冈、湖北鄂州、安徽舒城和江苏常州等地的人喜欢饮茶。

到了南北朝时期（420—589 年），长江中下游地区特别是江淮和江浙一带的茶叶生产有了更大发展。《夷陵图经》（夷陵，治今湖北宜昌）记载："黄牛、荆门、女观、望州等山，茶茗出焉。"《淮阴图经》记载："山阳县（治今江苏淮安）县南二十里有茶坡。"《永嘉图经》记载："永嘉县（治今浙江温州）东三百里有白茶山。"《吴兴记》记载："乌程县（治今浙江湖州）西二十里，有温山，出御荈。"可见南北朝时长江流域的中东部地区产茶已然十分普遍，饮茶之风习日渐形成。

　　隋朝建立以后在政治体制方面确立了三省六部制的中央集权体制，人才选拔上首创了科举制度，交通运输方面开通了隋唐大运河，或许是由于隋朝仅传两代历时 38 年，有关隋朝茶业的记载较为鲜见。《隋书》记载了隋文帝饮茶治愈头疾的事迹："微时，梦神人易其脑骨，自尔脑痛不止。后遇一僧曰：山中有茗草，煮而饮之当愈。帝服之有效。"于是，很多人竞相采茶进献，以求封赏。

　　隋末群雄并起，公元 618 年李渊在长安称帝建立唐朝。唐太宗李世民继位后励精图治，开创了"贞观之治"。唐朝的疆域空前辽阔，人口峰值曾超过 8 000 万，与亚欧各国经贸和文化往来频繁，中国社会进入了一个政治、经济、文化全面强盛的历史时期。中国茶业则随着唐朝经济社会的繁盛而兴起并进入了历史上第一个高峰时期，被世人誉为"茶圣"的陆羽在 780 年著述刊行了全世界第一部茶叶专著《茶经》，中国的茶和茶文化也随着万邦来朝的朝贡外交、经贸往来和文化交流而传向周边的国家和地区。

驿站　茶的起源地与茶树原产地

　　茶起源于中国原本是一个不需要讨论的问题，然而 19 世纪 20 年代发生了出人意料的变化。1823 年，英国少校布鲁斯（R·Bruce）在英属印度殖民地北部地区的阿萨姆考察时，发现了许多高大参天的乔木型野生古茶树。这些野生茶树看上去比此前英国人看到的中国已经驯化的灌木型或小乔木型茶树的树龄更长、年代更加久远，于是英国人据此猜测印度种是世界茶树的原种，印度北部是全球茶树的原产地，从而产生了茶起源于中国还是起源于印度的认知模糊甚至歧义。不巧的是，19世纪下半叶到20世纪上半叶的一百年间，中国社会由于政治动荡、外寇入侵、经济凋敝、战乱频仍等原因，没有专门的力量来匡正这些未经证伪的认知。特别是19世纪末期至20世纪80年代，印度、锡兰（今斯里兰卡）产销的茶叶世界领先，欧洲、美洲进口的茶叶大量来自印度、锡兰以及非洲肯尼亚，较少阅看历史的人，尤其是欧美的民众很容易凭直觉误认为茶起源于南亚地区。

20世纪50年代以后，在我国的云南、贵州、四川、广西、湖南、福建、台湾等地也陆续发现了许多野生大乔木型古茶树，其中云南是发现乔木型野生古茶树最多的地区。1950年在云南西双版纳勐海县南糯山发现了树龄超过800年的野生大茶树，1961年在云南勐海县巴达乡大黑山发现了树龄1 700年、高达32米的野生大茶树，1976年在云南红河州金平县发现了大片乔木型野生茶树林，1991年在云南澜沧县富东乡邦崴村发现了乔木型大茶树，1991年又在云南普洱镇沅千家寨发现了树龄2 700年的大乔木型古茶树。此外，在中南半岛的缅甸、老挝、越南等国家的部分地区也探察到了野生乔木型古茶树的分布。2004年以后，中国茶叶的产量重新跃居全球第一，以茶道闻名于世的日本的史籍记载中，都明文记录着日本的茶是公元七世纪时遣唐使团中的僧侣从中国传入，大唐和两宋的茶艺、茶器及禅宗思想都对日本茶道的形成产生了深远的影响。世界各国公认中国唐代陆羽所著的《茶经》是全球第一部茶叶专著，表明我国的茶文化在唐朝（618—907年）时已经十分兴盛，年代上大大早于世界其他国家和地区。

那么，茶究竟起源于哪里？

这个问题事实上包含了两个相关但不同的问题：一是世界上茶树原产地在哪里？二是世界上茶的起源地在哪里？

第一个问题：世界上茶树的原产地在哪里？茶树作为一种植物物种概念，是多年生常绿木本植物，按树型可分为乔木型、小乔木型和灌木型，地理分布主要集中在南纬16度至北纬30度之间，喜欢温暖而湿润的气候环境。茶树的叶为革质，呈长圆形或椭圆形，茶树的叶子可制茶，种子可以榨油，材质细密的茶树木可以用于雕刻。茶树的树龄可以长达一二百年以上，在热带地区有的乔木型茶树的树龄可达数百年至上千年。

野生古茶树的全球地理分布是一个客观存在，不会因为人们的认知而改变。1823年以前中国被认为是世界上茶树的唯一原产地，世界著名植物分类学家、瑞典科学家林奈（Carl von Linne）在1753年出版的《植物种志》中，将茶树的最初学名定名为Thea sinensis，即中国茶树。陆羽所著《茶经·一之源》开篇就说："茶者，南方之嘉木也。一尺、二尺乃至数十尺，其巴山峡川，有两人合抱者。"表明中国最晚在唐朝时西南的巴蜀就已经发现有高大的乔木型古茶树。目前已知全球野生古茶树自然分布的中心主要在中国西南的云、贵、川地区，印度阿萨姆邦布拉马普特拉河上游，以及老挝、缅甸和泰国北部，从世界地图上看这些地区的地理位置都分布在喜马拉雅山麓及其附近。地处南亚和东南亚的早期居民或许曾有采摘野生茶树叶嚼食以提神醒脑的习惯，但是历史上没有形成大量采摘或人工种植的记录，没有加工制作、烹煮饮用而成为一种众所饮食的饮料，因此这些地区只能称之为野生古茶树的原产地。中国的西南地区、印度的北部地区、中南半岛的局部地区都是全球野生茶树的自然分布中心之一，这或许是符合实际也是各方都可以接受的客观表述。

第二个问题是众所关心的关键问题：茶的起源地在哪里？

780年陆羽刊行了世所公认的全世界第一部论茶的经典著作——《茶经》，证明在唐代中期（766—835年）我国古人已经对茶的起源、制造、器具、饮法、功效、产地等作了系统地研究和论述。世界上另外两部里程碑式的经典茶书，一部是1211年日本"茶祖"荣西禅师在渡宋求法归国后所著的《吃茶养生记》，另一部是美国学者威廉·乌克斯1935年出版的《茶叶全书》。荣西在《吃茶养生记》中多处论及中国的饮茶文化，并提倡日本国民学习中国人的吃茶养生方法。《茶叶全书》则在开篇就写道，"茶的起源，远在中国古代"。由此可见，世界上公认的三大经典茶书均明确无误地证实茶起源于中国。

欧美学者梅维恒（Victor H. Mair）、郝也麟（Erling Hoh）对茶的起

源进行了考证和论述，在他们 1967 年合著写成的《茶的真实历史》一书中提到了安第斯原住民曾经有嚼食古柯叶提神的习惯，也门人早期曾经有咀嚼阿拉伯茶树叶以养精蓄锐的习俗，南美拉普拉塔河沿岸的瓜拉尼部落在 1516 年被发现很早就饮用一种用当地冬青树叶煎制的汤汁——马黛茶，又称巴拉圭茶，但被认定为是"非茶之茶"。该书第二章在探讨"茶之发源"时，开篇引用《诗经·邶风·谷风》的"谁谓茶苦，其甘如荠。"他们认为中国四川的古巴蜀人是有历史记载以来，第一个使用茶的民族。关于茶的最早信史文字记录出现在公元前 59 年王褒的《僮约》，人工种茶的最早记录则是公元前 53 年汉宣帝甘露年间吴理真在蒙山栽植驯化茶树，中国最早的百科词典、三国魏时张揖所撰、成书于 3 世纪的《广雅》对茶的加工、制作、饮用做了详细描述。晋朝诗人杜育写下了历史上最早的茶赋《荈赋》，其中有"沫沉华浮，焕如积雪"的诗句，同时期的药书《桐君采药录》记载了茶汤乳花的药效功能。《茶的真实历史》第四章、第五章分别详细论述了唐朝和宋代的茶史，第六章阐述了唐、宋、元、明、清的茶马互市。很显然，美国宾夕法尼亚大学教授梅维恒和瑞典学者郝也麟经过论证认为茶起源于中国。

日本著名历史学家、茶道历史权威桑田忠亲教授在他 1979 年出版的《茶道六百年·前言》中即开宗明义地指出：茶道是茶汤之道的简称，日本茶道源于镰仓初期从中国宋朝传入的茶艺，在本土化的过程中经日本茶人的努力而最终发展成了日本茶道。《日吉神道密记》记载，805 年从唐朝留学归来的最澄法师带回了中国茶籽，种植在日吉神社的旁边，建成了日本最古老的茶园，在京都比睿山的东麓至今还立有《日吉茶园之碑》。与最澄法师同期乘船回国的日本高僧空海也带回了中国的茶籽并在京都佛隆寺等地栽种，成为日本太和茶的发祥地，他还把浙江天台山的制茶工具和制茶技艺传入日本，他与嵯峨天皇饮茶赋诗的事迹在日本被广为传颂。

不论是采摘野茶树的树叶制茶饮用，还是人工种植茶树采摘制茶，以及有关茶文化的兴起和发展，最早的历史记载都源自中国。采摘茶树鲜叶制成茶叶、茶饼、茶团并烹煎或冲泡成茶汤饮用，或者碾成茶末调膏、冲点成茶汤饮服，并发展出包含茶艺、茶礼、茶德、茶理、茶学等在内的茶道，乃至茶成为大宗民生物资和国际贸易商品，自汉唐以降皆不间断地显现于中国历朝历代的史籍记载中。中国茶的源起和发展在时间上确凿无疑地大大早于世界其他各国和地区，并且从日本和欧美的各种贸易、文化和茶史记载中可以找到中国茶在唐宋以后输往东亚、欧洲、美洲及其他地区的路径记录。因此我们可以得到这样的结论：全世界野生古茶树自然生长于喜马拉雅山麓及其附近，散布于中国、印度和中南半岛，中国人最早进行了茶树的人工驯化栽种以及茶叶的采摘、制作、交易和茶文化的传播，世界的茶起源于中国被认为是基于史实无可置疑的判断，中国是世界野生古茶树的原产地之一，是人工驯化栽培型茶树的最早发祥地，也是世界茶文化的最早源头和传播中心。

从白茶到黑茶的茶多酚氧化逻辑·茶以色分

历史上福建泉州港是海上丝绸之路的始发港，也曾是我国古代最大的对外通商港口，码头上堆积如山的茶叶、瓷器、丝绸等中国物产从这里起运，从海路运往世界各地。被英国人奉为红茶之祖的武夷山正山小种茶，正是从距离古崇安县最近的海港——泉州港，登上了远赴欧美的远洋商船，开启了它从海上向世界传播中国茶文化的旅程。

如果你到中国的福建去，坐下来的第一件事是喝茶。

福建三面环山一面临海，地形上是一个风水福地，然而民众赖以生存的资源除了山上的树和海里的鱼，可以用于耕种的平地都异常稀缺。可能是源于穷则思变、变则通达的缘由，又或许是内生求存图强、爱拼会赢的精神，福建在20世纪80年代后中国"两头在外"的出口外向型经济中获得了先发优势，这种经营模式较少依赖原生资源而更多拼在勤奋和智慧上的禀赋和比较优势。福建人会做生意成为江湖上福建商会的标识，借船出海、无中生有是福建商人的独门秘技，其实更多的是资源匮乏条件下求生求存的本能驱动和潜能激发。区域经济和文化的研究者认为福建人因为爱喝茶而比擅长喝酒的北方人更能做成生意，此话或出于玩笑却也道出福建茶文化对于经商营生的助益。喝茶时的宽松氛围，一茶多盏的共享方式，以及热茶的温度和暖意对于增进共识和促成生意谈成显然有很大的帮助，并且喝茶较之喝酒成本可控而男女、老少咸宜。喝茶与喝酒更大的不同在于，茶越喝越清醒，事越谈越清晰，生意能不能成在点到即止的大量信息交换中已然价量清楚，即便再难下的决定在几个小时的茶聊中也能做出决断。如果此番生意不成，那就下次再来喝茶，买卖不成情面在。

福建的武夷山盛产茶叶，武夷南麓的建瓯、建阳一带在宋代时被朝廷钦定为皇家御茶园，负责向皇室进贡上品茶叶。当地特产的茶器"建盏"，不仅是精美的艺术品，也是喝茶段位高的标识象征。福建人以知茶、懂茶、喝茶、爱茶为荣，大凡外省人新到福建，主人接待时首先必以好茶招待，并按着所谓"一道汤、二道茶、三道四道是精华、五道六道也不差、七道八道有余香"的俗约顺序热情招呼客人，同时告以福建茶叶品种多不胜数，有铁观音、大红袍、金骏眉、白鸡冠、水仙、肉桂、正山小种、寿眉、贡眉、白毫银针、雀舌、奇兰……听者但觉名目繁多、博大精深，只能一边闻着铁观音的香、品着金骏眉的酽（yàn）、尝着肉桂的"岩味"，一边频频颔首表示认同、钦佩与嘉许，并对福建茶文化的源远流长与深厚底蕴表示叹服。

事实上中国有明确名称的茶叶有两千多种，仅武夷山出产的岩茶就有八百多种。如果用枚举法一一罗列，难以穷尽讲清，也很难对茶叶的品种有一个十分清晰的归类和表述。如果查阅有关茶叶的专业书籍，或者在互联网上搜索资料，大概可以看到茶叶分为红茶、绿茶、白茶、黑茶、青茶……以及各类茶的代表名茶，但觉纷繁复杂、信息巨量而依然无法有效记取茶的种类和各种茶的名称，其原因在于各种茶的品种与名称缺乏严谨定义与逻辑关系，仅凭硬记殊难记牢几百种茶的名称，能够轻松列举出几十种以上茶叶名者便会很容易被恭维为懂茶的行家。

数学上一个横轴和一个纵轴相交就可架起一个坐标系，一个事物如果有两个维度在同一个平面上交叉就能形成定位。制茶专业的行家一般将茶按发酵程度由低到高分为不发酵茶、微发酵茶、轻发酵茶、半发酵茶、全发酵茶和后发酵茶，这里出现了定义茶的度量和逻辑关系，令人印象深刻且非常容易记取。但是这种方法的问题在于，在现实生活中你很难对朋友或客户说"我请你喝一道半发酵茶"，这就好比把"一碗米饭"称为"一碗碳水化合物"，表述很专业但是缺乏实用性和生活化的场景。

生活中人们一般把茶叶按照颜色来命名或称呼，普罗大众周知如绿茶、红茶。我们把专业标准与俗约称呼结合起来形成一个坐标系，把茶叶按照发酵程度由低到高进行排列，然后用颜色来进行命名，就非常容易地将茶叶分为六大类：白茶，发酵程度 0%；绿茶，发酵程度 5%—10%；黄茶，发酵程度 10%—20%；青茶，发酵程度 15%—85%；红茶，发酵程度 80%—90%；黑茶，发酵程度 100%。当然这个量化区间也是一个大概率、粗线条对应，比如有的绿茶也可能是零发酵，个别黄茶也可以发酵至 35%，有的红茶可能发酵程度为 100%，但是总体上呈现了一个对应实物而由低到高的逻辑性排序。如果按照数理统计原则和定义学原理，这六大茶类可以将中国的茶叶一网收尽，尽数归类而无一遗漏。好比你做了六个抽屉，每一种茶你都可以放入一个抽屉，而且没有一种茶可以同时放入两个抽屉，这种方法就可称为科学有效而严谨适用的分类方法。

白茶

白茶是一种零发酵茶。它采摘后不经过杀青、揉捻，直接晒干成茶，是一种原味茶。白茶的品种十分有限，主要有白毫银针、白牡丹、贡眉、寿眉等。浙江安吉的"安吉白茶"，实归属为绿茶类。白茶在业内有"一年茶、三年药、七年宝"的说法，老茶客一般偏爱老白茶，白茶被认为储存时间越长味道越好，甚而产生降脂、聚气等药疗保健功效。贮放时间越长的老白茶经过煮泡味道更佳，纯净而不艳、不浅、不浮，宛若美女穿越岁月不着风霜，时间流逝而芳华依然，有味道而无尘俗气，饮之宽心、修性、养颜，但觉君子之交淡如水，美人在侧心无邪，岁月透亮而年景向好，心静如水而微喜于胸，升华成一种不世俗的深刻和无欲无物的丰盛内涵。白茶在我国集中在少数几个产区，主产区位于福建的福鼎、政和、建阳、松溪，另外云南、贵州、广西等地也有数量不多的白茶产出。由于白茶的药效和市场价格逐年走高，有许多爱茶者储存白茶，并以老白茶待客彰显尊敬、谦恭的内涵，低调标识饮茶的高段位与有品位。宋徽宗所著《大观茶论》专辟"白茶"篇，可见对白茶之青眼有加。

绿茶

　　绿茶是一种微发酵茶。绿茶采摘后经过杀青、揉捻和烘干成茶，经过略微发酵，基本上也属于一种原味茶。绿茶主要的品种有西湖龙井、黄山毛峰、洞庭碧螺春、六安瓜片、太平猴魁、信阳毛尖、恩施玉露、都匀毛尖、安吉白茶、峨眉竹叶青等。其中西湖龙井因产地的不同而品质与价格差异悬殊，"狮、龙、云、虎、梅"五种龙井茶中尤以西湖狮峰龙井为极品。龙井茶若用玻璃杯泡饮，沸水冲入后茶叶翻腾，先聚浮于杯顶水面，渐次沉入杯半深水，转而悬浮于杯中，继则慢沉横浮于杯底。绿茶的汤色如翠竹而清透，饮之味轻而有清香穿透，仿佛置身于林间野外，有精气神升起聚于眉间，似有朝气生发于早上八九点的太阳，萌动而有抱负。又宛如才子少年初出江湖，青衣小帽、羽扇纶巾，诗情满怀而青春荡漾，《青花瓷》的歌词和旋律绕于天庭发际：天青色等烟雨，而我在等你。炊烟袅袅升起，隔江千万里……绿茶蕴含着稍略收敛的青春勃发，朝气沁人而如乘槎于野，像一种开端与始发，未来有着无限的可能。绿茶饮用人群的年龄和地域分布非常广，绿茶的品质与价格区间弹性也极大，普通的绿茶抓一把泡一大杯喝一整天，高端的绿茶数片极品盛于瓷杯或玻璃杯中细品慢赏。绿茶在我国的产地主要在浙江、安徽、江苏、河南、湖北、四川等地。绿茶以清明前的新茶为上品，明前狮峰龙井尤为极品。早年有爱茶者将绿茶置于石灰缸中储存，现在放入冰箱保鲜是常用方法。

黄茶

黄茶是一种轻度发酵茶。黄茶采摘后经过杀青、闷黄、干燥三道主工序，发酵程度未及三分之一程。黄茶的品种亦十分有限，主要有君山银针、霍山黄芽、蒙顶黄芽、广东大叶青、海马宫茶等几种，主要产区在湖南岳阳、安徽霍山、四川蒙顶、广东韶关、贵州海马宫等地。黄茶被誉为"金镶玉"，汤色金黄清亮，口感绵柔和顺，宛如三十少妇，步摇裙动、娇面含笑，风韵散发而欲语还休，已尝人间雨露而未经疾风暴雨，犹似未来可期、无限向往。江湖传说世间本无黄茶，制茶者做绿茶时突遇意外事件，茶被焖黄而发酵，开包时做成了"夹生茶"，制茶者不忍全弃，取部分"夹生茶"自泡冲饮，孰料色泽金黄、自成一味，味浓间于绿茶与青茶、红茶之间，茶味含蓄、内敛、有意蕴，遂名之为黄茶。黄茶品种少、产量小，很多人不知道世间有黄茶，然而业内人士和爱茶者中有人对黄茶十分钟爱。相传清代慈禧太后爱喝黄茶，尤爱君山银针。

青茶

青茶又名乌龙茶，是一种半发酵茶。青茶采摘后经过萎凋、做青、炒青、揉捻和烘焙等工序，发酵程度约半程。青茶被称为"绿叶红镶边"，著名的青茶有铁观音、大红袍、铁罗汉、水仙、肉桂、水晶龟、白鸡冠、漳平水仙、冻顶乌龙、东方美人、凤凰单枞等。铁观音主要产于福建泉州安溪县，武夷岩茶产于闽北武夷山，漳平水仙产于闽南漳平，冻顶乌龙产于台湾南投鹿谷乡，凤凰单枞产于粤东的潮安地区。青茶宛如人到中年，经略世事、性格已成，香气散发主动，铁观音低温发酵如青壮味道鲜明，冻顶乌龙气味温和呈现中年气质，武夷岩茶高温烘焙则味如焦香，似经大事而内涵厚重。铁观音冲泡清香扑鼻，初饮茶者犹喜之；武夷岩茶重口味，老茶客和高段位者钟爱而忠于岩味，犹以肉桂等受追捧而价高。青茶发酵至半程，弹性和张力较大，对温度、湿度要求较高，特别是清香型铁观音须低温冷藏于冰箱，否则发酵程度变化偏移，茶味变异、无谓好茶，倘若出现返青或干化，则茶味全失、难以饮用。青茶发酵程度居中，上下偏离即茶味产生差异，加之茶树种类不同、采制季度不同、工艺流程不同，青茶的品种十分繁多，仅武夷岩茶就有八百多种。

红茶

红茶是一种全发酵茶。红茶采摘后经过萎凋、揉捻、发酵、烘焙等工艺流程，发酵程度达到九成以上。红茶的品种主要有金骏眉、银骏眉、正山小种、坦洋工夫、政和工夫、祁门红茶、滇红、九曲红梅、日月潭红茶、鹤岗红茶等，产区主要在福建武夷山、南平、宁德，安徽祁门、云南澜沧江沿岸、浙江钱塘江畔、台湾日月潭等地。金骏眉、银骏眉、正山小种为同树种茶，金骏眉采一芽，银骏眉采一芽一叶，正山小种采一芽两叶。由于产量小、运用特别工艺烘焙制成，金骏眉香气独特而售价高。红茶犹如人到知命之年，心理上经历风雨后趋于稳重，全发酵宛如人生驾到成熟阶段而状态趋稳。红茶宜于午后饮用，色泽绯红或绛红，入口茶味略苦而有回甘，给人以雨后彩虹、苦尽甘来的意象，似乎经历过一切而近到终点，逐渐收敛于终局状态。红茶和绿茶一样普遍，年长者更加偏爱红茶，或许是与人生阶段更加匹配。红茶的品质和价格差异很大，普通红茶抓一把可泡饮一杯喝一整天，珍品红茶如金骏眉则产量小而价极高，唯多金者冲饮享用。

黑茶

黑茶是一种后发酵茶。黑茶在采摘后经过杀青、揉捻、渥堆、烘焙等工序后，制成品渥堆、储存期间会产生另一纬度的微生物发酵。黑茶品类较少，典型的黑茶包括普洱熟茶、青砖茶、湘尖、六堡茶、泾渭茯茶、边茶。黑茶的主要产区在云南普洱、湖南安化、湖北蒲圻、陕西泾阳、广西梧州、四川雅安等地。黑茶在天然条件下可以长期贮存，古代的茶马古道上运销的茶大多为产自安化、雅安等地的黑茶。普洱茶盛产于云南，现为普通民众所熟知，普洱茶的产地已更名为普洱市，在国内国外因普洱茶而享有知名度。黑茶由于持续发酵，因此性状稳定，茶汤为深琥珀色，饮之味觉浓酽，宛如人到花甲、耳顺之年，穿透看清一切世事，顺势、顺向、顺力，放得下一切，无为而随心所欲。由于黑茶适于长期储存，而且时间越长茶味越醇，价格也越高，因此普洱茶被大量制成茶饼，湖南黑茶被大量制成茶砖，很多人将黑茶作为可以保值增值的实物资产进行储存和收藏。黑茶作为后发酵茶，性状温和，空腹亦服于脾胃，晚间也适宜饮用。

将茶叶的基本种类依据发酵程度由低到高形成序列，再按照约定俗成的方法以颜色进行命名，依次为白茶、绿茶、黄茶、青茶、红茶和黑茶，每一种基本茶再可细分为不同的品类，比如白茶又分为白毫银针、白牡丹、贡眉、寿眉，这样将所有的茶叶纳入同一张茶叶谱系，每一种茶叶都有各自唯一的坐标定位，运用按图索骥的方法就可以十分方便地检索到它。此"六类分茶法"适用于中国基本茶叶的类别划分，不包括拼配茶、组合茶、创新茶等，比如茉莉花茶是用绿茶窨入茉莉花香而制成，用玫瑰花、菊花、苦瓜、柠檬等干燥后泡茶饮用属于创新茶，不属于基本茶叶类。

采制季节·茶分春、夏、秋、冬

中国人将一年分为春、夏、秋、冬四个季节，四季又细分为立春、雨水、惊蛰、春分、清明、谷雨、立夏、小满、芒种、夏至、小暑、大暑、立秋、处暑、白露、秋分、寒露、霜降、立冬、小雪、大雪、冬至、小寒、大寒二十四个节气。人们在日常生活中又将茶按采制的季节区分为春茶、夏茶、秋茶和冬茶，其中春茶被认为是一年中品质最好的茶，许多在春季上市的新茶如龙井、碧螺春、毛峰等深受民众的喜爱，而清明前采制的茶叶被称为"明前茶"，属于茶中上品。

春茶
春茶指当年3月下旬到5月中旬之前采制的茶叶。春季天地复苏、万物生长，气温回升、雨量充沛，茶树经过冬季几个月的休养生息，茶树的叶芽吸日月天地之精华，欣欣然生长而日显鲜嫩肥硕，色泽青翠、形态饱满、滋味鲜活、香气宜人，含有丰富的维生素和氨基酸。全年大部分的绿茶在春季采制，其中以清明前采制的明前茶为上品，清明后的茶以谷雨前采制的茶好于谷雨后采制的茶。春季为一年中的主要采茶季，众多著名的上好绿茶，诸如西湖龙井、洞庭碧螺春、庐山云雾茶、黄山毛峰等均在春季采制。

夏茶

夏茶指当年5月中旬至7月初采制的茶叶。夏季气温升高、日照充足，茶树新芽和叶片生长迅速，可以采摘的芽叶数量大幅增加。一般认为夏茶含有的能溶解于茶汤的析出物含量相对减少，氨基酸等含量减少使茶汤的滋味、香气整体上弱于春茶，同时夏茶的花青素、咖啡因、茶多酚含量多于春茶，产生芽叶色泽不一、滋味略为苦涩的现象。

秋茶

秋茶指8月中旬以后至10月中旬采制的茶叶。秋季气候微凉而降水少，茶树经春夏二季生长和采摘，树梢叶芽的内含物质相对减少，叶片大小不一，一般认为品质不及春茶和夏茶，滋味和香气显得比较平和。

冬茶

冬茶指10月下旬以后采制的茶叶。冬季气候逐渐转冷，茶树的芽叶生长缓慢，可供采摘的叶芽数量较少。冬茶由于叶芽生长缓慢，鲜叶的内含物质逐渐堆增，因此冬季采制的茶一般滋味醇厚、香气浓烈，典型的如冻顶乌龙茶。冬季气候寒冷没有病虫害和农药残留，同时冬季采制的茶数量很少，因而物以稀为贵。

🍃 驿站　茶以形分·玉露是日本最好的茶

公元804年，日本最澄法师赴唐求法学成归国时将中国茶籽带回日本栽种，由此日本开始了茶的种植和生产。在日本人的日常生活中，不同于中国人的"茶以色分",日本人则是"以形分茶"。日本茶以绿茶为主,主要有玉露、抹茶、煎茶、番茶、粉茶、焙茶和玄米茶。

玉露　名字很有诗意,玉露是日本最好的茶。

据传1835年(日本天保六年)日本著名御茶所的山本山嘉兵卫将京都自家茶园里采摘的鲜叶制成了形如露珠一样的圆形茶叶,故而得名"玉露"。

玉露作为日本茶中最高级的茶,对茶树及其鲜叶具有近乎挑剔的选材要求。在茶树发芽前20天,日本茶农会在茶园上方搭起凉棚,用以阻挡直晒、灼热的阳光,十分小心地保护茶树顶端的枝梢,以呵护柔嫩的新芽能够完美地长出。茶农将嫩芽采下后,用高温蒸汽杀青,再经过急速冷却后揉捻成茶珠。日本玉露香气清雅,茶汤清澄、甘甜柔和,似乎具有不食人间烟火的仙气,被视为日本最名贵的茶。

日本玉露的栽培、采摘和制造方式比较繁复,过程费时费力,对鲜叶选择和成品茶叶的筛选要求极高,因此价格十分昂贵。玉露茶冲泡时也格外讲究,忌用沸水高温冲泡,60℃左右的低温热水才能保证玉露茶汤口感的原味甘甜。

抹茶　抹茶的栽培方式跟玉露相似,同样需要在茶芽生长期间将茶树遮掩起来,避免阳光的直晒,以保证茶芽的鲜嫩无瑕。采摘下来的鲜叶经过蒸汽杀青后直接烘干,除去茶柄和茎,再将干茶碾磨成颗粒度极细的粉末状茶粉。

日本抹茶呈粉末状,色泽青翠、香味浓郁,除了在日本茶道中点茶时使用外,许多日本料理和日本果子都将抹茶作为添加辅料。西式糕点中的抹茶蛋糕尤其受到日本女性的欢迎,抹茶冰淇淋是许多年轻人异常喜爱的冷饮。

煎茶　煎茶是日本人最常喝的绿茶,也是家居日用茶的首选。茶农将采自茶树顶端的鲜嫩茶芽,以蒸汽高温杀青,再揉成细卷状烘干而制成煎茶。煎茶的成品茶形如松针,高品质的煎茶色泽墨绿油亮,热水冲泡后叶片舒展、鲜嫩翠绿。煎茶茶汤略带少许涩味,但茶香清爽、回甘悠长。煎茶的消费量达到整个日本茶的80%。

日本煎茶每一年采制春夏两季。每年 3 月到 5 月采收的一番茶，相比采自 6 月至 7 月的二番茶口感更为醇和清甜，二番茶则富含咖啡因和茶多酚，所以口感更浓厚些。煎茶的采摘分为手工和机械两种方式，手工采摘的鲜叶品质上更加优质。一番茶和二番茶的制作都经过蒸青、粗揉、揉捻、精揉、干燥 5 道工序，流程工艺基本相似。煎茶的蒸制时间一般为 30 秒，蒸制时间超过 30 秒被称为"深蒸煎茶"。

番茶　番茶是等级相对较低的煎茶。日本将茶叶按采摘的时间予以区分：3 月 1 日—5 月 31 日为一番茶；6 月 1 日—7 月 31 日为二番茶；8 月 1 日—9 月 10 日为三番茶：9 月 11 日—10 月 20 日为四番茶；10 月 21 日—12 月 31 日为秋冬番茶；1 月 1 日—3 月 9 日为冬春番茶。一番茶、二番茶为最优，归属为煎茶，三番以后的茶称为番茶。

番茶采摘一芽多叶。茶农一般将相对青嫩柔软的鲜叶用来做成煎茶，剩下叶片较大、颜色较深、纤维含量较多的鲜叶则用来做成番茶。番茶的品质不如玉露和煎茶，然而它降血糖、助消化、去油脂的功效受到许多日本人的喜爱，甚至有人对番茶的山野式清香具有独特偏好。

粉茶　粉茶实际上是制作玉露和煎茶过程中生产出来的茶叶碎。粉茶呈颗粒状，冲泡时比煎茶能更快地析出茶质和茶味。粉茶的品质、香气略逊色于整叶茶，一般多用来做成茶包。

焙茶　焙茶又称为烘焙茶。焙茶用大火炒，直至香味尽数散发。焙茶因为经高温烘炒，故而茶叶呈褐色，鲜叶的青涩味基本去尽，成品茶带有浓郁的烟熏香，很适合在寒冷的冬季作为茶饮。

玄米茶　玄米茶是一种组合茶。日本人将糙米在锅中炒至足香，然后混入煎茶或番茶中，就做成了所谓玄米茶。玄米茶的茶汤米香浓郁，炒米香稀释冲淡了茶叶的苦涩味，茶香和米香混合、融会，相辅相成。玄米茶口味大众化，被普通民众所接受和喜爱。

制茶·茶叶的嬗变与羽化

云雾缭绕的青山翠陇间，茶树枝头的一片鲜叶，浸淫了日月光华和雨露的滋养，它又经历怎样的华丽蜕变，终而成为人们竞相珍爱的香茗，其过程是否也有蜕变的疼痛、意外的曲折和羽化的惊喜，甚或还有引渡人的审美意识和匠心技艺的催化和注入。

茶叶由茶树的叶子化身为形美、色香、味醇的香茗，需要茶人用心用法倾尽心力地制作，方能实现茶叶命中注定的嬗变和羽化。这个过程饱含了被动转变的痛苦、纠结和华丽转身后的释然与欣喜，以及认识到草叶枯荣、花开花谢的规律和无中生有、有归于无的终极内省。

制茶人以山为家、以树为侣、以茶为友，其辛劳与甘苦、喜悦与忧惧、坚守与执着或许非外人所能体验，然而他们不懈努力的用心和追求完美的精神自然而然地植入了制茶的流程和工艺，并内化为每一片茶叶所承载的物外意识。而天地之灵气、山川之禀赋、草木之毓秀，早已如基因密码输入了每一颗茶芽的成长图谱。

物与非物，完美地统一于茶叶。

茶树枝头一片鲜嫩的树叶，采摘后历经晒、蒸、炒、揉、焙等一系列工序，到变为形如银针、雀舌、鹰嘴、弯眉、瓜片、露珠、蜻蜓头乃至仕女飘带的茶叶，究竟经历了怎样凤凰涅槃的过程。

最早的时候，人们采摘茶树的鲜叶，直接嚼食或烹煮后食用、饮用，起到解毒、祛病、提神、解渴等功效，也有将茶叶鲜叶与姜、大蒜、辣椒和盐等同煮或者凉拌食用。时至今日，云南的基诺族仍有吃"凉拌茶"的习俗。

三国时，魏朝已经出现了茶叶的简单加工，采来的茶叶鲜叶晒干或烘干后做成饼，这是制茶工艺的萌芽。进入唐宋以后，皇家成立了专门的贡茶院，有专业的官员、茶工、茶农研究制茶技术，民间茶农也多有原发创新，令茶叶生产和制造技术不断革新和改进。

唐代蒸青制饼的技艺已经渐趋成熟。陆羽《茶经·三之造》记述："晴，采之，蒸之、捣之、拍之、焙之、穿之、封之，茶之干矣。"宋代时制茶技术更趋于专业化，各种新品不断涌现。北宋年间，做成团饼状的龙凤团茶作为官茶、贡茶十分盛行。宋代《宣和北苑贡茶录》

记述："太平兴国初，特置龙凤模，遣使即北苑造团茶，以别庶饮，龙凤茶盖始于此。"

宋代赵汝砺《北苑别录》记述，龙凤团茶的制造工艺有六道工序：蒸茶、榨茶、研茶、造茶、过黄、烘茶。茶芽采回后，先浸泡水中，挑选匀整芽叶进行蒸青，蒸后以冷水清洗冷却，然后小榨去水、大榨去汁，去汁后置瓦盆内研细，再入龙凤模压饼、烘干。

到宋代后期，制茶技术已经开始出现"由团至芽"的革新趋势。为了改善蒸青团茶过程中苦味难除、香味不正的问题，尝试采用蒸后不揉不压、直接烘干的做法，将蒸青团茶改造为蒸青散茶。散茶更完整地保持了茶香，同时衍生出对茶叶形、香、色、味的鉴赏。《宋史·食货志》记载："茶有两类，曰片茶，曰散茶，片茶即饼茶。"元代王桢在《农书·百谷谱》对当时制造蒸青散茶工序有记载："采讫，一甑微蒸，生熟得所。蒸已，用筐箔薄摊，乘湿揉之，入焙，匀布火，烘令干，勿使焦"。

宋元时期，团茶、饼茶和散茶同时并存。明太祖朱元璋于1391年下诏，废龙团兴散芽，此后散茶大为盛行，逐渐成为制茶业的主流。团饼茶在一些边区少数民族中得到了保留和传承，云南的普洱茶至今依然大多采用团饼制作方式。明朝以后由于废团兴芽茶政的实施，曾经流行于宋代的点茶法也渐渐式微并失传了。庆幸的是，宋代时日本僧人渡宋求法，归国时将宋代点茶法带至日本并进行了传承和发扬，我们从今天的日本茶道中可以依稀看到宋朝人依礼点茶的身姿影像。

茶叶的香味在蒸青散茶中得到了更好的保留。然而使用蒸青方法，依然存在茶香不够浓郁的缺点，于是利用干热激发茶叶香气的炒青技术应运而生。炒青绿茶早在唐代就已经存在，刘禹锡的《西山兰若试茶歌》云："山僧后檐茶数丛，……斯须碾成满室香"，诗句形容茶树鲜叶经过炒制而满室生香，这被认为是关于炒青绿茶最早的文字记载。

在唐、宋、元茶业的发展过程中，炒青茶叶逐渐增多。到明朝以后，炒青制法日趋完善，《茶录》《茶疏》《茶解》对炒青制茶均有详细记载，制法流程大体为：高温炒青、揉捻、复炒、烘焙至干。这与现代炒青绿茶的制作工艺已经非常相似。

中国任何一样长盛的特产一般都有其独门秘技。独特的配方和制作工艺用以确保产品的与众不同和品质稳定。古代时人们为了保持秘技的传承和正宗，有的订立了传男不传女的门规信条，这也历史地形成了东方文化的多样化和包容性，不同于西方文化中的交融性和标准化。

中国的茶叶有两千多种，每一种茶的制作都有其制作工艺的特别之处。白茶、绿茶、黄茶、青茶、红茶、黑茶各有其制法不同，甚至青茶中的武夷岩茶就有八百多种。每一种茶的制法都有细微差异，用一千零一夜来叙说，或许也难以说尽。然而，所谓万变不离其宗，茶叶制作过程的主脉络都要经过采摘、制作、干燥、分装等步骤，制茶的细分动作可以分为采青、晒青、炒青、摇青、蒸青、揉捻、闷黄、渥堆、烘焙、分拣、压制、包装等。不同种类的茶的制作适用不同的动作组合，比如绿茶采摘后经炒青、揉捻后烘干即成，而黑茶的制作则需要更多的工序动作包括渥堆等才能完成。

采青

采摘茶树的鲜叶称为采青。以食指与拇指夹住叶底幼梗的中部，借用两指的力量将茶叶摘断取下。不同的茶采摘部位不同，手工采摘时有的只采一个顶芽，称为一芽或一枪；采摘一个顶芽和芽旁的第一片叶子，称为一芽一叶或一枪一旗；采摘一个顶芽和芽旁的两片叶子叫一芽两叶或一枪两旗。现在的机制茶用机器将茶树梢头囫囵割采下来，后期制作过程中再做分拣。采茶的时令和时间也颇有讲究，春、夏、秋、冬四季皆有采茶，尤以春季为多为佳。春季采茶又分为清明前和清明后，清明后又分为谷雨前和谷雨后，明前茶优于明后茶，谷前茶好于谷后茶。一日之计在于晨，大部分茶在日出之前采摘为上佳，但也有些茶比如有的武夷岩茶需要在晴天的午后采摘。采茶者以女性居多，中国古代采摘贡茶时据传还会选用及笄少女，采摘上品茶芽时还会投入新汲的井水中保鲜。

萎凋

采摘下来的鲜叶在一定的温度、湿度条件下均匀摊放，适度促进鲜叶酶的活性，使内含物质发生物理、化学变化，散发部分水分，茎、叶萎蔫、色泽暗绿、青草气散失，称为萎凋。制造微发酵的绿茶，直接进行高温杀青后揉捻、干燥。如果制造半发酵茶或全发酵茶则需要先进行萎凋，萎凋分室外萎凋和室内萎凋，室外萎凋将鲜叶置于日光下曝晒，使茶青的水分适度散发，减少鲜叶中细胞水分含量，促进空气中的氧与叶细胞内的成分起氧化作用，形成茶叶的发酵过程。萎凋过程中静置与浪青可以交替进行，促使鲜叶的水分透过叶脉有秩序地从叶子边缘或气孔均匀蒸发出来，浪青能够促使鲜叶互相摩擦而加快氧化。茶青经日晒变软后搬移至室内，室内保持一定的温度和湿度，再次进行浪青和静置，使叶与叶之间充分相互摩擦，促进叶子的茶多酚氧化。

杀青

用高温炒青、摇青或蒸青破坏鲜叶中的酵素活性使其停止发酵称为杀青，杀青兼可除去鲜叶中的青臭味。传统炒青使用柴烧铁锅炒制，现在大部分制茶者多采用电热滚筒式摇青机进行杀青。通过炒青、摇青来停止发酵已经成为主要的杀青方式，但依然还有部分绿茶制作者使用高温蒸青的方法，比如日本的玉露、抹茶、煎茶等制作至今还保留着蒸青方法，应该是一直沿用从我国宋代传过去的传统制法。

揉捻

揉捻的方法包括手揉捻、布揉捻、机揉捻。揉捻的作用主要是揉破叶细胞以利于冲泡，并将茶叶揉捻成形、塑造不同茶叶的特性。揉捻又分轻、中、重三种，轻揉捻制成的茶叶成条状，中揉捻制成的茶叶成半球状，重揉捻制成的茶成全球状。传统方法中将杀青后的茶叶直接用手进行手工揉捻，也有将杀青后的茶叶装入白色棉布中进行布揉捻，现在大部分揉捻都将茶叶置入揉捻机中进行机揉捻。布揉捻用棉布将茶青包成球状，一手提住棉布的球尾，一手将布球按同一方向搓揉，使"布球"愈揉愈紧，紧到一定程度后放置一旁，使其降温成形。打开布球后使茶青"解块"松散，然后再次进行包布揉捻，经过多次揉捻后达成期望中的外形与茶性。茶叶由于受到揉压，叶表面的细胞被破坏，部分汁液被挤出而附着于茶叶表面，在冲泡时可更容易地溶解于茶汤之中。

闷黄

闷黄是制作黄茶特有的一道工序，指将杀青后或揉捻后或初烘后的茶叶趁热堆积，使茶坯在湿热作用下逐渐黄变的制茶工序。按茶坯含水量的不同分为湿坯闷黄和干坯闷黄，湿坯闷黄水分含量多因而茶叶变黄快，干胚闷黄含水量少，茶叶变黄需要的时间长。比如，沩山毛尖在杀青后直接趁热闷黄，温州黄芽在揉捻后进行湿胚闷黄，君山银针在炒干过程中交替进行闷黄，霍山黄芽则是炒干和摊放相结合的干坯闷黄。

烘焙

烘焙带有烘干和焙烤两层含义。制茶工业中的烘干主要是利用干燥机以热风烘干揉捻过后的茶叶，以利于贮藏与运销。为了使茶的干燥程度趋于一致，通常采用二次干燥法，达到七、八成干燥后取出回潮，再进行第二次干燥。陆羽在《茶经》中讲述唐代烘焙茶叶的工具叫"育"——以木制之、以竹编之、以纸糊之，下面用火炉的文火慢慢烘制，所谓温温然以养色香味。现在工业化的烘焙茶叶大都使用焙茶机，利用电热丝加热通过热风传导进行烘焙，也有的茶农至今依然坚守用柴火烘焙茶叶的方法，制造出别具一格的茗茶。清香型茶比如绿茶、铁观音等多采用低温短时烘焙，而高温长时烘焙的茶则会产生不同于茶叶自然清香的焙火香味，武夷岩茶中的大红袍、肉桂以及正山小种茶等均产生焙火后的焦糖、松烟、桂圆香味。

渥堆

渥堆是黑茶制作过程中的发酵工艺，是决定黑茶成品品质的关键环节。将晒青后的毛茶堆放成堆，洒上干净的水，上面覆盖上麻布，使之在湿热作用下发酵。待茶叶发酵转化到一定程度后，将之摊开晾干。经过渥堆后的茶叶，其颜色因渥堆程度的不同而由绿色转变成黄色、栗红色或栗黑色。渥堆引发茶青内微生物的生长，使茶青产生另一种发酵，茶质被"降解"而变得更趋醇和，颜色被氧化而变得更加深红。

紧压

大部分茶叶在经过烘焙后可以直接罐装贮藏，那些需要长期储存和长途运输的团饼茶、砖茶等则要进行压制的工序。制成的毛茶加压成块状后被称为"紧压茶"，形状有圆饼状、方砖形、碗状、球状、柱状等。由于紧压时的紧结程度不同，有些紧压茶在泡饮前可以用手剥开，有些紧压茶则需要用专门的茶刀撬挖开。紧压后的茶便于长距离运输和长时间贮藏，紧压后的茶在运输、贮藏过程中会塑造出茶的另一种老成、粗犷的风味。古代通过茶马古道运至青藏高原和长途贩运到内蒙古草原的藏茶、砖茶等都是紧压后的茶。宋代时北苑贡茶院制造的团饼茶经过紧压，表面有十分精美考究的龙凤纹图。

干燥以后形成的初制毛茶，还要经过精制，包括筛分、剪切、拔梗、覆火、风选等环节，最后进行包装就完成了茶叶成品的整个制作过程。事实上，不同类型和不同品种的茶叶在制作过程中工序还会有所差异，白茶、绿茶、黄茶、青茶、红茶和黑茶的制作在方法和工艺上具有不同的特点。

白茶制法

白茶的制作工艺最接近原生态，主要分为三个步骤：鲜叶采摘、萎凋和干燥。白茶的萎凋不炒不揉、直接生晒，使细嫩芽叶表面的白茸毛得到很好的保存。由于白茶以最少的工序进行加工，保留了茶叶原有的清香味，也是最自然的制作工艺。白毫银针、白牡丹、贡眉、寿眉等都保留了茶叶最原始的清香。

绿茶制法

绿茶是将鲜叶采下经杀青、揉捻和干燥而成。杀青的方式主要有炒热杀青、蒸汽杀青。绿茶冲泡后茶叶条索舒展，在水中的形态富于变幻，展现出茶叶的形态美。洞庭碧螺春、西湖龙井、蒙顶甘露等都是绿茶中的佳品。

黄茶制法

黄茶的加工工艺比绿茶多了一道"闷黄"的工序，属于绿茶制作中增加了闷黄后渐渐演化出的新品类。黄茶经鲜叶采摘、杀青、揉捻、闷黄、干燥加工而成，主要的品质特点是"黄叶黄汤"。君山银针、蒙顶黄芽、霍山黄芽、雅安黄茶、远安黄茶等都是有名的黄茶。

青茶制法

青茶制作工艺主要包括鲜叶采摘、萎凋、做青、杀青、揉捻、烘焙、加工、精制等。青茶也称为乌龙茶，有"绿叶红镶边"的美誉，它综合了绿茶和红茶的制法，品质介于绿茶和红茶之间，既有绿茶的清香味又有红茶浓香味。发酵程度偏低的青茶如清香型铁观音须放置冰箱冷藏贮存，否则茶香茶味容易散失。铁观音、大红袍、水仙、肉桂、凤凰单丛等都是著名的青茶。

红茶制法

红茶是将茶树鲜叶采下经过萎凋、揉捻、发酵、干燥而制成。红茶属于全发酵茶，发酵是红茶制作过程的关键环节，"红汤红叶"是红茶的基本特征。欧洲人特别是英国人偏爱红茶，他们的下午茶大多饮用经过拼配和调和以后红茶。中国红茶的主要品种正山小种、祁红、宁红、宜红、滇红等均驰名中外，印度、斯里兰卡、肯尼亚等国产出

茶道
两三年

的茶叶主要是红茶。

黑茶制法

黑茶的制作工艺主要包括鲜叶采摘、杀青、揉捻、渥堆、干燥。不同于其他茶青揉捻后马上进行干燥，黑茶作为"后发酵茶"在杀青、揉捻后进入"渥堆"。黑茶大部分被制作成紧压茶，由于加工过程中的堆积发酵时间较长，因而叶色多呈暗褐色。云南普洱茶、广西六堡茶、湖南黑茶、湖北青砖茶、陕西黑茶等都是较为出名的黑茶。

窨制·从素茶到花香茗茶

茉莉花茶是许多人爱喝的茶，清代慈禧太后尤其偏爱喝茉莉花茶。茉莉花茶的制作工艺较绿茶多一道窨制工序，是将鲜香清纯的茉莉花香窨制入绿茶而制成。茶叶中添加香料或香花的做法在我国有很长的历史，宋代蔡襄《茶录》中提到过香料茶："茶有真香，而入贡者微以龙脑和膏，欲助其香。"南宋时已经有茉莉花焙茶的记载，施岳撰写的《步月·茉莉》词注："茉莉岭表所产……古人用此花焙茶故云。

窨制是制作花茶的一种传统工艺。窨制的基本原理是将茶坯与鲜花混合在一起，通过鲜花吐香和茶坯吸香，茶香与花香互混融合而制成花茶。常用的窨制方式有箱窨、囤窨和堆窨。成熟的茉莉鲜花在一定温度下通过酶、水分、氧气等综合作用而分解出芳香物质，茉莉花的香气逐渐被茶胚所吸收，茶胚在物理吸附中由于水和热的作用，产生了微妙而复杂的化学吸附，最终制成了带有茉莉花香的花茶。茉莉花茶的茶汤较绿茶更加黄亮，茶味更加香醇，形成花茶特有的色、香、味。或许是女性爱花而爱屋及乌的缘故，又或许是女性对香气更为敏感，爱喝茶的女士似乎对茉莉花茶更喜爱一些。

明代时窨花制茶技术日益成熟和完善，用于窨制花茶的花的品种繁多。据《茶谱》记载，有桂花、茉莉、兰蕙、橘花、栀子、玫瑰、木香、蔷薇、梅花九种之多。现代的花茶，除了以上九种花之外，还增加了玳瑁、珠兰、白兰等花种，然而在百花之中茉莉花始终是窨制花茶最主要的原料。随着制茶技术不断革新，制茶机械相继出现并持续改进，从小规模手工作业到机械化大规模生产，除了少数名贵花茶仍由手工窨制加工外，现在绝大多数花茶的加工都采用了机械化流程。

茶之拼配·标准化与品牌化

茶叶拼配是茶叶加工的一种工艺，多为商品茶加工企业所采用，其源头应来自西方工业化思维。由于茶农每年、每季、每期生产的茶叶数量不同而且有限，每一批茶的品质难以保证完全一致，只有将茶叶进行拼配才能制成品质稳定的茶叶并达成量产，从而形成市场化的大规模供给。

茶叶拼配通过评茶师的感官经验和拼配技术把具有一定共性而形质不一的茶叶，按照设定的样品茶标准，或美其形，或匀其色，或提其香，或浓其味，拼合在一起而形成品质均匀、形态稳定的大批量茶。拼配过程中通过筛、切、扇或复火等措施，使原来不符合拼配标准的茶叶达到与货样相符的要求。茶叶拼配是对成品茶叶的二次加工，可以稳定茶叶品质，增加相同品质茶叶的供应量从而扩大货源。现代茶叶企业通过科学而精准的拼配，加入等级接近、优势互补的调剂茶，从而获得品质稳定、质量上乘的量产成品茶。

印度和斯里兰卡的茶叶产区所产出的红茶分为产地茶和混合茶，混合茶又分为混合调配茶与混合调味茶两类。混合调配茶就是将来自中国、印度、斯里兰卡等不同产地的茶叶根据一定比例调配，精制成具有独特风格、品质稳定的批量茶。调味茶则是以红茶为基茶，加入天然的水果香料，形成风味独特的香料茶，其中伯爵茶是最为著名的调味茶，它在红茶中加入佛手柑、香柠檬等香料调制而成。英国一些著名的茶商按照客户的不同类型及其偏好，为目标客群提供不同的拼配茶，有的拼配茶因为口感和香味广受欢迎而渐渐成为人们所喜爱的品牌茶。

川宁（Twinings）、唯廷德（Whittard）、福南梅森（Fortnum & Mason）、立顿（Lipton）……世界茶叶市场的每个茶叶品牌都有自己独特而保密的茶叶拼配配方，不同的配方形成香气、口感和体验上的差异，让每款拼配茶都具有自己无可替代的特质，并且受到不同消费客群的喜爱甚至追捧。这样的拼配工艺也让并不种植茶叶的英国，靠着进口粗制茶拼配成精制茶出口，赚取了巨额的茶叶价差利润，并且在失去欧洲茶叶贸易的垄断权之后，依然一直保持了自己在国际茶叶市场上的重要地位。

循有规程而成礼·饮茶式的变迁

礼仪修于内心而外化于形式。人们的价值观、道德和行为原则，通过各种仪式和流程得以规范和显性化。茶的早期发现和利用，主要存在药用、食用和饮用三种用途。按照事物发展的一般规律，人们在长期的生活实践中，偶然发现茶树的叶子煮水喝了以后可以解毒、提神、锐志、解乏、驱困等，于是将它从自然界各种树的树叶中辨识区分出来而成为草药的一种，在后期煮水药用或养生的过程中渐与其他东西同煮成羹或粥，发展出它的食用兼药用功能。再后来，茶成为一种独立的饮品而风行，其饮用、休闲甚至审美功能得到彰显和发扬，茶的制作、饮用方式也渐渐形成一定的范式。

茶的饮用方式先后经历了煮茶式、煎茶式、点茶式和泡茶式。这四种饮茶方式并非一起一灭、首尾相连，而只是按其发明和被使用的时间先后排列，在很长的历史时期当中，两种或三种饮茶方式同时并存于世，其中一种方式为一个阶段的主流，其他早期的方式则退居至局部地区或小众族群，比如在宋代点茶式是主流盛行的饮茶式，但是早期的煮茶式和煎茶式还是存在于有些地区和人群中间。煮茶式、煎茶式、点茶式和泡茶式其流行的时期大致分别对应了茶业及茶文化发展的四个不同阶段：前唐时期、唐及五代十国、宋元、明清时期。

煮茶式

煮茶式是最早的一种饮茶方式。唐朝以前王公贵族等上层社会中已经出现煎茶的方式，但是煮茶式还是那个时期主要的饮茶方式。将茶树的鲜叶或制成的干茶放入锅中用水烹煮，很多时候还会加入姜、辣椒、枣等其他食材或香料一起水煮，然后饮用或者食用。这种方式被"茶圣"陆羽所鄙弃，将之形容为"沟渠间弃水"，但是在民间煮茶式却长期存在，甚至直到今天有的少数民族地区还有煮茶的习惯，藏族的酥油茶、蒙古族的奶茶都还带有煮茶的风影。煮茶式是一种很接地气的民间烹煮饮茶方式，主要满足口腹之欲或者达成解乏、药疗等功效，更接近于一种汤汁食物或汤药。当然，煮茶式与名人雅士们所追求的"风雅"两字就风马牛不相及了。

煎茶式

煎茶式在东汉、三国时期的历史记载中就已经出现，主要流行于唐代至南宋末年。煎茶式与煮茶式的重要不同在于将茶作为一种独立饮品来烹制和饮用，而不再与食物、药物混为一锅煮食。煎茶式的主要程序包括：备器、选水、取火、候汤、炙茶、碾茶、罗茶、煎茶、酌茶。相对煮茶式而言，煎茶式彰显出它是一种独立、专业的饮茶方式，更加讲求仪式感和文化意蕴。

根据史书的记载，煎茶时将团饼茶经过炙烤、碾碎、筛罗等工序，变成米粒大小的细微茶末。当釜内的水煮到涌现鱼眼大小的气泡，同时伴有微微的沸水声时，达到所谓"一沸"，这时根据水量加入适量的盐进行调味，并尝尝水的味道。当水煮到出现连珠般的水泡往上冒涌的时候，达到所谓"二沸"，这时先舀出一瓢沸水，用竹棒在水中搅动使之形成水涡，用量茶小勺取适量的茶末投入水涡中心进行煎茶。再煮水至水面波浪翻滚时，达到所谓"三沸"，这时将先前舀出的一瓢水倒回到釜内，使已经滚开的茶汤停止沸腾，这个时候釜内茶汤表面会生成一层厚厚的沫饽。然后，主人将茶汤均匀而无差别地舀入三个或者是五个茶盏中，奉茶供客人饮用。"茶圣"陆羽认为茶汤表面的沫饽是茶汤的精华，每盏茶的沫饽应相对均匀，以示对饮茶客人的无差别尊重。

煎茶式与煮茶式的不同在于：煮茶式将采摘的茶树鲜叶或干茶叶投入冷水或热水中长时间熬煮，煎茶式则先将团饼茶经过炙烤、碾碎、罗筛制成茶末，再在水煮至"二沸"时投入茶末进行煎熬。煎茶式较之煮茶式更加讲究工序、流程与方法，对煮水、投茶、分茶等具有明确的动作要求，将茶区别于其他饮食而成独立饮品，从而令饮茶逐渐成为人们生活中一种具有专业流程、文化特质和仪式感的活动。

点茶式

点茶式将饮茶发展成为一种艺术。点茶式主要流行于宋元时期，明朝以后因朱元璋诏令废团兴散而很快失传了。所幸当时留学宋朝的日本僧人将点茶式传至东瀛，使之发展成为日本茶道的主流方式并得到了不间断的传承和发扬。点茶式比煎茶式更为讲究，将团饼茶炙烤、碾碎后用石磨磨成茶粉，同时对择水、取火、候汤、点茶等一整套动作均有规范的程序，蔡襄的《茶录》、宋徽宗的《大观茶论》均对点茶式进行了具体描述，其主要流程包括：备器、洗茶、炙茶、碾茶、磨茶、罗茶、择水、取火、候汤、点茶、饮茶。

点茶式与煎茶式有很大不同。茶叶被碾碎并磨成粉末状，不再是将"茶末"投入水中煎熬，而是将茶粉先置入茶盏中，再将煮沸的水分次注入茶盏，用茶筅击拂调制成茶汤。第一次注入适量的沸水先将茶粉调成膏状，接着再分次注水，同时用茶筅快速击打，令茶与水充分交融并使茶盏中出现大量白色茶沫。茶的品质高下，以茶沫出现是否快、水痕露出是否慢来加以评定。茶沫纯白胜雪、水脚晚露而不散者为上。点茶时做到茶乳融合，茶沫与盏壁、盏沿相胶着，称为"咬盏"。

宋代点茶时十分注重水沸的程度，称之为"候汤"。煮水未熟则沫浮，煮水过熟则茶沉，水沸的程度必须刚刚好，才能冲点出色、香、味俱佳的茶。点茶式中的煮水，须先用釜煮开后注入细颈圆肚的瓷质汤瓶，或者直接用汤瓶煮水。点茶式将饮茶带入了艺术的境界，在北宋时期尤为盛行，宋徽宗在《大观茶论》中对点茶式作了细致生动的描述。然而点茶式流程之繁复，对茶叶、茶器等的过分讲究也阻碍了它向民间的传播，招致盛极而衰的变化，明朝以后点茶式快速式微，"泡茶式"兴起成为主流。

泡茶式

泡茶式也称为"撮泡式"。布衣出身的明太祖朱元璋认为宋元时期各地贡茶院为了制造团饼贡茶耗费大量的人力、物力和财力，以致引发民怨甚至民变，于1391年下诏令废团茶、兴芽茶。此后明代朝野和民众的饮茶方式就逐渐改变为用沸水直接冲泡芽茶，即所谓"撮泡式"。"撮泡式"将茶叶置于茶壶中，以煮开的沸水冲泡，然后分酾到茶盏、茶杯中饮用。这项改革使茶叶制造和饮茶的方法与流程大为简化，特别是茶由宋代"点茶式"用茶粉调成茶汤，转变为用沸水冲泡浸析出茶饮，茶汤变得更加澄明透亮而润滑细腻，茶的品种也因为地域、树种、工艺、烘焙温度与时间等不同而更趋多样。明清以后中国各地均流行制造芽茶和冲泡散茶，团饼茶的制造仅在云南、湖南等部分少数民族地区得以保留。今天云南地区的普洱茶大多以团茶、饼茶、沱茶等形式制作和交易，可以看作是宋代团饼茶制造方法在民间的遗留和传承，此外有"一年茶、三年药、七年宝"之称的福鼎白茶近年来也恢复了饼茶的制作工艺。

"泡茶式"饮茶较"点茶式"大为简化，明代以后沿用了几百年，现在已经成为中国人主要的饮茶式。"泡茶式"使茶的制作工作量大为减少，让饮茶者更注重茶的品质本身，并不断增添饮茶的文化内涵和社会交往功能。人们在日常生活中根据不同的饮茶场景以及茶叶、茶具、环境等方面的差异，将"泡茶式"进一步发展具化为满足各种不同需要的饮茶方式。最简单的是用玻璃杯或瓷杯浸泡绿茶或红茶，将茶投入杯中注入沸水后直接饮用，或者把茶投入茶壶中注入沸水冲泡，再将茶水倒入杯盏中饮用。乌龙茶和普洱茶一般用盖碗或紫砂壶流水冲泡，现在也有使用更简单的"飘逸杯"冲泡，再分酾至小茶杯或茶盏中饮用，典型的如流行于闽南和潮汕地区的工夫茶。藏族和蒙古族在用砖茶制作酥油茶和奶茶时，还是会采用"煮茶"的方式。天目山一带的寺庙也有恢复宋代"点茶式"用以招待香客，是一种重建茶礼的尝试与努力。

茶名之美·别有风雅在其中

陆羽所著《茶经》开篇云："茶者，南方之嘉木也，一尺二尺，乃至数十尺。其巴山、峡川有两人合抱者，伐而掇之，其树如瓜芦，叶如栀子，花如白蔷薇，实如栟榈，蒂如丁香，根如胡桃。其字或从草，或从木，或草木并。其名一曰茶，二曰槚（jiǎ），三曰蔎（shè），四曰茗，五曰荈（chuǎn）。"

中国历史上对茶的称谓各种各样，除了陆羽提的五种称呼之外，还有荼、茶荈、苦荼、香茗、醒草、老绿、茗将、诧、姹、酪奴、阳芽、片甲、隽永、甘草等等不下百种。唐代开元年间，唐玄宗李隆基诏令编撰《开元文字音义》并作序，735年成书时将唐以前各种史籍中称谓的"荼"改为"茶"，780年陆羽刊行《茶经》时沿用"茶"这一称谓，"茶仙"卢仝等著名茶人、诗人均使用"茶"入诗入文，此后一千多年"茶"的称谓便沿用下来。

"荼"字最早见于《诗经》，《诗经·邶风·谷风》中有"谁谓荼苦，其甘如荠"的诗句。中国最早解词释义的西汉辞书《尔雅》，注解有"槚，苦荼。"东汉时《说文解字》一书中记载"茗，苦荼也。"唐代《开元文字音义》和《茶经》使用"茶"字后，为朝野及后世所公认而沿用至今。由于"茶"字可拆解为"廿"加"八"加"八十"等于一百零八，所以人们将年届108岁称为"茶寿"。类似的还有"米寿"，"米"字可拆解为"八"加"十"加"八"，故称88岁为"米寿"。中国传统文化中褒扬长寿，故此"茶"字也更多地包含了祥瑞的意象。

　　从来佳茗似佳人。茶事是古时文人雅士、王公贵族所喜爱的风雅之事，茶的别名、美称、雅号自然多不胜数，特别隐见于各种诗、词、歌、赋，而且往往采用比喻、借代、类比等修辞手法，意向美好而有内涵、有意思。例如像王孙草、不夜侯、瑞草魁、一瓯春、九华英、玉尘、玉茗、灵草、甘露、春露、疏香、春雪、香雪等都是文人墨客凭着对茶的喜爱和才情赋予茶非常形象而雅致的别名。

王孙草

　　唐代诗人皇甫冉《送陆鸿渐栖霞寺采茶》诗中云："借问王孙草，何时泛碗花。"王孙指贵族子弟，古代泛指有身份地位的人，王维的诗《山中送别》有"明年春草绿，王孙归不归？"的诗句。将茶称作王孙草，借指王孙公子、风雅人士赏玩的琼草，以此彰显茶叶为名贵风雅的物产。诗人用两句诗送陆羽赴栖霞寺采茶，期待着他采茶归来时一起点茶、饮茶或斗茶，抑或以物起兴，意指对陆羽事业或仕途的祝愿与期许。

不夜侯

　　五代后晋时胡峤《飞龙涧饮茶》诗云："沾牙旧姓余甘氏，破睡当封不夜侯。"诗中"余甘氏"和"不夜侯"均为茶的拟人化代称，余甘指饮茶有回甘、回味之意，而破睡则是指茶具有提神和帮助人不打瞌睡的功能，美其名曰不夜侯。

瑞草魁

　　唐代诗人杜牧《题茶山》诗中云："山实东吴秀，茶称瑞草魁。"瑞草魁的意思是祥瑞之草的魁首。杜牧将晚唐诗歌推向了一个新的高潮，他游历到江南东吴时看到满目青翠的茶山，不禁赞叹而题诗，也可印证在晚唐时期长江中下游的江南东吴属地茶业种植业十分兴盛。

一瓯春

宋代女词人李清照《小重山》词中写道："碧云笼碾玉成尘，留晓梦，惊破一瓯春。"这里"一瓯春"即指茶，事实上"一瓯"是量词，此处与"春"连缀起来借指茶。破晓时分，词人或因事或因人或因情难以入睡，起身将"碧云茶"碾成粉末而冲点成一盏茶汤，原本是因为失眠而习惯性起来点茶、饮茶，然而饮茶之后尚能入眠吗？本是轻缓、悄静的画面，作者却用了碾、留、惊、破等字，抒发出词人表面平静而心底波澜、郁结的心绪和情境。

九华英

唐代诗人曹邺写的《故人寄茶》诗云："剑外九华英，缄题下玉京。""九华英"是将茶比作无数花草中的精英。唐代官员、文人、僧侣、亲友之间相互赠茶的事迹多见于各种诗文记载，许多文雅之士在收到友人寄送的茶叶后会作诗答谢。另有一说此诗为唐代贤相李德裕所作。

玉尘

古代诗词中常将茶称为"玉尘"，或用"玉尘"来指代茶末茶粉。陆游《烹茶》诗中云"兔瓯试玉尘，香色两超胜。"黄庭坚《品令·茶词》云"金渠体净，只轮慢碾，玉尘光莹。"李郢《酬友人春暮寄枳花茶》诗中云"金饼拍成和雨露，玉尘煎出照烟霞。"金饼和玉尘皆代指茶，金饼意指上佳名贵的茶饼，玉尘则喻指高端名茶碾成的茶粉。

玉茗

玉茗相对比较直接，因为茗本身就是嫩芽茶的意思，物名前加玉、加金用意在于赋予该物更加美好或尊贵的意象。清代陈维崧《喜迁莺·咏滇茶》诗云"春园里，教琪花玉茗，娇姿更别。"

灵草

唐代文学家陆龟蒙《茶人》诗云："天赋识灵草，自然钟野姿。"

茶叶为树叶草木之属，且有治病、提神、解乏等功效，前面加灵、加仙名之为灵草、仙草，是一种意向美好的代称。

甘露

南宋文学家赵鼎《好事近》词云："拜赐一杯甘露，泛无边春色。"元代诗人李德载《喜春来·赠茶肆之六》诗中写道："木瓜香带千林杏，金橘寒生万壑冰，一瓯甘露更驰名。恰二更，梦断酒初醒。"这是对清醇而带有回甘的茶汤的美称。

春露

春天万物萌发、茶芽生长，早期的茶大都采摘于春季，露则喻其为清洌甘甜雨露之意，将茶汤喻为春露，应时而意象美好。金代文学家元好问《茗饮》里写"一殴春露香能永，万里清风意已便。"

疏香

唐代诗人温庭筠《西陵道士茶歌》中写道："疏香皓齿有余味，更觉鹤心通杳冥。"疏香，淡雅的清香。以茶的淡雅清香代指茶十分贴切而引人向往，让人产生茶香缕缕，饮之皓齿留香的想象。

绿云

唐代诗人崔珏《美人尝茶行》诗中写道："朱唇啜破绿云时，咽入香喉爽红玉。"美人朱唇轻轻一抿饮香茗，咽下时芳香透喉，味觉清爽而美妙，一啜一咽动作跃然纸上，一绿两红色彩鲜明，极有画面的带入感。

春雪

宋代词人姚述尧《如梦令·寿茶》中有"龙焙初分丹阙，玉果轻翻琼屑。彩仗挹香风，搅起一瓯春雪。清绝、清绝，更把兽烟频爇"的描述。金代诗人高士谈《好事近》中写道"谁扣玉川门，白绢斜封团月。晴日小窗活火，响一瓯春雪。"宋元时期的点茶，上品的茶汤表面浮有茶沫形似白乳，茶为春季物产，喻为春雪十分形象。

香雪

南宋词人刘过《好事近·咏茶筅》中写道："龙孙戏弄碧波涛，随手清风发。滚到浪花深处，起一窝香雪。"点茶时茶汤表面白乳如雪，前面加香字而成香雪，茶之色、味、形皆呈眼前。

除了对茶叶的整体代称和别名外，中国许多名茶的名称也具有形意之美，比如龙井、碧螺春、大红袍、金骏眉、水仙、雨前、寿眉、乌龙、云雾、白牡丹、岭上梅、佛手、铁观音、雀舌、铁罗汉、凤凰单丛、奇兰、金柳条、不知春、雨花、水金龟、半天妖、凤尾草、白瑞香、雪芽等。

茶香·传递神秘生命信息

茶的香气十分特别，以草木之香为底，衍生出果香、花香、桂圆香、板栗香、焦糖香、松烟香……其香或淡雅或馥郁，似有若无而不绝如缕，对爱饮茶者形成难以拒绝的诱惑。不同的茶叶因其树种差异和制作工艺不同，成品茶叶冲泡前后散发出不同类型的香气。茶叶审评中对茶香的形容有馥郁、鲜嫩、清高、清香、茶香、栗香、高香、鲜灵、幽香、浓郁、浓烈、甜香、老火、焦气、陈气、霉气、醇正、平和、闷气、青气等。茶香按香型大体可归纳为九种类型：

毫香型

用肉眼可以明显看到茶毫的茶，冲泡时所散发出的特有香气，称为毫香。比如白毫银针、白牡丹的毫香十分明显，因为白茶的工艺简单朴直，呈现出茶芽固有的原生态香气。洞庭碧螺春、君山银针也是满身白毫，冲泡时散发出明显的毫香。

嫩香型

用新鲜柔软的鲜叶制成的茶所带有的鲜嫩香气。绿茶中的名品——各种毛尖、毛峰，比如都匀毛尖、紫阳毛尖、峨眉峨蕊、雁荡毛峰等闻之皆有嫩香。

清香型

制作过程中干预较少，杀青、揉捻、发酵、烘焙均较轻微的茶，会产生一种纯正的清鲜香味，称为清香型。绿茶中杀青程度偏低的竹叶青、采用蒸汽杀青的恩施玉露、清香型铁观音等都带有明显的清香。

花香型

茶叶制作过程中产生的各种类似花香的气味，复杂而迷人，按不同香型分为兰花香、栀子花香、桂花香、玫瑰花香等。窨制的花茶如茉莉花茶具有明显的茉莉花香，有些绿茶、红茶、乌龙茶都会散发不同的花香，比如西湖龙井、舒城兰花、武夷水仙等具有幽雅的兰花香，凤凰单丛具有蜜兰香、栀子花香等。

果香型

有的茶散发出类似各种水果的香气，如桃子香、苹果香、柑橘香、桂圆香等。重发酵、重烘焙的乌龙茶通常具有比较浓郁的熟果香，轻发酵、轻烘焙的乌龙茶和红茶常带有清新的青果香，祁门红茶带有苹果香。

甜香型

发酵和烘焙都比较重的茶容易产生甜香，分为清甜香、甜花香、甜果香、甜枣香、蜜糖香、焦糖香等。滇红工夫、祁门工夫具有明显的蜜糖香，凤凰单丛有的散发甜果香，有些烘焙程度较重的武夷岩茶具有焦糖香。

火香型

假如采摘的鲜叶成熟度较高，加上制造过程中烘焙温度高、时间足，就会产生独特的火香，包括米糕香、高火香、锅巴香等，足火的武夷岩茶如大红袍、肉桂等具有明显的火香。

陈醇香型

鲜叶较老而且有渥堆发酵的茶往往会有陈醇香，黑茶经过后发酵会产生一种有别于其他茶类的特有香气，而且存放越久越会呈现出越来越浓郁的陈醇香。普洱茶所谓"越陈越香"的"陈韵"指的就是这种香型，云南普洱熟茶、广西六堡茶、湖南安化黑茶等都具有这种香气。

松烟香型

有些茶叶在烘焙干燥工序中使用了松柏、枫球、黄藤等木头熏制工艺，成品会带有松烟香，比如武夷山的正山小种、六堡茶、安化黑茶等。

驿站 王安石品茶鉴水的故事

自古以来中国人对烹茶的水都十分重视，水对于茶的色、香、味影响至大。陆羽认为山中的泉水为最佳，江中流水次之，井水为最下，这是一种"洁净为要、活水为上"的认知。宋徽宗赵佶则认为山泉水为上，井水常汲者次之，江河水为下，以为江河水因鱼腥泥污反不及井水洁净。古代文人雅士烹茗煮茶时，有的爱用山泉水，有的喜用无根之水（雨水），有的则喜用雪融水。乾隆皇帝每次出巡时携带一只银斗，用以"精量各地泉水"，他将北京玉泉山的泉水御封为"天下第一泉"。

唐代陆羽《茶经·五之煮》对烹茶用水的论述："其水，用山水上，江水中，井水下。其山水，拣乳泉、石池慢流者上，其瀑涌湍漱，

63

勿食之。久食令人有颈疾。又多别流于山谷者，澄浸不泄，自火天至霜郊以前，或潜龙蓄毒于其间，饮者可决之，以流其恶，使新泉涓涓然，酌之。其江水，取去人远者。井取汲多者。"

宋徽宗《大观茶论》专辟一篇论水："水以清轻甘洁为美。轻甘乃水之自然，独为难得。古人第水，虽曰中泠、惠山为上，然人相去之远近，似不常得。但当取山泉之清洁者，其次，则井水之常汲者为可用。若江河之水，则鱼鳖之腥，泥泞之污，虽轻甘无取。凡用汤以鱼目蟹眼连绎迸跃为度。过老则以少新水投之，就火顷刻而后用。"

明代冯梦龙《警世通言》中讲述了这样一个故事：王安石老年患有一种慢性病，长期服药但一直难以根治，太医院诊断此症须饮阳羡茶方能治愈，并且必须用长江瞿塘中峡的水烹煎。苏轼因乌台诗案被外放出任黄州团练副使，临行去王安石府上话别，临别时王安石托付一事："倘尊眷往来之便，将瞿塘中峡水携一瓮寄与老夫，则老夫衰老之年，皆子瞻所延也。"

苏轼从四川由长江水道返回京城时，途经瞿塘峡。当时刚过重阳，江水奔涌，船在江中疾驶而下、一泻千里。苏轼站在船首，被长江两岸峭壁千仞、层林尽染的壮丽景色所吸引，等船驶过中峡后才突然想起王安石托付在瞿塘中峡取水的嘱托。苏轼赶忙命船家汲满一瓮下峡水，算是亡羊补牢之举，心想瞿塘峡的上、中、下三峡本是一江之水，应该不会有明显区别，除非亲见很难分辨得出。

苏轼将水送到王安石府上。王安石命家仆打开纸封、生火煮水，同时在白瓷碗中投入一撮阳羡茶。等水煮开沸如蟹眼，汲取后注入碗中，等了好一会儿才看到水转成茶汤色。王安石双眉微微一皱，问苏轼道："这水——取自何处？"苏轼慌忙间搪塞道："取自瞿塘中峡。"王安石再看了看茶汤，正色说道："你无须骗瞒老夫，这明明是下峡之水，岂能冒充中峡水。"苏轼大惊失色，连忙作揖谢罪，请教王安石如何看出了破绽。

王安石缓缓说道："瞿塘峡的上峡水性湍急，下峡水则流缓，唯有中峡之水缓急相半。太医院以为老夫这病可用阳羡茶治愈，但是用上峡水煎泡茶味太浓，下峡水则茶味太淡，唯有中峡水浓淡适中而恰到好处。如今见茶色半晌才出，可知这是下峡之水。"

宜茶境况·最好的空间与时间

明代陆树声（1509—1605年）著《茶寮记》，书中特别推荐了12种饮茶的理想环境。一为凉台，清风徐来，三两知己，可把盏言欢，可纵论古今；二为静室，或独处，或对坐，焚香静气，无言自在，心意相通；三为明窗，或看窗含西岭千山雪，或问寒梅着花未，窗前见明月，邀饮一杯茶；四为曲几，曲几团蒲听煮汤，煎成车声绕羊肠，与儒友吟诗作赋；五为僧寮，寺庙僧住处，清净无人，最宜饮佳茗，修茶禅一味；六为道院，道家风骨，亦是出家清净地，思神农饮茶解毒，求得道成仙，参《周易》，念《道德经》；七为松风，树下饮茶，有风吹拂，松风阵阵，不亦快哉；八为竹月，疏竹掩月，夜静如水，泡一壶好茶，俯仰天地之间；九为晏坐，偷得浮生半日闲，看云舒云卷，放空不言，饮茶而已；十为行吟，边行走边吟唱边饮茶，放浪形骸之外，无拘无束；十一为清谈，朋友小聚，谈论家事国事天下事，饮茶以资谈兴；十二为把卷，一人读书，一壶一杯，读书时最宜饮茶。

明朝冯可宾著《岕茶笺》一书，他在《岕茶笺·茶宜》中提出了适宜品茶的十三种情况和七项禁忌。"十三宜"包括：一要"无事"，此时品茶了无牵挂，心无烦恼，超凡脱俗，悠然自得；二要"佳客"，有知己友人同饮，可推心置腹，海阔天空；三要"幽坐"，环境幽雅能使人心平气和，坐而忘言，雅兴渐生；四要"挥翰"，品茗时最宜随性挥毫泼墨，或成佳作偶得；五要"吟诗"，品茗吟诗，抒情言志，以资助兴；六要"徜徉"，小桥流水，花径闲庭，来回信步；七要"睡起"，晨曦中醒来，清茶一杯可排浊扬清、提神醒脑；八要"宿醒"，酒足饭饱后品茶，可醒酒消食；九要"清供"，品茶时佐以茶点、茶食，相得益彰；十要"精舍"，茶室布置须精致幽雅，平添志趣；十一要"会心"，品茶时专心致志，心有灵犀；十二要"赏鉴"，学而精于茶道，学会艺术品鉴和欣赏；十三要"文童"，侍茶者也要知书达仪、懂茶道。

品茶禁忌"七不宜"：一是"不如水"，取水、煮水、泡茶不得法；二是"恶具"，茶具选用不当或不净；三是"主客不韵"，主人与客人言行粗鄙、话不投机；四是"冠裳苛礼"，被动应酬，繁文缛节；五是"荤肴杂陈"，有鱼有肉，荤腥满目，格调不雅；六是"忙冗"，忙于事务，不能静心；七是"壁间案头多恶趣"，室内布置凌乱，案几堆物志趣低俗。

第二辑
茶舞盏影·勃兴于
大唐两宋

万邦来朝·观不尽大唐气象·茶业兴焉

610 年，贯穿中国南方至北方的隋朝大运河在隋炀帝杨广的任内建成通航。由此长江和黄河水道得以连通，形成了南北物产快捷运输和流通的大动脉。南方出产的各种谷物、盐、丝绸、茶、姜、橙等大量运往北方，北方的毛皮、马匹、人参等运销往南方，促进了南北物贸发展和隋唐经济的繁荣，此前盛产于西南和江南地区的茶，加快了向北方的输送和传播。唐朝立国以后，随着经济社会发展和文化的兴起，在皇族公卿、官员名士的推动下，茶在中唐以后风行于社会各个阶层。唐朝的都城长安当时是世界上最繁华的城市之一，人口超过百万，来自波斯、阿拉伯、朝鲜、日本等地的商人、僧侣、道士、传教士等汇聚于此，开展商业贸易和宗教文化交流。由于当时唐朝在政治、经济、军事、文化等各个方面领先世界，在万邦来朝的对外交往中形成了政制、商贸、文化乃至民俗的高维输出，包括茶文化在内的唐文化得到了日本、朝鲜等邻邦以及吐蕃、契丹、匈奴、女真等少数民族的仿效和学习。茶叶逐渐成为重要的民生资源和中央政府治边的战略资源，并且沿着丝绸之路输往波斯、阿拉伯等中亚、西亚地区，或许更远至地中海沿岸的地区和城邦，唐朝的饮茶文化也因此得到更快地散播和弘扬。

唐朝之前有关茶的起源论述散见于《尔雅》《广志》《述异记》等各类史籍，但大多是片言只语或小段论述。直到中唐时期陆羽于 780 年撰写刊行《茶经》，对茶的著述始成系统且豁然开朗。唐朝在中国历史上是一个政经盛世，商业发达、文化繁荣、疆域辽阔、万邦来朝，玄武门之变、贞观之治、文成公主入藏、玄奘西行取经、武则天、李白、杜甫、白居易、杨贵妃、安史之乱、藩镇割据、茶文化、法门寺……都是唐朝留给后世的时代标签。

驿站　法门寺·皇家御用茶器重见天日

唐朝是中国茶业发展历史上第一个高峰。正是在唐朝，古人所称的"茶"减去一横成为"茶"字而沿用至今，全国由南至北、朝野上下饮茶之风渐兴渐盛，世界上第一部专业的茶书《茶经》出版发行。《全唐诗》收入唐朝诗歌总计 42 863 首，其中有 109 首诗的题目中带有"茶"或"茗"，有 394 首诗的正文中含有"茶"字，有 153 首诗的文句中带有"茗"字。唐朝的茶文化通过朝贡御赐、民族和亲、贸易通商、文化交流、茶马互市等方式向周边地区传播，不仅日本、朝鲜的遣唐使和留学僧将唐代的茶文化传回国内，茶还经由丝绸之路传向中亚、西亚甚至更远的地中海地区。

1987 年，供奉着释迦牟尼指骨舍利的陕西扶风法门寺的地宫被发现而重见天日。历经 1 300 多年岁月的洗礼，2 000 多件唐代文物珠光再现，其中包含了一整套光彩夺目的皇家御用茶饮器具，有鎏金的银笼、茶碾、茶罗、银盐台、银盒以及琉璃茶碗、茶托等物，印记为当时宫廷手工工场"文思院"制造。见者谓之工艺精湛、器型精美，可谓极尽奢华、叹为观止。在中国台湾的自然科学博物馆里，馆藏着一套唐代石制茶具，包括茶盘、风炉、茶碾、茶壶、茶罐、茶盏、茶碟，显得古朴大气、雅致精美。

这些遗存至今的唐朝饮茶器物证实了唐代茶文化的兴盛。

唐 代 茶 园

中唐时期（766—835 年），中国茶区的分布已经基本形成。陆羽的《茶经·八之出》将全国的茶区分为山南茶区、淮南茶区、浙西茶区、剑南茶区、浙东茶区、黔中茶区、江南茶区、岭南茶区 8 大茶区，主要分布在浙江、福建、江西、湖南、湖北、安徽、四川、广东、云南等省区。

唐朝的茶园有四种：皇家御茶园、官僚地主茶园、寺院茶园和小农茶园。御茶园为皇家所有，朝廷委派官吏进行管理和督造，所制茶叶为贡茶，专供皇家与朝廷。御茶园资源充足、设备齐全、工艺先进，所产茶叶品质上乘，但同时也耗费大量人力、物力和财力。官僚地主茶园是地方官僚和地主所有的茶园，官僚地主茶园中有小规模自产自用的，有中等规模用于出租营利的，也有较大规模进行生产和销售的。《太平广记》记载："九陇（治今四川彭州）人张守珪，有仙君山茶园，每岁召采茶人百余人，男女雇工者杂处园中。"唐朝佛教兴盛，寺院经济发达，寺院拥有的大量土地中包含了茶园，除了僧侣自栽自采、自制自用外，有的也雇佣工人进行生产和销售。小农茶园是唐代茶园的主要形式，数量众多但各个规模较小，在茶价上涨、种茶相较种粮有利可图时会有大量百姓种茶、制茶为生。唐代张途《祁门县新修阊（chāng）门记》载：祁门一带"山且植茗，高下无遗土，千里之内，业于茶者七八矣。由是给衣食，供赋役，悉恃此祁之茗"。

唐朝名茶品种

唐朝的各种名茶如雨后春笋般涌现。《中国茶叶大辞典》记录当时有名的茶叶多达 148 多种，大部分为蒸青团饼茶，少量的是散茶。根据《茶经》和《唐国史补》等史料记载，唐朝的名茶主要有：产于今浙江长兴的顾渚紫笋；江苏宜兴的阳羡茶；安徽霍山的寿州黄芽；湖北蕲春的蕲春团黄；四川雅安的蒙顶石花；云南东川的神泉小团；四川绵阳的昌明茶、兽目茶；湖北宜昌的碧涧、明月、芳蕊、茱萸；福建福州的方山露芽；湖北江陵的楠木茶；湖南衡山的衡山茶；浙江东阳的东白；浙江淳安的鸠坑茶；江西南昌的西山白露；四川彭县的仙崖石花；湖北当阳的仙人掌茶；湖北夷陵的夷陵茶；河南信阳的义阳茶；安徽潜山的天柱茶；安徽宁国的雅山茶；浙江余杭的径山茶；福建建瓯的武夷茶；四川粮江的横牙、雀舌、麦颗、蝉翼；四川温江的邛州茶；四川宜宾的泸州茶；浙江嵊州的剡溪茶；扬州江都的蜀冈茶；

福州鼓山的柏岩茶；四川中部的九华英；福建南平的小江园；广东博罗的罗浮茶；江西南昌的西山白露茶；江苏苏州的洞庭山茶；浙江杭州的灵隐茶；浙江宁波的明州茶；安徽六安的六安茶；陕西汉中的梁州茶；湖南溆浦的武陵茶；四川开县的龙珠茶；四川峨眉山的峨眉茶；重庆武隆的白马茶；湖北黄冈的黄冈茶等。

唐朝茶贸·《琵琶行》·前夜浮梁买茶去

朝辞白帝彩云间，千里江陵一日还。

两岸猿声啼不住，轻舟已过万重山。

李白的这首名诗虽然使用了夸张的艺术手法，但是也反映出当时长江水路交通的便捷与通畅。杜牧的名句"一骑红尘妃子笑，无人知是荔枝来"，又用艺术的手法呈现出唐朝时驿站制度和陆路交通的快速和高效。

唐朝发达的水陆交通为茶贸的兴起和发展提供了基础条件。投资并投身于茶叶经营的茶商应运而生，很多茶商因为经营茶叶获利丰厚而致富，同时又促进了商业贸易和社会经济的发展。唐朝时在全国形成了许多大大小小的茶叶集散中心，使茶叶得以在区域和全国范围内运销。各地茶叶市场中以浮梁最为有名，时任江州司马的白居易写下了著名的《琵琶行》，诗中有云："门前冷落鞍马稀，老大嫁作商人妇。商人重利轻别离，前月浮梁买茶去。去来江口守空船，绕船明月江水寒。夜深忽梦少年事，梦啼妆泪红阑干。"在古代的诸多史籍中，也同样有多处提到了浮梁的茶市。

唐朝时中原和西南的茶叶已经开始销往青藏高原的吐蕃。迎娶了文成公主的松赞干布当政时吐蕃就已经委派专人负责从事与内地的茶叶贸易。712年以后大唐朝廷和吐蕃政权协商在赤岭、甘松岭开展丝茶换马的互市贸易，这被认为是茶马互市的开端。李肇《唐国史补》记载："（781年）常鲁公使西蕃，烹茶帐中。赞普问曰：此为何物？鲁公曰：涤烦疗渴，所谓茶也。赞普曰：我此亦有。遂命出之，以指曰：此寿州者，此舒州者，此顾渚者，此蕲门者此昌明者，此澶湖者。[1]"吐蕃的首领藏有茶叶并且如数家珍，可见当时茶是少数民族上层贵族所喜爱和珍视的物产。

长庆元年（821年），右拾遗李珏在反对增加茶税的上疏中写道："茶为食物，无异米盐。人之所资，远近同俗，既祛渴乏，难舍斯须，田间之间嗜好尤切。"说明当时茶已从王公贵族及士大夫阶层普及至中下层劳动人民，田间劳动者都嗜好喝茶，如果增加茶税牵涉面很大。

贡茶

贡茶是朝廷指定地方上的优品好茶进贡给皇帝的一种安排。唐以前的朝代就有贡茶但没有制度化，唐代的贡茶制度始于唐立国第二年（619年），不仅有地域、有定额，而且朝廷还建立专门的贡茶院，委任专职的官员督造贡茶。《新唐书·地理志》记载唐代进贡茶叶的地区有5道17郡，当时仅进贡顾渚紫笋的湖州贡茶院每年就使用3万茶工制造1个月。唐代诗人卢仝有诗云："天子未尝阳羡茶，百草不敢先开花。"阳羡茶是唐代名茶，也是进贡皇帝的贡茶。

税茶

唐朝由于茶业的兴盛和贸易量的增大，政府开始对茶进行征税。对茶征税始于唐德宗年间（780—805年），采用"十税一"制，茶税收入从最初每年40万贯增加到80万贯，成为当时朝廷的重要财政收入，几乎与盐税相等。

榷茶

经营茶叶利润丰厚，茶贸受到朝廷与官府的关注。采用征税的方式不能达到预期收入或管控目标时，官方垄断、购销专营甚至官制官卖就成为政府加强对稀缺资源或大宗商品进行控制和抽利的一种方法。对茶叶的购销专营甚至官制官卖称为"榷茶"。唐朝的榷茶在唐文宗

【1】澶（yōng）湖：湖名。在湖南省岳阳市南。即故雍㵎（shì），今称翁湖。唐代张说《和尹懋（mào）秋夜游澶湖》："澶湖佳可游，既近能复幽。"

太和九年（835年）试行了1年，由于遭到茶农茶商的强烈抵制而被迫取消，但是这种方法却为后来的宋、元、明、清实行榷茶政策开了先例。

唐朝的饮茶方式

煎茶式是唐朝的主流饮茶式，除了传承汉魏南北朝时期的煮茶和煎茶外，唐朝也出现了点茶。点茶源于唐朝，盛于宋代。

煮茶

煮茶是一种比较原生态的饮茶方式，直接将茶叶鲜叶与葱、姜、枣、橘皮等一起混合煮沸后饮用或食用。这种方式显然与"风雅"不沾边，为陆羽所摒弃与鄙视，称为"斯沟渠间弃水耳"。然而这种方式"习俗不已"，自有它产生和存在的理由，中唐以后煮茶基本退出主流方式，仅以支流的形式存在于部分少数民族地区。

煎茶

煎茶从煮茶演变改进而来，是将茶末投入沸水进行煎煮而成茶饮。与煮茶法相比，煎茶法使用的茶叶经过了炙烤等加工并碾成茶末，并且不再与其他食材香料混煮，因而彰显茶成为一种独立的专业饮品。陆羽在《茶经》中详细描述了煎饮法的流程：备器、择水、取水、候汤、炙茶、碾罗、煎茶、酌茶、品茶等。煎茶准备的器具有风炉、茶鍑、茶碾、茶罗、竹夹、茶碗等。煎茶用的水山水为上、江水为中、井水为下，江水取去人远者，井水取汲多者。煮水一沸如鱼目而微有声，二沸如泉涌连珠，三沸如腾波鼓浪。茶饼敲碎后碾成米粒状茶末，水一沸时加盐调味，二沸时投入末茶，三沸茶成酌分后品饮。中晚唐及五代十分流行煎茶法，唐诗中许多茶诗都写到了煎茶的场景和意境。宋元时期点茶成为盛行的主流饮茶式，但在当时的许多诗词中依然可见以煎茶为题的作品。

点茶

点茶源于煎茶，煎茶是投茶末入沸水煎煮成茶，点茶则是将沸水点注入茶粉而调制成茶，显然点茶较煎茶更加精细而具艺术性。将碾磨好的茶粉置入茶盏，先注入少许水调成膏状，然后一边分次注水一边用茶筅击拂，使茶汤泛起白色茶沫，茶沫不断回旋最后形成"咬盏"。如果茶沫细匀，持久不散，不现水痕，则为好茶。技术高超者还能令茶汤现出山水鱼鸟草木等图画形状，谓之"茶百戏"或"水丹青"，可与咖啡拉花技术相媲美，可惜这种技艺因年代久远已经失传，但在史籍中有明确记载。茶书《十六汤品》记载："汤者，茶之司命，若名茶而滥汤，则与凡末同调矣。"所谓"十六汤品"则是指"煎以老嫩言者凡三品，注以缓急言者凡三品，以器标者共五品，以薪论者共五品"，共计十六品，可见点茶技艺之考究与繁复。点茶法在宋代最为兴盛，宋徽宗在《大观茶论》中有精辟论述。

中国最早的茶道为"煎茶道"，后续有"点茶道"和"泡茶道"。"茶道"一词最早见于唐朝诗人、茶人释皎然的茶诗《饮茶歌诮崔石使君》："孰知茶道全尔真，唯有丹丘得如此。"释皎然是陆羽的至交好友，博学多识、精通佛学并熟知诸子经史，经常与陆羽聚谈古今、探讨茶道，对茶的各类知识和茶道具有深厚的研究，他被称为"中国茶道之父"。后来唐代著名茶道大师常伯熊，在陆羽《茶经》的基础上大力丰富和弘扬茶道，《封氏闻见记》描述他"着黄被衫乌纱帽，手执茶器，口通茶名，区分指点，左右刮目"。白居易、卢仝、刘禹锡、孟郊、杜牧、李商隐、温庭筠都是唐朝煎茶道的实践者与弘扬者。

🍃 驿站　怀海禅师著《百丈清规》

百丈怀海禅师（720—814 年），福建长乐人，唐代禅宗高僧，禅宗丛林清规的制定者，中国禅宗史上的重要人物，后半生常住于洪州百丈山（在今江西奉新），世称"百丈禅师"。中唐以后，旧教规及戒律与禅宗的发展产生了尖锐矛盾，怀海禅师大胆改革教规，设立了禅宗《百丈清规》，为禅宗的弘扬扫清了障碍，使禅僧从一般寺院中分离出来，推动禅宗最终成为一个独立的佛教宗派，对禅宗发展具有不可磨灭的重大贡献。后来禅宗由日本僧人传入日本，荣西禅师、村田珠光等将禅宗思想引入日本茶道，对日本茶道的形成和发展产生了重要的影响。

《百丈清规》制订了佛教寺院、僧团的生活规式，后经历代多次增订，元顺帝（1333—1368 年在位）时百丈山住持德辉重新修订，由金陵大龙翔集庆寺住持大诉等校正。《百丈清规》为后世寺院丛林所遵循，全书分为八卷、九章，对寺院僧团的组织形式、宗教活动的仪式规制等进行了详细规定，其中第五章"住持"、第六章"两序"、第七章"大众"阐述了寺院中各等职事的职责、僧众日常生活应当共同遵守的行为准则以及处理互相之间关系的原则等。《百丈清规》后被收入《大藏经》。兹录《百丈清规》丛林要则二十条如下：

> 丛林以无事为兴盛。修行以念佛为稳当。
> 精进以持戒为第一。疾病以减食为汤药。
> 烦恼以忍辱为菩提。是非以不辩为解脱。
> 留众以老成为真情。执事以尽心为有功。
> 语言以减少为直截。长幼以慈和为进德。
> 学问以勤习为入门。因果以明白为无过。
> 老死以无常为警策。佛事以精严为切实。
> 待客以至诚为供养。山门以耆旧为庄严。
> 凡事以预立为不劳。处众以谦恭为有理。
> 遇险以不乱为定力。济物以慈悲为根本。

唐朝的赠茶交游

唐朝文人之间、官员之间、僧侣之间相互寄赠茶叶十分普遍，将新茶、好茶寄赠予同僚、同窗、好友是一种高雅的社交方式。文人雅士在收到友人寄来的茶叶后往往会作诗以示酬谢，比如李白曾作《答族侄僧中孚赠玉泉仙人掌茶》，柳宗元曾作《巽上人以竹间自采新茶见赠酬之以诗》。这里兹列唐代诗人卢仝的《走笔谢孟谏议寄新茶》：

日高丈五睡正浓，军将打门惊周公[1]。

口云谏议送书信，白绢斜封三道印。

开缄宛见谏议面，手阅月团三百片。

闻道新年入山里，蛰虫惊动春风起。

天子须尝阳羡茶[2]，百草不敢先开花。

仁风暗结珠琲瓃，先春抽出黄金芽。

摘鲜焙芳旋封裹，至精至好且不奢。至尊之余合王公，何事便到山人家。

柴门反关无俗客，纱帽笼头自煎吃。

碧云引风吹不断，白花浮光凝碗面。

一碗喉吻润，两碗破孤闷。

三碗搜枯肠，唯有文字五千卷。

四碗发轻汗，平生不平事，尽向毛孔散。

五碗肌骨清，六碗通仙灵。

七碗吃不得也，唯觉两腋习习清风生。

蓬莱山，在何处。

玉川子，乘此清风欲归去。

山上群仙司下土，地位清高隔风雨。

安得知百万亿苍生命，堕在巅崖受辛苦。

便为谏议问苍生，到头还得苏息否。

卢仝著有《茶谱》，被称为"茶仙"。这首诗中的一碗至七碗部分又被称为《七碗茶歌》，因脍炙人口而广为流传。《七碗茶歌》在日本广为传颂，日本茶人将其归纳为"喉吻润、破孤闷、搜枯肠、发轻汗、肌骨清、通仙灵、清风生"，并将之内化为日本茶道的重要内涵。日本人对卢仝推崇备至，常常将他与"茶圣"陆羽相提并论。

【1】周公：指梦。孔子《论语·述而》曰："甚矣吾衰也，久矣，吾不复梦见周公！"后世即以周公为梦之代称。

【2】阳羡茶：阳羡在今江苏宜兴市，古属常州。张芸叟《茶事拾遗》："有唐茶品，以阳羡为上。"

唐朝茶学·茶圣陆鸿渐著《茶经》

陆羽（733—804 年），字鸿渐，自称桑苎翁，又号东冈子，复州竟陵（今湖北天门）人，唐代著名茶学家，被尊为"茶圣"。陆羽一生嗜茶，精于茶道，他对茶叶进行了长期调查研究，熟悉茶树栽培、育种和加工技术，擅长品茗、善写茶诗。760 年后，陆羽隐居江南各地，一边对茶业进行实地调查研究，一边专心著述撰写我国第一部茶的专著——《茶经》，它也是世界上第一部茶的专著，为中国乃至世界茶业发展作出了卓越贡献，受到中国、日本、美国、韩国以及其他各国茶界的尊崇。《全唐文》中载有《陆文学自传》，《全唐诗》载有陆羽的茶歌《六羡歌》："不羡黄金罍[1]，不羡白玉杯；不羡朝入省，不羡暮入台；千羡万羡西江水，曾向竟陵城下来。"

【1】罍（léi）：古代盛酒的器具，形状像壶。

公元 780 年茶圣陆羽出版了三卷本《茶经》。《茶经》是中国古代现存最早、最完整、最全面介绍茶的第一部专著，也是世界上第一部茶书。它系统地总结了中唐及以前茶叶采制和饮用的经验，全面论述了有关茶叶起源、生产、烹煮、品饮等诸多方面的问题，系统传播了茶业的科学知识，促进了茶叶的生产和发展，是划时代的茶学专著，开中国茶道之先河。它将饮茶从日常生活饮食习惯提升至艺术和审美的层次，对中国茶和茶文化的发展做出了奠基性的贡献，也对日本、韩国乃至欧美的茶业和茶道发展产生了重要的影响。

《茶经》自出版后流传极广，专家考证有 60 多个版本，传布至日本、韩国、美国、英国、意大利、法国、德国等地，书中的内容被后世广泛引用，成为茶学、茶艺、茶道研究和传播的经典文献，作者陆羽也因此在世界茶界享有盛誉，受到各国茶界同行的尊崇。

陆羽的至交好友释皎然，也称为皎然上人，是唐朝著名高僧、茶道大师，著有诗歌理论专著《诗式》五卷，对文学、佛学、茶事、茶理、茶道都有深刻研究，是佛门茶事的集大成者。释皎然曾写《九日与陆处士羽饮茶》："九日山僧院，东篱菊也黄；俗人多泛酒，谁解助茶香。"后人认为陆羽写成《茶经》得到了释皎然的指导和帮助。陆羽有一个红颜知己名李冶,是唐代四大女诗人之一,少有才华、容貌俊美,曾写下《湖上卧病喜陆鸿渐至》:"昔去繁霜月,今来苦雾时。相逢仍卧病,欲言泪先垂。强劝陶家酒,还吟谢客诗。偶然成一醉,此外更何之。"李冶另写有《八至》:"至近至远东西,至深至浅清溪;至高至明日月,至亲至疏夫妻。"显示其才情哲思不让须眉,为陆羽引为知己亦在情理之中。

🍃 驿站 《茶经》·陆羽

《茶经》是中国乃至世界现存最早、最完整、最全面的第一部关于茶的专著,被誉为茶的百科全书,作者陆羽被尊为中国"茶圣"。它对于茶叶的起源和历史、中唐以前的状况、茶的栽植与生产技术、饮茶技艺、茶道原理等进行了集成式的综合论述,被誉为划时代的茶学专著、精辟的农学著作和阐述茶文化的经典作品。《茶经》将日常生活的茶事升格为茶道文化,对推动中国茶和茶文化的发展具有里程碑式的贡献。

公元 760 年,陆羽为躲避安史之乱,隐居于浙江苕溪(湖州)。他亲自对茶做了实地调查和悉心研究,认真总结了前人和当时人们关于茶叶的栽植、采制经验和饮茶体验,撰写完成了《茶经》。《茶经》分三卷十节,约 7 000 字。上卷:一之源,讲茶的起源、形状、功用、名称、品质;二之具,谈采茶制茶的用具,如采茶篮、蒸茶灶、焙茶棚等;三之造,论述茶的种类及采制方法。中卷:四之器,叙述煮茶、饮茶的器皿,含风炉、茶釜、纸囊、木碾、茶碗等 24 种茶器。下卷:五之煮,讲烹茶的方法,评议各地水质的品第;六之饮,讲饮茶的风俗,陈述中唐及以前的饮茶历史;七之事,叙述有关茶的故事、产地和药效等;八之出,论述唐代全国茶区的分布,分为山南、淮南、浙西、剑南、浙东、黔中、江南、岭南八区,解析了各地茶叶的优劣;九之略,讲采茶、制茶的用具可依当时环境作部分省略;十之图,启示人们用绢素写茶经,悬挂身侧作为常日参考。《茶经》开中国茶道之先河，系统地总结了唐代及以前的茶叶采制和饮用经验，全面论述了有关茶叶的起源、生产、饮用等各个方面的问题。

陆羽为了撰写《茶经》，十余年间游历了三十二个州对茶进行实地考察。他每到一处，与当地茶农讨论茶事，将各种茶叶制成标本，将途中了解的茶的见闻轶事做成大量笔记。最后陆羽历时五年写成《茶经》初稿，以后五年又进行了增补修订，最终于780年完成并出版了世界上第一部茶学巨作。《茶经》在中国乃至世界茶文化历史上享有极高的声誉和专业地位，有日、韩、英、意、法、德等译本传世。

除了《茶经》以外，唐朝有关茶的专著还有陆羽的《陆文学自传》、张又新的《煎茶水记》、温庭筠的《采茶录》、裴汶的《茶述》、顾况的《茶赋》、杨晔的《膳夫经手录》等。唐代僧人怀素的《苦笋帖》是现存最早的茶事书法，其文曰："苦笋及茗异常佳，乃可迳来。怀素上。"全文仅14个字，但是气韵生动、神采飞扬、清逸古雅。唐代画家阎立本的《萧翼赚兰亭图》是现存最早的茶事绘画，周昉的《调琴啜茗图》《烹茶图》，张萱的《烹茶仕女图》《煎茶图》，五代时王齐翰的《陆羽煎茶图》等都为后世留下了古人烹茶饮茶的场景和画面。

🍃 驿站 《萧翼赚兰亭图》的故事

历史上与茶有关的名人逸事见诸许多传说和史籍记载。唐代时太宗李世民酷爱书法，收集了很多王羲之的书法真迹，但是独缺"天下第一行书"——《兰亭序》，感到甚为遗憾。后经多方打探，得知《兰亭序》真迹藏于永欣寺和尚辩才手中，便多次派人到寺中以重金求取，都被辩才以并无此画为由婉拒。

后经尚书房玄龄推荐，唐太宗委派擅长智谋的监察御史萧翼去办妥此事。萧翼领命后，觉得索要不成只能智取。他向唐太宗借了两幅王羲之的书法杂帖，扮成书生来到寺中，每天在寺里来回欣赏壁画，引起了辩才和尚的注意。双方攀谈中萧翼的口才与学识让辩才引为知己，有时甚至邀请萧翼留宿寺中以便于彻夜长谈。萧翼有一次聊天时偶然提起藏有几幅祖传的王羲之墨宝，爱好书法的辩才问可否拿来一阅，萧翼爽快答应。第二天，萧翼拿来王羲之的两幅杂帖请辩才鉴赏。

辩才边看边说："你这两幅字虽是真迹，但是算不上王羲之的上乘之作，我有一幅帖可称得上杰作。"萧翼忙问是什么帖，辩才说是《兰亭序》。

萧翼故作不信："《兰亭序》真迹早在战乱中佚失，怎么可能还在世间呢？你的那幅肯定是摹本吧？"

辩才急辩道："此帖是我师父临终前交给我的，他是王羲之后人，怎么可能是假的，不信你明天来看。"

第二天，辩才从房梁上取下《兰亭序》交给萧翼鉴赏。萧翼看后心中狂喜，但是装作失望地说："此帖果然是假的！"辩才一听与萧翼争辩起来，忘了将《兰亭序》放回房梁上，将之与萧翼带来的两幅杂帖一起搁在了书案上。几天后，辩才有事出门，萧翼借机来到他的书房，跟小沙弥借口说取回自己的书帖，乘机把《兰亭序》真迹也一起带走了。后来萧翼以御史身份召见辩才，辩才恍然明白自己受骗，但是为时已晚。萧翼携《兰亭序》回到长安，得到唐太宗的重赏。相传《兰亭序》真迹在唐太宗去世后成了陪葬品，后人无缘再见。

唐代著名画家阎立本看到《兰亭记》中记载的这个故事后创作了千古名画《萧翼赚兰亭图》。《萧翼赚兰亭图》原本已经佚失，现存三幅宋代摹本分别是藏于辽宁省博物馆的北宋摹本、藏于台北故宫博物院的南宋摹本以及藏于北京故宫博物院的宋代摹本。图中一童仆手捧《兰亭序》贴，辩才与萧翼正在交谈，旁边有一老一少正在专注地煮茶，炉边的茶几上置有茶托、茶碗、茶碾与茶罐，老者左手执锅柄、右手持茶夹正在搅动茶汤，一旁的童子弯身捧着茶托、茶碗，等候着分茶和奉茶，整幅画面生动地再现了一千多年前古人烹茶、饮茶的场景。

《萧翼赚兰亭图》不仅是我国书画界的瑰宝，也被认为是中国乃至世界现存最早的茶事绘画，被茶文化界引为经典。作者阎立本（601—673）出身唐代贵族、官至宰相，其父兄都是大画家，阎立本秉承家学，尤擅肖像画和历史人物画，存世至今的代表作有《历代帝王图卷》《萧翼赚兰亭图》《步辇图》等。

🍃 驿站 重现于敦煌史料的《茶酒论》

唐代乡贡进士王敷所著的《茶酒论》本来已经佚失，1900年在敦煌的史料中被发现[1]，因此得以重见天日而为人们所认知。《茶酒论》以拟人手法采用茶与酒对话的方式，取譬设喻、广征博引，茶与酒各述己长、攻击彼短，最终双方握手言和，明白到唯有求同存异才能相辅相成，是一篇咏物言志的优秀古代哲理散文。兹录原文如下[2]：

窃见神农曾尝百草，五谷从此得分。轩辕制其衣服，流传教示后人。仓颉致（制）其文字，孔丘阐化儒因。不可从头细说，撮其枢要之陈。暂问茶之与酒，两个谁有功勋？阿谁即合卑小，阿谁即合称尊？今日各须立理，强者光饰一门。

茶乃出来言曰："诸人莫闹，听说些些。百草之首，万木之花。贵之取蕊，重之摘芽。呼之茗草，号之作茶。贡五侯宅，奉帝王家。时新献入，一世荣华。自然尊贵，何用论夸！"

【1】敦煌文献《茶酒论》已知见于伯2718、伯3910、伯2972、伯2875、斯5774、斯0406六个卷子，都已被盗运至国外。其中伯2718最全，现藏于法国国家图书馆，在中国国家图书馆的官网："法藏敦煌遗书"栏目中可以查看高清照片。
【2】黄征、张涌泉：《敦煌变文校注》，中华书局1997年版。

酒乃出来:"可笑词说!自古至今,茶贱酒贵。单(箪)醪投河,三军告醉。君王饮之,叫呼万岁。群臣饮之,赐卿无畏。和死定生,神明歆气。酒食向人,终无恶意。有酒有令,人(仁)义礼智。自合称尊,何劳比类!"

茶为(谓)酒曰:"阿你不闻道:浮梁、歙州,万国来求。蜀山、蒙顶,其(骑)山蓦岭。舒城、太湖,买婢买奴。越郡、余杭,金帛为囊。素紫天子,人间亦少。商客来求,船车塞绍,据此踪由,阿谁合少?"

酒为(谓)茶曰:"阿你不闻道:剂酒、干和,博锦博罗。蒲桃、九酝,于身有润。玉酒、琼浆,仙人杯觞。菊花、竹叶,君王交接。中山赵母,甘甜美苦。一醉三年,流传今古。礼让乡闾,调和军府。阿你头恼(脑),不须干努。"

茶谓酒曰:"我之茗草,万木之心。或白如玉,或似黄金。名僧大德,幽隐禅林。饮之语话,能去昏沉。供养弥勒,奉献观音。千劫万劫,诸佛相钦。酒能破家散宅,广作邪淫。打却三盏已后,令人只是罪深。"

酒为(谓)茶曰:"三文一缸,何年得富?酒通贵人,公卿所慕。曾遣赵主弹琴,秦王击缶。不可把茶请歌,不可为茶交(教)舞。茶吃只是腰疼,多吃令人患肚。一日打却十杯,腹胀又同衔鼓。若也服之三年,养虾蟆[1]得水病根。"

茶为(谓)酒曰:"我三十成名,束带巾栉。蓦海骑江,来朝今室。将到市廛[2],安排未毕。人来买之,钱财盈溢。言下便得富饶,不在明朝后日。阿你酒能昏乱,吃了多饶啾唧。街中罗织平人,脊上少须十七。"

酒为(谓)茶曰:"岂不见古人才子,吟诗尽道:'渴来一盏,能生养命'。又道:'酒是消愁药'。又道:'酒能养贤'。古人糟粕,今乃流传。茶贱三文五碗,酒贱中(盅)半七文。致酒谢坐,礼让周旋。国家音乐,本为酒泉。终朝吃你茶水,敢动些些管弦!"

【1】蟆(má):同"蟆"。

【2】廛(chán):同"廛",里居房舍,市物邸舍。

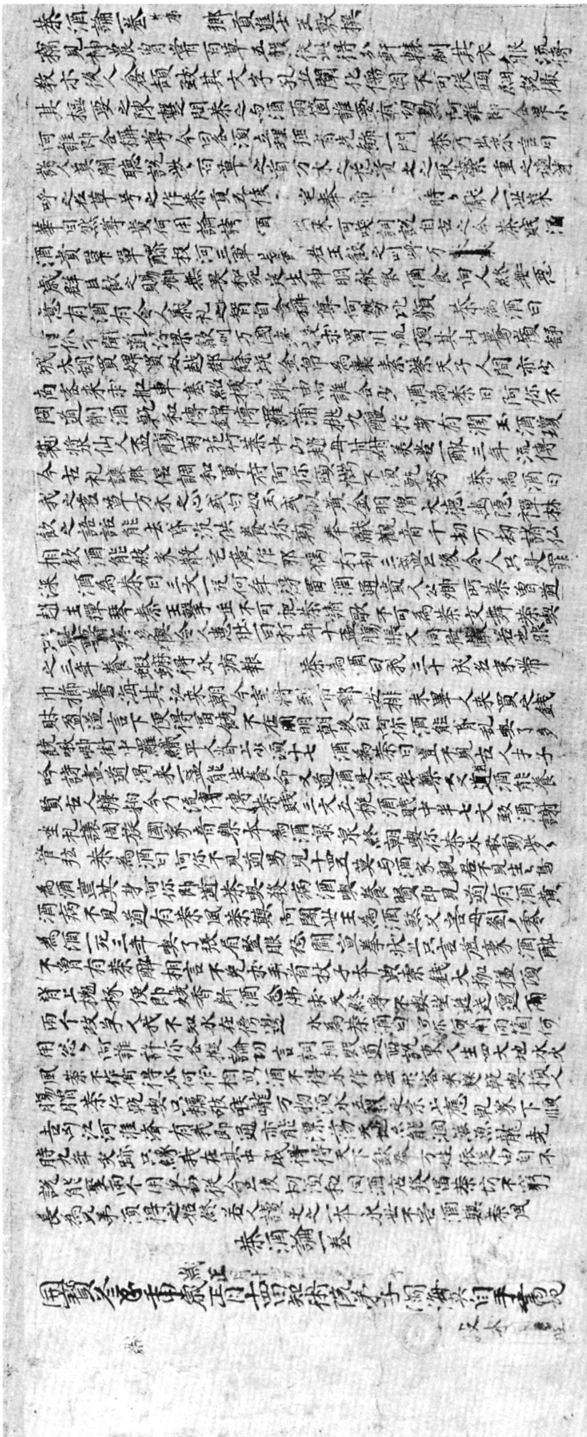

◎ 茶酒论

茶为（谓）酒曰："阿你不见道，男儿十四五，莫与酒家亲。君不见猩猩鸟，为酒丧其身。阿你即道：茶吃发病，酒吃养贤。即见道有酒黄酒病，不见道有茶疯茶癫。阿阇世王为酒杀父害母，刘零（伶）为酒一死三年。吃了张眉竖眼，怒斗宣拳。状上只言粗豪酒醉，不曾有茶醉相言。不免求首（守）杖子，本典索钱。大枷搤[1]项，背上抛椽。便即烧香断酒，念佛求天，终生不吃，望免迍邅[2]。"

两个政（正）争人我，不知水在傍边。

水为（谓）茶、酒曰："阿你两个，何用匆匆？阿谁许你，各拟论功！言词相毁，道西说东。人生四大，地水火风。茶不得水，作何相貌？酒不得水，作甚形容？米曲干吃，损人肠胃。茶片干吃，只粝[3]破喉咙。万物须水，五谷之宗。上应乾象，下顺吉凶。江河淮济，有我即通。亦能漂荡天地，亦能涸杀鱼龙。尧时九年灾迹，只缘我在其中。感得天下钦奉，万姓依从。由自不说能圣，两个何用争功？从今已后，切须和同。酒店发富，茶坊不穷。长为兄弟，须得始终。若人读之一本，永世不害酒癫茶风（疯）。"

【1】搤（è）：以手覆盖。
【2】迍邅（zhūn zhān）：形容困顿不得志。
【3】粝（lì）：糙米，此处引申为粗糙。

宋茶盛宴·不错过宋词的美

经历了近三百年的李唐盛世之后，晚唐时因牛李党争、宦官专权、藩镇割据等而天下大乱。907 年，朱温逼迫唐哀帝禅位，改国号为梁，史称后梁，唐朝灭亡。此后五代十国你方唱罢我登场，短短半个世纪中王朝轮换和朝代更替像走马灯一样。终于，公元 960 年赵匡胤发动陈桥兵变、黄袍加身，中国社会走入了又一个繁盛时期——宋代。

中国历史上，宋代是一个以文化艺术鼎盛著称的朝代。

标志性的艺术家团队由皇帝领衔、宰相领队——宋徽宗赵佶，王安石、欧阳修、范仲淹、苏轼、曾巩、黄庭坚、米芾、蔡襄、沈括、陆游、杨万里、晏殊、李清照、柳永……名画有《清明上河图》《双喜图》《芙蓉锦鸡图》，史学家有写《资治通鉴》的司马光，理学家有朱熹、程颐、程颢、周敦颐，活字印刷、指南针、火药、纸币交子都是宋代的发明，宋朝的瓷器素雅古朴、简洁大气，宋词或婉约或豪放而成为与唐诗并列的艺术双峰，宋代毫无疑问是中国历史上一个文化盛世。

茶文化也在宋代进入鼎盛时期，达到了真正艺术的境界。《大观茶论》、点茶式、斗茶、茶百戏（水丹青）、漏影春、建盏（天目盏）、榷茶、茶马互市等都是宋代茶文化留给后世的标记。宋代的政治经济中心逐步由北部南移，而茶业的中心则由西南向东南迁移，东南地区茶叶的产量和品质后来居上超越了西南茶区，其中尤以福建建州的北苑贡茶最负盛名，所产出的龙凤团饼名冠天下。

北 苑 贡 茶 院

977 年，北宋朝廷在福建武夷山修建了北苑贡茶院，沿建溪绵延八公里，共建成 25 处茶园和 30 多所官焙贡茶制坊。后来茶园增加至 46 处，年产茶叶量达 30 多万斤，品种 40 多个。北苑贡茶院出产的茶叶被称为"腊茶"，属于当时茶中极品。北苑贡茶制作的工艺十分复杂考究，包括采、拣、洗、蒸、榨、研、压、焙，用婆罗洲（今称加里曼丹岛）的龙脑和膏封茶，最后盖上龙纹封印。历史记载蔡襄曾于北苑贡茶院主持制造小龙团，20 饼一斤，价值黄金二两。欧阳修曾这样夸赞蔡襄所造的小龙团茶："小团又其精者……仁宗尤所珍惜，虽辅相之臣，未尝辄赐……。"可见贵如帝王宋仁宗、位高权重如欧阳修，都将北苑所产小龙团视为稀世珍品。

宋代名茶品种

《中国茶叶大辞典》记载，宋代的名茶有 293 种，以蒸青团饼茶为主。名茶品种主要包括：产于福建建安的建茶，又称建安茶、北苑茶，有龙凤茶、石乳、白乳、龙团胜雪、白茶、北苑先春等 40 余

◎ 北苑焙茶遗址石碑

◎ 北苑茶事摩崖石刻

种；浙江长兴顾渚紫笋；江苏宜兴阳羡茶；浙江绍兴日铸茶；江西修水双井茶；四川雅安蒙顶茶；江西宜春袁州金片；福建建瓯春凤髓；四川泸县纳溪梅岭；福建福州方山露芽；浙江淳安鸠坑茶；浙江余杭径山茶；浙江天台天台茶；浙江诸暨石笕岭茶；浙江杭州宝云茶；四川涪州月兔茶；浙江绍兴花坞茶；福建武夷山武夷茶；广西荔浦修仁茶等。

宋代斗茶·茶百戏·漏影春

通过同场比试的方法，分出茶之优劣高下，谓之斗茶，也称为"茗战"。唐代时已有斗茶，然而斗茶最为盛行的时期在宋代。参与斗茶这种雅玩比赛活动的多为名流雅士，有时围观者众多，非常热闹。斗茶者取出各自所藏好茶，现场烹煮点茶，相互品评以分高下。参与一场斗茶的人，或多人共斗，或两人对斗，三斗两胜，极富悬念和趣味性。

斗茶是在茶宴基础上发展而来的一种风俗。

三国时期东吴孙皓"密赐茶荈以代酒"，这是宴请宾客席中"以茶代酒"的早期记录，但还不是真正意义上的茶宴。《晋书·桓温传》记载东晋大将军桓温每次设宴，"唯下七奠茶果而已"，这被认为是茶宴兴起的开始。到了南北朝时期，有了专门为采茶设宴的记载。据南朝宋山谦之《吴兴记》记载，当时吴兴郡（治今浙江湖州市南）有啄木岭，"每岁吴兴、毗陵二郡太守采茶宴会于此。"唐代建立贡茶制度以后，湖州紫笋茶和常州阳羡茶被敕封为贡茶，这两州的刺史每年早春都要在顾渚山境会亭举办盛大的茶宴，邀请社会贤达和名人雅士共同品审当年的新茶，将其中的极品佳茗上贡朝廷。时任苏州刺史白居易也曾收到赴宴请柬，由于因病不能前往，特作诗《夜闻贾常州崔湖州茶山境会亭欢宴》："遥闻境会茶山夜，珠翠歌钟俱绕身。盘下中分两州界，灯前各作一家春。青娥递午应争妙，紫笋齐尝各斗新。白叹花时北窗下，蒲黄酒对病眠人。"以资表达对茶山盛宴的颂扬和不能赴宴的惋惜之情。

宋代茶宴之风盛行。北宋宰相蔡京在《太清楼侍宴记》《保和殿曲宴记》《延福宫曲宴记》中都记载了宋徽宗亲自烹茶赐宴群臣的事迹。《延福宫曲宴记》写道："宣和二年十二月癸巳，召宰执亲王等曲宴于延福宫，……上命近侍取茶具，亲手注汤击拂，少顷白乳浮盏面，如疏星淡月，顾诸臣曰：此自布茶。饮毕皆顿首谢。"除了皇室和朝廷影响社会风习之外，佛家寺庙的禅林茶宴也盛行一时，最有代表性的当属径山寺茶宴。建于唐代的浙江天目山东北峰径山上的径山寺，被誉为"江南禅林之冠"，每年春季都会举行盛大的茶宴，僧众共同品茗论经、共研佛学。径山寺将肥嫩芽茶碾碎成粉末，用沸水冲泡调制称为"点茶式"。日本南浦昭明禅师于南宋开庆元年（1259年）来径山寺求法，学成回国时将径山寺茶宴仪式引入日本，并以此为基础发展形成了日本点茶道。

茶宴的盛行促进了品茗艺术的发展，贡茶制度使地方官吏和权贵为了博取皇帝欢心而千方百计地优选极品贡茶，斗茶由此应运而生并日趋兴盛。范仲淹《和章岷从事斗茶歌》云："北苑将期献天子，林下雄豪先斗美"。苏轼《荔枝叹》说："君不见武夷溪边粟粒芽，前丁后蔡相笼加，争新买宠各出意，今年斗品充官茶。"斗茶之风从贡茶产地兴起后在上层社会盛行，以后又渐次普及至民间。宋徽宗赵佶的《文会图》、刘松年的《撵茶图》和《斗茶图》等都十分生动地描绘了宋代茶宴和斗茶的场景。

宋代由于经济繁荣，出现了数量庞大的富裕雅士阶层。饮茶成为宋代人追求风雅的时尚行为，从帝王将相、王公贵族，到文人墨客、平民百姓，均好此雅事。宋徽宗赵佶撰《大观茶论》，蔡襄撰《茶录》，黄儒撰《品茶要录》，名家诗词中大量出现烹茶、饮茶、赏茶、寄茶等情景，文人雅士对斗茶的生活情调更是心驰神往。

每年清明前后新茶初出，斗茶最盛。宋人斗茶的场所颇为讲究，大多选择二层建筑的茶室，当时称作"茶亭"。客人先在楼下"客殿"等候，待茶亭主人准备妥当后延邀至二楼"台阁"斗茶。"台阁"四面有窗，墙上挂有名人字画，桌面上铺设织锦，上置香炉烛台，斗茶器具一应俱全。一侧厢房内的木柜中，满置奢华的奖品，以备奖励斗茶的胜者。规模较大的茶叶店，布置雅洁的内室，或花木扶疏的临水庭院，都会成为斗茶的场所。这种场所布置对日本的"书院茶建筑"具有十分重要的影响。

斗茶主要有四项活动：斗茶品、斗茶令、茶百戏和漏影春。

斗茶品

斗茶讲究茶"新"为贵、水"活"为上，一斗汤色，二斗汤花与水痕。茶汤纯白者为胜，青白、灰白、黄白者为负。茶汤纯白，表明采摘的茶芽鲜嫩高品，采摘的时机和制作工艺恰到好处；茶汤色偏青，显示蒸茶的火候不足；茶汤色泛灰，蒸茶的火候稍过；茶汤色泛黄，茶芽的采制不及时；茶汤色泛红，茶芽的烘焙过了火候。如果汤花均匀适中，茶汤就会形成"粥面粟纹"，汤花持续时间的长短有胜负之分，如果茶叶研碾细腻，点茶、点汤、击拂都能恰到好处，汤花就匀细而紧咬盏沿，久聚不散，名曰"咬盏"。若汤花不能"咬盏"而很快散开，汤与盏相接处较早露出"水痕"者为输，水痕晚出者为胜。

斗茶品的胜负与茶质、取水、茶技乃至斗茶者的品行修养、精神意志等都有关系。点茶时用茶筅旋回击打和拂动茶盏中的茶汤，使之泛起汤花称为击拂。宋徽宗所著《大观茶论》第十四篇"点"对点茶方法和过程的描写极为生动细致，可以作为点茶爱好者研习参考的范式。

斗茶令

即斗茶时行茶令。茶令如同酒令，用以助兴增趣，所举故事及吟诗作赋，皆以茶为题，历史上流传有宋代著名女词人李清照与其夫婿行茶令的风雅故事。李清照与丈夫赵明诚定居于青州专心治学的时候，收集各种典籍两人共同校勘、重新整理。在一次煮茶品茗时，李清照突发奇想，创造出一种类似酒令的茶令，双方互考书经典故，一问一答，说中者可饮茶以示胜出并庆贺。清代纳兰性德（字容若）《浣溪沙》一词中用过李清照行茶令的典故："被酒莫惊春睡重，赌书消得泼茶香。当时只道是寻常。"

茶百戏

如果一杯加奶的咖啡表面做出了一个心形，或者一片树叶形状，抑或是一个熊猫脸，喝咖啡的人一定会爱不释手，觉得像捧着一个艺术品，舍不得把它喝掉。如果亲眼看到咖啡师的现场操作，一定会惊呼并叹服其技艺的难度与精湛，如同一场变戏法，这个技艺称作咖啡拉花。

今天很多人在看到咖啡拉花艺术时往往赞不绝口而艳羡不已，技术高绝者被惊为天人。一千年前的中国宋代，有一项与此同类而画面更美、难度更高的技艺，能令茶汤汤花瞬间显示宛若山水云雾、鸟鱼草木等水墨写意图画，且其形瑰丽多变，是极高的沏茶技艺，名为"茶百戏"。茶百戏又名汤戏、水丹青。"茶百戏"是斗茶的一种，"水丹青"的别名既达意又雅致。

"茶百戏"的技艺与咖啡拉花有异曲同工之妙，对艺术的领悟和表现能力较之咖啡拉花或许更胜一筹。宋人陶谷著《清异录·茗荈录》中记载："近世有下汤运匕，别施妙诀，使汤纹水脉成物象者。禽、兽、虫、鱼、花、草之属，纤巧如画，但须臾即就散灭。此茶之变也，时人谓茶百戏。"宋代诗人杨万里曾咏"茶百戏"："分茶何似煎茶好，煎茶不似分茶巧……"能使茶汤变幻形成风景、动物或草木的写意画，其沏茶技术和艺术水平超乎寻常。

历史记载，宋代有位名僧福全和尚，素有茶癖而善于茶百戏。和尚每点一碗茶，成诗一句，点成四碗茶，遂成一绝句，为当时世人所称道。福全曾留下一首诗云："生成盏里水丹青，巧尽功夫学不成。却笑当时陆鸿渐，煎茶赢得好名声。"和尚的自矜、自信溢于言表，茶百戏比试的已经不仅仅是茶的品质、水的优劣和茶艺的高下了，更承载了参赛者的禅茶理念、艺术功底和文化底蕴。

遗憾的是，这项技艺或因年代久远已经失传了。

漏影春

茶百戏需要很高的艺术修养和点茶技巧，非一般人所能掌握。宋代还流行另一种茶艺，称作漏影春。宋代陶穀所著《清异录·茗荈门》详细记载了这种增加饮茶趣味的做法。

首先用绣纸剪出镂空的花鸟、禽兽、山水等艺术形状，铺在茶盏中，撒上茶粉后取出绣纸，茶盏底部就留下茶粉形成的剪纸图案，再择用其他的食材比如果干等辅助，组合摆出一幅精美的茶画，观赏评析之后再以沸水激荡冲饮。这种方式无疑增加了饮茶的趣味性和艺术性，"漏影春"在宋代盛行的时期曾被用作茶的代称。

斗茶既有实用功能和商业之用，又是文人雅士增添饮茶乐趣的一种风雅活动。茶农在一季新茶出来以后，通过斗茶来分出茶叶的等级，同时也是各自栽种、采摘、制作工艺的一种展示与竞技比赛。地方官员、贡茶官焙举办茶宴进行斗茶，主要目的是选出用以进贡皇上和朝廷的最佳茶品。茶商之间也开展斗茶，主要目的是区分出茶叶的优劣以确定不同茶叶的定价，同时也是不同茶商的识茶、品茶、评茶专业能力的比试。爱好饮茶的官员、文人、雅士等进行斗茶，献出各自所得、所藏的好茶进行比试，主要目的是增加茶会、茶宴的乐趣，持好茶而斗茶胜者博得好评、赞誉和恭维，斗茶也成为宋代有钱、有闲阶层的一种高雅社交活动。

由于那时还没有影像资料记录，我们现在只能从宋代的绘画及诗词中见识和想象当时斗茶的场景。以"先天下之忧而忧、后天下之乐而乐"闻名于史的范仲淹，写下的这首《和章岷从事斗茶歌》用艺术手法呈现了北宋的斗茶风尚，文字优美、格韵高绝，被誉为茶诗中的千古绝唱。

> 年年春自东南来，建溪先暖冰微开。
>
> 溪边奇茗冠天下，武夷仙人从古栽。

新雷昨夜发何处，家家嬉笑穿云去。

露牙错落一番荣，缀玉含珠散嘉树。

终朝采掇未盈襜，唯求精粹不敢贪。

研膏焙乳有雅制，方中圭兮圆中蟾。

北苑将期献天子，林下雄豪先斗美。

鼎磨云外首山铜，瓶携江上中泠水。

黄金碾畔绿尘飞，紫玉瓯心雪涛起。

斗余味兮轻醍醐，斗余香兮薄兰芷。

其间品第胡能欺，十目视而十手指。

胜若登仙不可攀，输同降将无穷耻。

吁嗟天产石上英，论功不愧阶前蓂。

众人之浊我可清，千日之醉我可醒。

屈原试与招魂魄，刘伶却得闻雷霆。

卢仝敢不歌，陆羽须作经。

森然万象中，焉知无茶星。

商山丈人休茹芝，首阳先生休采薇。

长安酒价减千万，成都药市无光辉。

不如仙山一啜好，泠然便欲乘风飞。

君莫羡花间女郎只斗草，赢得珠玑满斗归。

建盏·天目盏

宋代斗茶之风盛行，催生了新的茶器具的问世。宋人斗茶所使用的器具十分讲究，炉、壶、瓶、碾、盒、盏等一应俱全，其中茶盏以产于建州（治今福建建瓯）建窑的黑釉瓷器最为著名，称为"建盏"。建盏中以"兔毫盏"最为人称道，其釉色青黑有条纹状，曜变花纹自底部呈放射状延至盏沿，条纹细密形如兔毫，盏底有银光闪现，精美异常，故得名"兔毫盏"。用兔毫盏点茶，盏釉与茶沫黑白相映，易于观察茶面汤花品质，因此在宋代名重一时。蔡襄《茶录·论茶器》曰：

"茶色白，宜黑盏，建安所造者绀黑，纹如兔毫，其坯微厚，最为要用。出他处者，或薄或色紫，皆不及也。"黄庭坚也曾留下"兔褐金丝宝碗，松风蟹眼新汤"的诗句，美言咏颂"兔毫盏"。除"兔毫盏"外，建盏还有"鹧鸪盏""油滴盏"和"日曜盏"等。

建盏是宋代王公贵族、寺庙僧侣最喜爱的饮茶器具，也是主要的"斗茶"用具。建窑黑釉瓷在宋代时曾是贡品，被列为宋朝皇室御用茶器，受到宫廷青睐。建窑黑釉是一种析晶釉，属于含铁量较高的石灰釉。石灰釉黏性强，在高温中容易流动，因此建盏外壁往往施半釉，以避免在烧窑中底部产生粘窑，成品建盏的外壁往往有挂釉现象，器物口沿釉层较薄，呈褐红色。建窑黑釉瓷的胎质厚实坚硬，叩之有金属声，俗称"铁胎"，手感厚重，因含砂粒较多胎质略显粗放。由于建盏的胎体厚重，胎内蕴含细小气孔，利于茶汤的保温，十分适合用于斗茶。建盏被认为是宋代第一茶盏，曾经盛极一时，然而在宋元之后，由于明朝"废团兴芽"，点茶道式微而泡茶道兴起，建盏的烧制工艺也逐渐失传。宋代许多著名的文人墨客都曾有称颂建盏的诗词墨宝存世。蔡襄《北苑试茶诗》："兔毫紫瓯新，蟹眼清泉煮。"苏轼《南屏谦师妙于茶事自云得之于心应之于手非可以言传学到者十月二十七日闻轼游寿星寺远来设茶作此诗赠之》："忽惊午盏兔毫斑，打作春瓮鹅儿酒。"黄庭坚《和答梅子明王扬休点密云龙》："建安瓷碗鹧鸪斑，谷帘水与月共色。"杨万里《以六一泉煮双井茶》："鹰爪新茶蟹眼汤，松风鸣雷兔毫霜。"杨万里《陈蹇叔郎中出闽漕别送新茶李圣俞郎中出手分似》："鹧鸪碗面云萦字，兔毫瓯心雪作泓"等。

天目盏 据史料记载，在日本镰仓时代，到我国浙江省天目山寺庙求法的日本僧侣在学成归国时曾带回宋代黑釉茶碗——建盏，由于取自天目山的寺庙而被称为天目盏。日本收藏的"天目盏"品种繁多、造型别致、风格古雅且传神，被日本政府列为一级国宝，其中的珍品有木叶纹天目盏，金、银兔毫天目盏，金、银油滴天目盏，曜目天目盏、油滴七彩天目盏。"天目盏"中又以曜变天目盏为极品，因其大大小小的耀斑周围围绕着蓝绿色的光泽，幽幽然如宇宙深空，凝视它仿佛霎时间看尽了一整个宇宙，故被日本人称为"碗中宇宙"，世上仅存的三只完整的宋代曜变天目盏现均藏于日本，东京静嘉堂文库、大阪腾田美术馆、京都大德寺龙光院各收藏一只。现在日本与我国台湾地区都将黑釉茶盏称为"天目盏"，许多陶瓷艺术家都认真地烧制天目釉茶碗，成品不仅釉色变化丰富，且胎质细腻，属十分漂亮的艺术珍品。

20 世纪 80 年代初，中央工艺美术学院与福建轻工、建阳瓷厂组成联合恢复小组，对失传的建盏工艺进行复原并于 1981 年获得成功，2013 年曜变技术也得到了恢复。现在建阳出产的建盏按釉色分为两大类：黑色釉和杂色釉。黑色釉为传统建盏，包括兔毫盏、油滴盏、鹧鸪斑盏等。杂色釉有柿红釉盏、铁锈斑盏、乌金盏、茶末釉盏、虎皮斑盏等。现代很多爱茶人都喜欢用建盏作为个人杯，即便不是宋代的文物，也能略略显示建盏的主人为茶道中的高段位选手。

宋茶艺术·诗、词、书、文、画

茶在宋代成为真正的艺术，茶也成为诗、词、歌、赋、书、画等艺术作品中的主题和重要元素。本书第十辑《风雅颂·茶诗茶词茶曲茶文化》对此有专篇论述，此处略引二三为例。

宋代茶诗茶词

以茶入诗在唐朝已经十分盛行，宋代则不仅入诗也入词，并且除了古风、律诗、绝句等还出现了回文诗等创新形式。苏东坡在回文茶诗《记梦回文二首并序》序言中写道："十二月十五日，大雪始晴，梦人以雪水烹小团茶，使美人歌以饮，余梦中为作回文诗。"

（一）

酡颜玉碗捧纤纤，乱点余花唾碧衫。

歌咽水云凝静院，梦惊松雪落空岩。

（二）

空花落尽酒倾红，日上山融雪涨江。

红焙浅瓯新火活，龙团小碾斗晴窗。

回文诗倒过来读一样成篇一样绝妙。

窗晴斗碾小团龙，活火新瓯浅焙红。江涨雪融山上日，
红倾酒尽落花空。

岩空落雪松惊梦，院静凝云水咽歌。衫青唾花余点乱，
纤纤捧碗玉颜酡。

再看婉约派词人秦观一首《满庭芳·茶词》，将一场茶会写得
美不胜收。

雅燕飞觞，清谈挥尘，使君高会群贤。密云双凤，初破
缕金团。窗外炉烟似动，开瓶试、一品香泉。轻淘起，香生
玉尘，雪溅紫瓯圆。

娇鬟。宜美眄，双擎翠袖，稳步红莲。坐中客翻愁，酒
醒歌阑。点上纱笼画烛，花骢浓、月影当轩。频相顾，余欢
未尽，欲去且流连。

此外，范仲淹的《和章岷从事斗茶歌》、黄庭坚的《谢刘景文送
团茶》、梅尧臣的《答宣城张主簿遗鸦山茶次其韵》、曾巩的《闰正月
十一日吕殿丞寄新茶》、欧阳修的《送龙茶与许道人》、陆游的《效蜀
人煎茶戏作长句》、朱熹的《茶坂》、谢宗可的《雪煎茶》等都是茶诗
中的精品。苏轼的《西江月·茶》、黄庭坚的《品令·茶词》、李清照
的《摊破浣溪沙·莫分茶》、吴文英的《望江南·茶》、马钰的《长思
仙·茶》皆是茶词中的名作。

宋代茶书茶文

现存宋代的茶书尚有 10 种：陶谷的《荈茗录》，叶清臣的《述煮
茶小品》，蔡襄的《茶录》，宋子安的《东溪试茶录》，黄儒的《品茶要
录》，赵佶的《大观茶论》，熊蕃的《宣和北苑贡茶录》，赵汝砺的《北
苑别录》，曾慥的《茶录》，审安老人的《茶具图赞》。已经佚失的茶书

有沈括的《茶论》、丁谓的《北苑茶录》、周绛的《补茶经》、刘异的《北苑拾遗》等。

宋代有名的茶文有：苏轼的《叶嘉传》，黄庭坚的《煎茶赋》，吴淑的《茶赋》等。这些茶书茶文历经千年而留存于世，其他散佚的有关茶的宋代著述据考多不胜数。

宋代茶事书法绘画

宋代的书法四大家苏轼、黄庭坚、米芾、蔡襄均有茶事书法传世。主要作品有：蔡襄的《精茶帖》《思咏帖》，苏轼的《啜茶帖》《一夜帖》，黄庭坚的《奉同公择尚书咏茶碾煎啜三首》，米芾的《茗溪诗帖》等。

宋代的茶事绘画名作有：宋徽宗（赵佶）的《文会图》；刘松年的《攆茶图》《茗园赌市图》《卢仝烹茶图》；钱选的《卢仝烹茶图》；赵孟頫的《斗茶图》；赵原的《陆羽烹茶图》等。这些绘画大都为工笔画，细致而生动地再现了宋代时全民饮茶的社会风习，也为后人探寻和研究宋代茶事提供了宝贵的史料。

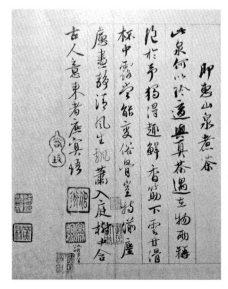

◎ 蔡襄茶书法

◎ 苏轼《啜茶帖》

宋代榷茶·茶叶特许专营制度

南宋吴自牧在其所著《梦梁录》中描写当时都城临安普通人家的生活时写道："盖人家每日不可缺者，柴米油盐酱醋茶。或稍丰厚者，下饭羹汤，尤无不可。"说明南宋时期茶已经成为普通民众家里与柴米油盐同样的生活必需品。宋代的茶叶生产和贸易量已经十分巨大，而且买卖茶叶的利润十分丰厚，政府必然要在其中抽税获取财政收入，以充盈国库和增加军费来源。《元史·食货志二》"茶法"中开篇就写道："榷茶始于唐德宗，至宋遂为国赋，额与盐等矣。"茶课与盐税等额，可见茶叶的税赋在财政收入中已占重要地位。同时由于宋政权需要大量茶叶与西北少数民族开展茶马互市以取得征战所需的战马，并通过茶叶的边贸来调控吐蕃、契丹、回纥、女真等少数民族的关系，因此宋代开始对茶叶实行了特许专营制度。

中国古代政府对某些商品实行特许买卖称为"榷"，茶叶的特许专营称为"榷茶"。特许专营制度涉及控制茶农和茶商的自由贸易，而且官方低买高卖获取垄断经营利润，实施之初自然会受到反对、抵制甚至反抗。因此宋代的茶叶特许专营制度先东南、后西南逐步推进，并且在方法和方式上几经调整。但是由于受到茶农的抵制和势力强大的茶商的影响和左右，宋代茶叶的特许专营制度也是时兴时废。

宋代茶商·利厚势大

宋代由于上至帝王将相下至黎民百姓都饮茶成风，因此茶叶产业得以快速发展，茶业贸易十分兴盛。由于茶业贸易利润十分丰厚，茶业的买卖十分兴隆，茶叶自由贸易的市场化发展很快，在政府实施"榷茶政策"、禁止茶农茶商自由买卖之前，许多茶商采取了"下定"等预付制方式来竞相从茶农处订购茶叶。

"榷茶政策"实施以后，禁止茶商直接从茶农处采购茶叶，茶农的茶叶只能按官价卖给政府，茶商从政府批发买进茶叶还必须先出钱购买"茶引"——即采购配额凭证。即便受到官府的抽利抽税，从四川的官府茶场买到茶叶的茶商经过长途运输，将茶叶贩卖至陕甘、青藏高原地区或其他地区，获利依然异常丰厚。这当中出现官商勾结、大茶商左右市场等情况也属于常见的情形。

宋代的茶商势力很大，茶商组成行会垄断和操纵茶市的情况屡有发生，王安石变法时曾给予打击，变法失败后茶商势力又起。茶商还通过各种方法渗透入官方，比如宋真宗时开封尉氏的茶商马季良成为当朝刘皇后兄长刘美的女婿，凭着姻亲当上了尚书工部员外郎。宋徽宗时英州的茶商郑良，因商致仕官至秘阁修撰、广南转运使。宋高宗时福建建安的茶商叶德孚发财致富后经推荐被授予将仕郎的官衔。茶商们还联合起来影响和左右政府的茶业立法和政策，宋仁宗时右谏议大夫李谘奏请变革茶法，因为触动了茶商的根本利益而被迫去职。嘉祐四年（1059年）政府迫于茶商的压力，一度废除了东南的榷茶制度。

茶 马 互 市

政府实施"榷茶政策"意在通过对茶叶的特许专营买卖，实现对战略物资、重要民生商品进行垄断控制。茶叶实行官方专营买卖不仅增加了政府的财政税收收入，而且对宋王朝的边疆治理和民族政策也产生了重大影响。

宋辽茶贸

宋朝与契丹在宋初时即有贸易往来，但是双方时战时和，在镇州、雄州、易州、霸州、沧州等地设立的贸易榷场时设时撤。直到宋真宗景德元年（1004年）宋辽签订了"澶渊之盟"，宋朝开放了雄州、霸州等4处贸易榷场，输出的商品有茶叶、药品、漆器、麻布、工艺品等。但是由于契丹人对于茶叶需求量巨大，当时茶叶走私也很盛行。

宋金茶贸

北宋末年时宋与金已有通商，但是宋金真正的榷场贸易被认为始于南宋"绍兴和议"后的宋高宗绍兴十二年（1142年）。当时的金国茶叶的消费量十分巨大，一方面通过南宋的岁贡获得茶叶，另一方面通过双方互设的榷场贸易获得茶叶，金国每年用于购买茶叶的支出达到其财政收入的7%。因此，金国历史上曾两次颁布"禁茶令"：第一次是金章宗泰和六年（1206年），规定只有七品以上官员的家里才能喝茶；第二次是金宣宗元光二年（1223年），规定只有亲王、公主及五品以上官员才准喝茶。金国朝廷同时通过对茶叶官买官卖课以重税、自造茶叶替代进口、颁布法令打击走私等措施对茶叶进行严加管控。然而事实上，禁止饮食男女之事、抑制营商利厚之事往往都是屡禁屡生、难以断绝。

宋夏茶贸

宋夏之间的茶叶贸易开展较早，宋太宗雍熙元年（984年）就"令赍茶于夏州蕃部中贸易"，西夏以"羊马毡毯"换取宋的"茶彩百货"。西夏国土不大、人口不多，但是占据了东西方陆路交通要道河西走廊，西夏每年从宋朝岁赐和榷茶贸易中获取的茶叶除了供本国消费外还用于转口贸易输往西域，在获得丰厚利润的同时对茶叶向中亚、西亚传播起到了重要作用。

茶马互市·成于宋代

茶马互市起源于唐朝，在北宋宋神宗熙宁年间成为政经制度。宋代统治者通过榷茶垄断与西北各少数民族的茶叶交易，以其所需、易其所有，达到保证马源、挟制诸蕃的目的。详见本辑驿站《茶马互市·延续千年的茶马政治》，此处从略。

宋代茶叶通过朝贡岁赐、榷场贸易等形式大量流向边疆的辽、金、西夏地区，茶饮习惯在少数民族的各阶层逐渐蔓延并盛行，甚至到达了"夷人一日不可无茶以生""旦暮不可暂缺"的程度。"榷茶"成为宋朝中央政府挟制、管控边区少数民族的重要治边政策。

驿站 茶马互市·延续千年的茶马政治

"茶马互市"是一种物物交换。从唐宋一直延续到明清，中国历代中央政府开设官办的茶场和马场，西北和西南的少数民族按中央政府制定的规则用马匹按一定的比价与内地进行茶叶交易，这种由官方主导的直接以马易茶或者以茶易马的集市贸易活动称之为"茶马互市"。"茶马互市"是中国古代汉居地区与西北、西南少数民族地区开展商贸活动的主要形式，实际上也是历朝中央政府对西部和北部游牧民族实施的治边管理和民族政策，是加强和巩固边防、安定少数民族地区的统治策略，是一种极具政治色彩的经济贸易活动。

茶马互市·起于唐朝

唐朝时期中国的饮茶之风已经十分盛行，饮茶习俗从南方渐至扩大到了北方中原地区，并且带动西部和北部周边的少数民族也盛行饮茶。由于自然环境及饮食结构的原因，西北部的游牧民族逐渐对茶饮产生了依赖，茶逐渐成为其日常生活的必需品，甚至达到"一日不可无茶"的境况。在茶马互市出现之前，中原的农耕百姓用金银、绢帛及各种手工制品与周边少数民族交换马匹及畜产品，历史上称为"绢马贸易"。在很长的历史时期内，绢马贸易是中原地区和少数民族地区进行经济交往的主要形式之一。

唐高祖武德八年（625年），西北的突厥、吐谷浑等少数民族向唐王朝请求"和市"。当时百废待兴的唐朝新政权希望快速恢复和发展农畜牧业，同时也存在对马匹的需求以及缓和与少数民族之间关系的政治需要，因此同意与少数民族之间开展互市贸易。唐玄宗（712—756年在位）十分支持与少数民族开展"互市"："国家旧与突厥和好之时，蕃汉非常快活，甲兵休息，互市交通，国家买突厥马、羊，突厥将国家彩帛，彼此丰足，皆有便利"。

唐玄宗开元十九年（731年），地处西部、占据着青藏高原的吐蕃政权提出与唐王朝划界互市，建议在青海湖东岸（赤岭）交马，在四川松潘（甘松岭）进行茶马交易。唐朝廷经过利弊分析和合议后同意交马、互市均设在赤岭。当时用于茶马互市、输往西北的茶叶主要来自四川和汉中地区。

唐德宗贞元年间（785—805年），史载西北的回纥与唐朝建立了茶马互市。唐代封演《封氏闻见记》中写道："往年回鹘（即回纥）入朝，大驱名马，市茶而归。"《新唐书》记载："其后尚茶成风，时回纥入朝，驱马市茶。"

唐朝时期，中央政府已设有专门的机构——"交市监"来管理茶马互市。唐太宗贞观六年（632年）将"交市监"更名为"互市监"。武则天垂拱元年（685年），"互市监"曾经一度改称为"通市监"，不久又恢复定名为"互市监"。

茶马互市·兴于宋代

到了宋代，由于雄踞北方的少数民族政权辽、夏、金等长期威胁着大宋的北部边防，时不时地南下侵扰，与宋发生军事冲突，宋朝因此加强了对茶马互市的控制和管理。中央政府先期在成都、秦州（治今甘肃天水）设置了榷茶买马司，经办购运川茶和易马的事务，后来改设为都大提举茶马司，全面负责茶马交易与市场监督。茶马司的权责很大："掌榷茶之利，以佐邦用；凡市马于四夷，率以茶易之。"茶马互市的政策确立之后，宋朝在今天的晋、陕、甘、川等地广开马市，大量换取吐蕃、回纥、党项等少数民族的优良马匹，用以配备军队保卫宋朝边疆。到南宋时期，茶马互市的机构相对固定为四川五场、甘肃三场共八个交易市场。四川五场主要与西南少数民族交易，甘肃三场主要与西北少数民族交易。

宋代不仅饮茶之风更盛于唐朝，而且普及至中下层平民百姓，茶业的生产和交易也更加兴旺。地处东南的淮南、江南、两浙、荆湖、福建诸路种植茶叶的产区不断扩大，产茶区遍及60州242县。北宋朝廷在岭南地区的广东、广西各地开辟出许多新茶园。东南地区的茶叶产量在宋仁宗嘉祐四年（1059年）已达2000多万斤，是全国茶业经济中心。通过对东南茶业实施榷茶政策，丰厚的收益也成为北宋中央财政的重要支柱，成为政府筹措军饷的重要渠道。

当时边疆的少数民族以畜牧为业，饮食以牛羊肉、乳制品、糌粑为主，蔬菜十分匮乏，而茶恰能帮助游牧民族解毒祛病、减油腻、提精神，为人体补充必需的维生素，饮茶逐渐成为少数民族的日常需要，北宋时期已是"夷人不可一日无茶以生"，上至贵族、下至庶民，几乎没有不饮茶的，少数民族对茶形成了事实上的生理依赖。与此同时，中原地区由于交通、征战、劳力等需要，对于马匹的需求量十分巨大。于是一边有良马而索求茶叶，一边盛产茶叶而需要马匹，边区和中原之间相互贸易、各取所需就成为你情我愿、相互满足的交易活动。

宋朝初期中原官民用铜钱、绸绢、茶叶等从边区买马，但是朝廷很快发现用铜钱买马存在三个问题：一是每匹马价值30贯钱，每年买马25 000匹需耗资75万贯，国家财力负担过重；二是当时以金、银、铜为通货，铜钱大量流往宋朝统辖以外地区，将导致中原地区流通中货币减少，影响经济和市场繁荣；第三更为重要的是，少数民族获得铜钱后将之熔铸为兵器，这就等于为对方输送武器，增强了他们军事进攻的能力，在边防上造成极大的危害。因此，用铜钱买马从策略上看不可取。

再来看以绸绢易马。当时宋朝中央政府岁入绸绢200万匹。以当时价格1匹绢值1贯，1匹马值30贯，30匹绢才能买1匹马，绢贱而马贵。假如平均每年用绸绢买马25 000匹，中央财政需要支付绸绢75万匹，超过中央财政岁入绸绢的三分之一，国家到处需要用钱，宋朝政府的财政将不堪重负。所以，用绸绢与边区易马，从价值交换上看不可取。只有茶叶，不仅货源充足，而且深受牧民喜爱，且是少数民族日常生活必需品，以茶易马对中央政府而言是最佳方案，因此政府大力推动茶马互市贸易。

官办茶场 宋朝政府在成都府路八个州设置了24个茶场，在陕西设置了50个茶场。茶场按国家规定的价格收购茶农的全部茶叶，茶商必须向茶场买茶，不能和茶农直接交易。官、商、民一律禁止私贩茶叶，如果私贩茶叶被人举报或发现则治以重罪。茶场归属茶马司直接管辖，各级地方官员负有监督之责。四川茶场设有专典、库秤等专职人员办理买茶和征税事宜，制定颁布了各场收购定额和超额奖励、欠额惩罚的制度。陕西茶场主要职责是把四川运去的茶叶按官价卖出或易马，同样归属茶马司管辖并受地方长官监督，也有销售定额和奖惩条例。

买马机构 宋神宗熙宁八年（1075 年），政府在陕西设置六个买马场，后又在四川的黎州（治今四川汉源）、雅州（治今四川雅安）、泸州等地增设多个买马场。

茶马比价 宋朝政府规定了"随市增减，价例不定"的交易原则。元丰年间马源充裕，100 斤茶可换 1 匹马。后来茶价下降，250 斤茶才能换 1 匹马。崇宁年间，"马价分九等，良马上等者每匹折茶 250 斤、中等者 220 斤、下等者 200 斤，纲马六等分别每匹折茶 176 斤、169 斤、164 斤、154 斤、149 斤、132 斤"。到了南宋时期，马源锐减导致马价上涨 10 多倍，1 000 斤茶叶才能换 1 匹马。茶马比价按照市场供求关系的变化和马匹的优劣来随行就市确定，符合市场规律和买卖双方的需求。

宋朝政府为了鼓励吐蕃以马易茶，规定用于易马的茶价低于专卖的价格，采用削价政策刺激和增加战马来源，这样"马来既众，则售茶亦多"，茶叶薄利多销同样量大利多。政府还规定品质优良的茶专用于易马，好茶不得商业买卖，比如雅州名山茶是川茶中的上等茶，用名山茶易马，最受少数民族欢迎。宋政府用茶买来的马也分两种，一种是用于战争的良马，主要来自甘肃、青海地区，另外一种称为羁縻马，身形短小，产于西南各地。政府买羁縻马有两种意图，其一是择优补充为战马，其二是安抚西南少数民族。

政经价值 宋代茶马互市的贸易政策赢得了少数民族的欢迎和拥护，茶马贸易得到持续扩大。畜牧业和茶业的发展带动了其他商品的生产和交换，牛羊兽皮、药材和其他农副产品从高寒草原地区大量流入汉居地区，绢、布、陶瓷、食盐及其他手工制品也从中原和西南地区大量进入少数民族地区，促进了双方经贸活动与科技、文化的交流，对推动边疆地区的开发和社会进步产生了深远影响。茶马贸易在政治上也利于民族团结和多民族国家的形成与统一。吐蕃政权派遣到中原的买茶团队中有官员、商人和百姓，在茶马贸易过程中与汉族各阶层进行了广泛的接触和交流，增进了双方的理解与情义。

在北宋遭到西夏政权的军事威胁时，宋朝和吐蕃曾以唇亡齿寒的共识进行了联合抵御。西夏与宋对峙时，由于茶叶断供引发少数民族民众不满，迫使西夏政权与宋议和，以购进茶叶平息民怨。宋孝宗时四川黎州青塘羌族曾经因为宋朝一度中断茶马贸易而聚众扰边，要求恢复茶马互市。因此茶马贸易对促进区域经贸发展、增强民族交流团结，对宋王朝的巩固和发展以及后来多民族国家的形成都具有重要的政治意义。

茶马互市·式微于元

元代蒙人治国，蒙古草原千里，良马成群。元朝国土空前辽阔，各少数民族对中央政府朝贡不断，元政府没有缺马之虞，因此茶马互市渐趋式微、基本停顿，边茶贸易主要用银两和土货交易。四川地区还保留有中原与吐蕃进行贸易的碉门、黎州两个榷场，还有部分以茶换马的交易，但是茶马互市已经不再是一种重要的官方管制贸易，专门的政府管理机构也不复存在。很多历史学家在写到元代茶马互市时均一笔带过。

茶马互市·盛于明朝

1368 年，朱元璋在南京称帝，建立明朝。元朝灭亡后元顺帝撤回漠北，但残余势力仍很强大，蒙元悍将忽答驻金山，失剌罕驻西凉，李思齐从关中退据临洮，张思道固守庆阳，他们对新生的明政权构成了重大的威胁。于是明太祖采取一系列措施来巩固新生政权的统治：一是军事征讨，派徐达、李文忠等大将率军北征西战，李思齐、张思道、扩廓帖木儿相继败亡；二是招降，派钦差大臣招降大批吐蕃酋长和吐蕃头人，设卫所建制进行管理；三是修长城，明代长城东起山海关，西达嘉峪关，全长 12 700 里；四是屯垦，在甘肃境内卫所屯田 10 万兵，使大量荒凉贫瘠边地变成了富庶地区；五是恢复唐宋以来的茶马互市，从吐蕃大量征集军马，设立茶马司加强管控。

明代的茶马互市在恢复时就具有明显的贡赋诉求特征。明太祖朱元璋曾说："西番之民归附已久，而尚未责其贡赋。闻其地多马，宜计其地之多寡以出赋，三千户则三户出一马，四千户则四户出一马，定为常赋，庶使其尊亲上奉朝廷之礼也。"后期明朝政府对茶马互市加强了管理和控制，茶马互市的政治目的更加明显。中央政府制订了茶法和马政，在西北边地各个重镇设茶马司，在北方的宣府、大同、张家口和开元、抚顺等地增设茶市、马市，同时推行严格的茶叶征税法和马匹摊派法，交易双方必须在固定的官市上按照规定的茶马比价进行交易。

明代的茶马互市采取了国家高度集权的管理方式，设立庞大的管辖机构，执行严密的管理制度。中央直属的茶马司统辖茶马互市的所有事务，管理有茶课司，验茶有批验所，巡茶有御史，配额有（茶）引（茶）由，贮放有茶仓，管马有苑马寺。茶马司设司令、司丞、同知，辖三十六族、四十四关，州卫指挥、千户等都归茶马司管辖。苑马寺设卿、寺丞、主簿、监。

明朝对茶马贸易的时间、方式、易马数量进行严格规定，对茶马互市加以强制化、制度化。明代茶马互市的马价适用强制性的官定价格，茶马交易中将马分为上、中、下三等，通常上马价为茶 80 斤，中马价茶 60 斤，下马价茶 40 斤或者更少，上马最高时可换 120 斤茶，下马最低时可换 20 斤茶。茶商购茶必须先购取"茶引""茶由"（相当于"购物证"），"茶引"一道需纳铜钱 1 000 文，"茶由"一道需纳钱 600 文，一引可购茶 100 斤，一由可购茶 60 斤。其次茶商还受到运茶要道上批验所的抽利，每个站口每篦茶随路途长短不同和水路陆路不同交纳 2 厘、3 厘、9 厘、1 分不等的银子。第三茶商还受到茶马司的盘剥，茶商千辛万苦将茶运到茶马司，"官商对分，官茶易马，商茶给卖"。

金牌信符　为了防止有人假借皇命开展茶马贸易，明朝在茶马互市中还设立了金牌信符制度，以加强和确保中央政府对茶马贸易的垄断与控制。金牌信符制度始于明太祖洪武五年（1372年），史载："洪武五年，设立茶马司，抽分商茶，比对金牌易马。"洪武二十六年（1393年），朝廷颁发金牌信符41面，金牌上号为阳文，藏内府；下号为阴文，给诸番。正面刻有"信符"二字，背面镌有"皇帝圣旨，合当差发，不信者斩"十二字。1958年中国考古学家在甘肃贵德县发现了两面金牌信符实物，证实史记非虚。持有金牌信符的少数民族为"纳马番族"，中央政府每三年一次派出钦差大臣，会同镇守三司官员，深入番境扎营，比对金牌字号后收纳差发马匹，并给予价茶。除金牌信符制度以外，明朝还颁布了众多的诏谕、指令、条文、规定和制度，如"茶法""马法""茶引由九条条例""稽查私茶人员规定"等，目的都是为了巩固明王朝在茶马贸易中的权威和垄断地位。

为了推动和管控茶马互市，明朝皇帝经常派遣钦差大臣到茶马互市当地进行巡察和督办，派出的官员有尚书、公卿、布政使、近侍宦官、镇抚、都督等。明王朝试图用"以马代赋"制度控制少数民族，并通过征税、垄断经营等方式获取利益，私自贩茶出境者被查获会遭到严厉惩罚，成群结伙贩私茶的会受到武力镇压和剿讨。然而严刑峻法并没有能够阻断民间自由贸易的巨大需求，辽东、内蒙古、甘青、川康一线的数万里沿边地区的边民纷纷进行私下贸易，官府起初严加取缔但久而久之仍无法禁绝，后来只能被迫认可而称之为"民市"。明代茶马互市由于国家强力推动，茶贵马贱、剥削严重，受到民间私茶贸易的挑战和反弹，明英宗正统十四年（1449年），金牌信符制度被迫废止。

明王朝的茶马互市从朝廷而言具备非常好的战略意图和顶层制度设计："马政之善，无如榷茶羁番矣，说者以为有三大利：捐山泽之毛收骒牡之种，不费重资而军实壮，利一；羁縻番族、俾仰给我而不背叛，利二；遮隔强虏，遏其狂逞，作我外篱，利三。"三大利通俗讲就是收良马、驭番民、隔强虏。然而古代统治阶级对民间贸易的过度干涉和民众利益的过度攫取，必然会遭遇到反抗和挑战，单边利益过大的结构很难形成长久的稳定状态，事物总是遵循它应有的规律向前发展。

茶马互市·终于清代

清朝最初入关建立政权时，一方面因为全国尚未完全统一，对战马仍有大量需求，另一方面需要通过茶马互市从政治上稳定边疆少数民族，因此清政府积极恢复和整顿茶马贸易。清代早期的茶马互市政策延续了明朝"旧例"，陆续颁布了茶法等各项制度，委任茶马御史，设立苑马寺管理茶马贸易事宜，同时通过优恤茶商促进茶叶的生产和交易。到顺治年间，清代的茶马互市已经颇具规模。

时至顺治末年，清朝的全国统一大局基本已定，政府对战马的需求逐渐缓解，与此同时茶商和边区民众要求摆脱官办垄断贸易的呼声日高，民市、私市贸易大量兴起，官市与民市出现了盛衰地位的转化，政府垄断茶马互市的存在条件逐渐消失。于是清政府于康熙四年（1665年）裁撤了苑马寺，三年后又裁撤了茶马御史，后来茶马司也被撤销，茶马事宜交由甘肃巡抚代管。但在西南局部地区，茶马互市仍然发挥着稳定边区的作用，雍正十年（1732年）云贵总督鄂尔泰以茶马互市控制云南边疆土司以及边境诸国战马数量，最后平叛成功并顺利实施招安。

到了乾隆（1736—1795年）以后，清政府采取了不再征收牧民马匹和允许民间自由贸易的政策，"茶马互市"逐渐从政治经济制度及民族政策中淡出，取而代之出现了"边茶贸易"制度。官办的茶马互市虽然日渐衰落式微，但是茶马古道依然繁忙而络绎不断，经济的发展和商品的丰富使进入茶马古道沿线的商品种类大量增加，藏族对茶叶的需求有增无减，同时对丝绸、棉布、铁器等其他生产生活资料的需求也与日俱增，内地对藏区皮革、黄金、虫草、贝母等珍贵药材的需求也大幅增长，"茶马古道"沿线的民间贸易反而愈趋繁荣。

到了咸丰（1851—1861年）年间，清政府各地军队所需马匹都归各自负责购买，同时由于武器的更新迭代和交通运输工具的变化，马匹在战争中的作用较以前大幅降低，原先设置的地方马场全部奉命裁撤，政府主导的茶马互市随之完全停废。自唐宋以来延续了千年的茶马互市，最终画上了句号。

茶马互市是在人类社会进入货币流通和商品经济以后，由政府主导的大宗商品物物交换的贸易活动，从唐宋以降延续至清代长达1 000多年。梳理和知晓它的成因和演变过程，有助于掌握茶叶在中国社会历史变迁中所起的作用，对于理解当今全球贸易、国际金融市场上的各种运作比如"货币互换"等也都有帮助。

第三辑

济天下·茶道传布
与散播的早期路径

> 渭城朝雨浥轻尘[1]，客舍青青柳色新。
>
> 劝君更尽一杯酒，西出阳关无故人。
>
> ——〔唐〕王维《送元二使安西》

【1】浥（yì）：沾湿。

孟子曰：穷则独善其身，达则兼济天下。这种与"格物、致知、诚意、正心、修身、齐家、治国、平天下"一脉相承的儒家精神千百年来已然成为许多中国人安身立命的人生信条。孟子这两句话如果用哲学思维解读，还阐释了局部与整体、当下与未来、穷达动态变化的相对关系，观照出事物发展的一般规律，引申至为人处世的人生态度。如果再衍生映射至物产与文化的产生与传播，实际上以见微知著的方法言明了人类文明在相互学习和传布交流中加速了发展的历史进程，而物质的进步和经济基础的兴盛则将推动所映射上层建筑文化的传播与弘扬。

茶叶散播路线

公元前316年秦惠文王派军攻占巴蜀，行政割据的打破推动源于中国西南巴山蜀水的茶加快了向东部长江中下游、向北部中原地区的传播。到隋唐时期，茶饮在北部中原和江南地区已经十分流行，并逐渐向西传往青藏高原的吐蕃，向北传至回纥、契丹、女真等族，西北传入西夏并经河西走廊延伸向更远的西域，向东则传往朝鲜半岛和日本。宋、元、明、清四朝政府通过"榷茶"和"茶马互市"将茶贸作为增加财政税收、羁縻边疆（周边）地区少数民族的重要政策，茶叶向边区的传播和贸易更趋常态化。明朝时通过唐宋逐渐建立的海上丝绸之路以及郑和下西洋等朝贡贸易等方式将中国茶传向了更远的东南亚、南亚、阿拉伯、北非等地。15世纪末葡萄牙探险家达·伽马率领远洋船队绕过好望角、穿经印度洋开辟了欧亚海上航线，16、17世纪葡萄牙、荷兰、英国等欧洲国家的商船将中国的茶、瓷器、丝绸等通过海上贸易运往欧洲，欧洲殖民者还将中国的茶传往北美殖民地，后又将中国的茶苗、茶籽引种至巴西等南美各地，19世纪初茶由传教士和商人传到了大洋洲的新西兰等地。19世纪20、30年代英国东印度公司将中国茶种引种至印度阿萨姆、大吉岭和锡兰（今斯里兰卡）等地，开辟出大量新兴茶叶种植园以替代从中国进口的茶。19世纪末期俄国通过中国茶叶专家的帮助在高加索地区引种中国的茶苗、茶籽获得成功，20世纪初英国人又将阿萨姆茶籽播种至非洲肯尼亚等国。由此茶基本完成了由中国向亚洲诸国以及欧洲、南北美洲、非洲的全球性传布和散播。

中国的茶向外传播历史上主要通过朝贡国礼、商业贸易、宗教传布、茶技散播四种方式：

朝贡国礼

朝贡是古代弱小邦国以自产贵重物产向强大国家进贡，大国接受朝贡后要向进贡国使臣赐予回礼。比如唐朝时一些边疆（周边）的少数民族政权每年向唐王朝进贡牛羊宝物等，唐朝皇帝赐予前来进贡使臣的回礼中通常包含有茶叶。828年新罗国兴德王派使臣赴唐朝贡，唐文宗赐予使臣金大廉的礼物中包括中国的茶籽，后来金大廉带回新罗进行栽植，加快了茶文化在朝鲜半岛的传播。明朝郑和（1371—1433年）七下西洋时，将茶叶作为国礼馈赠给船队所到的东南亚、南亚、阿拉伯半岛以及非洲诸国。1618年，中国向俄国派出公使，也将茶叶作为贵重国礼馈赠给俄国沙皇。

商业贸易

除了官方的政治交往，不同地域的组织和人们用各自物产进行交易来满足相互需要，是推动文明在交互中发展的最为寻常和持久的方式。唐、宋、明、清时，中原通过茶马互市与边疆（周边）地区的吐蕃、辽、金、西夏等少数民族进行以茶易马的物物交换，将茶传向了周边地区，同时又从少数民族那里获取了大量用于征战和运输的边疆（周边）地区良马。除了由朝廷控制的茶马互市，边疆（周边）地区的民众进行私茶交易也是茶叶输出的重要渠道。16—19 世纪中期，中国的茶大量输往欧洲主要也是通过海上商业贸易的方式。

宗教传布

茶在唐宋时期成为寺庙僧侣参禅修行时用以提神、静心、破睡的重要饮品，以至后来生发出"茶禅一味"的茶道思想。日本森本司郎所著的《茶史漫话》中认为唐朝鉴真和尚在 753 年东渡扶桑弘扬佛法时将中国茶叶带去了日本，并在日本传法时将中国的饮茶风尚传播到了日本。7—12 世纪日本僧侣随同派遣前往唐宋的使臣入唐入宋研习佛法，历史记载最澄、空海、荣西等著名日本禅师回国时都带了中国茶叶，最澄法师带回茶籽栽植于日吉神社旁而建成了日本最古老的茶园，荣西法师将带回的茶籽种植于背振山及博多圣福寺，将剩余的茶籽交由明惠上人播种在拇尾山高山寺，后来成为日本著名的宇治茶的源头。

茶技散播

1516 年葡萄牙商船沿着新开辟的欧亚海上航线经印度洋到达中国沿海，成为最早接触到中国茶叶的欧洲人，随后而来的荷兰人则最早将中国茶叶通过贸易出口到了阿姆斯特丹。1750 年时葡萄牙人就尝试在葡萄牙的圣米格岛种茶，最初每年只产出 18 千克茶叶，直到 1874 年在来自中国澳门的种茶专家帮助下，圣米格岛建成了面积较大的茶园，直到今天圣米格茶园也还是除高加索以外唯一的欧洲茶叶种植园。1808 年葡萄牙人从澳门招募第一批中国茶工到巴西里约热内卢种茶，巴西成为南美洲第一个种植茶叶的国家。1836 年，英国人戈登将中国的茶苗、茶籽带往印度，并聘用中国茶工前往印度阿萨姆种植茶园，开启了印度和锡兰大量人工种茶的历史。1893年受俄国人波波夫的邀请聘任，宁波茶厂的刘峻周带领茶农茶工前往格鲁吉亚种茶，用中国的茶籽在高加索地区培植茶树成功并建成了茶园和茶厂。

茶向边疆（周边）地区传播

西汉张骞（公元前164—公元前114年）于公元前139年和公元前119年两度奉旨出使西域。"西域"一词最早见于《汉书·西域传》，西汉时期狭义的西域指汉西域都护府管辖的新疆地区，广义的西域还泛指葱岭以西的中亚、西亚、印度、高加索、黑海沿岸等地，并且延伸至阿富汗、伊朗、乌兹别克斯坦通往地中海沿岸地区。

1877年，德国地质地理学家李希霍芬在其著作《中国旅行日记》一书中，把"从公元前114年至公元127年间，中国与中亚、中国与印度间以丝绸贸易为媒介的这条西域交通道路"命名为"丝绸之路"，得到学术界和其他社会各界普遍的接受和应用。传统的丝绸之路，被认为起自中国古代都城长安，经中亚国家、阿富汗、伊朗、伊拉克、叙利亚等国而达地中海，最终到达意大利都城罗马，全长6 440千米，是古代一条连接亚洲与欧洲大陆、承载东西方文明交流、促进沿线各国物产商贸的陆上交通道路。

茶入吐蕃·文成公主入藏和亲

茶传入吐蕃的最早记载是在唐朝。唐朝廷一直非常重视与吐蕃政权的关系，因为与吐蕃的关系直接影响到"丝绸之路"的正常通行与贸易。从长安到西域、从四川和云南通往西藏直至南亚的路线，都须经过吐蕃控制和影响的地区。唐太宗贞观十五年（641年），文成公主进藏和亲，达成了唐王朝安边的目的，同时也将当时中原地区的物质文明带到了青藏高原。文成公主随带物品中包括了茶叶和茶具，她的饮茶习惯渐渐影响到了吐蕃的贵族阶层，传说她还是酥油茶的发明者，吐蕃的饮茶习俗因此由上层到基层得到推广和发展。到了中唐时期，唐朝廷的使节到吐蕃时，看到当地首领家中已贮有诸如寿州、舒州、顾渚等地的各类名茶。中唐以后，茶马互市使吐蕃与中原的关系更为密切，以茶易马在宋、明、清成为常态化、制度化的行为。

🍃 驿站　酥油茶·藏民的茶

酥油茶，中国青藏高原上特有的茶。

将酥油置放入特制的桶中，佐以食盐，注入熬煮的浓茶汁，用木柄工具反复捣拌，使酥油与茶汁融为一体，茶香奶味互混交融而成热力喷香的酥油茶。酥油茶具有御寒充饥、提神醒脑、生津止渴、补充维生素等功用，藏民将之与糌粑、牛羊肉等一起食用，它也是藏族人家用以待客的饮品。

有关酥油茶的起源有多种说法，有青藏高原上的爱情故事传说，有文成公主带茶入藏的传说，更多的说法则是源自青藏高原地区民众长期的生活实践。像月饼、粽子、黄酒等汉食都有传说或民间故事一样，藏族酥油茶也流传着一则民间爱情故事。相传古代青藏高原地区曾有两个相邻的部落——"辖部落"和"怒部落"，双方由于争夺牧区资源发生械斗而结下冤仇。"辖部落"土司的女儿美梅措是一位美丽善良的姑娘，"怒部落"土司的儿子文顿巴长得高大英俊，部族间的不和与争斗并不能阻隔年轻人之间的结识与交往，美梅措和文顿巴偶然相识后相爱了。然而两个部落历史上结下的冤仇难以解开，"辖部落"的土司认为"怒部落"土司的儿子拐骗了自己的女儿，派人刺杀了文顿巴。当"怒部落"为文顿巴举行火葬仪式时，悲痛欲绝的"辖部落"土司的女儿美梅措跳进火海殉情了。传说中这一对情侣去世后，美梅措的灵魂飞出青藏高原地区来到内地，化身变成了茶树上的茶叶，文顿巴的魂魄则飞到羌塘变成了盐湖里的盐。每当藏族人打酥油茶时，茶和盐再次相遇融合，象征着美梅措和文顿巴的相逢和交融。

多么令人感伤而凄美的爱情故事。无论哪里的人们，都会把美好而令人向往的事物与爱情联系起来，藏民将酥油茶与爱情故事相关联，映射出藏族民众心底对酥油茶的喜爱和珍重。青藏高原上流传的另一则关于酥油茶的故事同样意象美好，唐太宗贞观十五年（641 年）文成公主进藏和亲时从中原带去了茶叶，她将茶汁与酥油混煮后饮用，既能驱寒、保暖、祛病，又能解渴、提神和补充维生素。文成公主后来将这种制作和饮用酥油茶的方法教给了其他的藏民，对文成公主异常珍爱的松赞干布十分支持这种饮茶方式，专门派人去中原内地采购茶叶，藏区民众此后从上至下都喝上了酥油茶。

制作酥油茶的原料主要是酥油、茶叶和食盐。按照提炼酥油的传统方法，藏民将从牛、羊身上挤出来的奶汁加热煮开，晾冷后倒入特制的专门用来提炼酥油的"雪董"（圆形木桶）中，用"甲洛"——一端装有圆木盘、用于打酥油的木棍，上下抽打捣动，使圆木盘在鲜奶中来回撞击，直到油水分离，上面浮起一层湖黄色的脂肪质，把它舀起来灌进皮袋中，冷却后便成了酥油，这个过程叫作"打酥油"。

夏季从牦牛奶里提炼的金黄色酥油品质最好，从羊奶里提炼的酥油呈纯白色。虔诚的藏传佛教徒敬神供佛时，点灯、煨桑等都离不开酥油。酥油还可用以软化皮革，用以揉搓皮绳革条，牧区的青年男女还用它擦脸，可以保护皮肤、防晒抗寒。酥油花被誉为青海塔尔寺密宗"艺术三绝"之一，它用酥油揉以各色矿物颜料塑成山川人物、花草虫鱼等形态各异的形象，以其独特的工艺和丰富的文化内涵驰名中外，具有很高的艺术和审美价值。

制作酥油茶时，藏民先在茶壶或锅中加入冷水，放入适量黑茶后加盖烧开，再用小火慢熬至茶水呈深褐色，加入少许盐巴制成咸茶。在咸茶碗里加上一片酥油，酥油溶化在茶里就做成了最简易好喝的酥油茶。传统上更正宗的做法是把煮好的浓茶滤去茶叶，倒入专门用于打酥油茶、被称为"董莫"的酥油茶桶内，加入酥油和食盐，用"甲洛"不停在茶桶内上下抽打，搅得茶油交融，然后再次倒进锅或者壶里加热煮开，便制成了喷香可口的酥油茶。

酥油茶桶是青藏高原地区民众家里常见的传统生活用具。它包括筒桶和搅拌器两部分，筒桶用木板围成，上下口径相同，外面箍有铜皮，上下两端各镶有铜制花边。搅拌器被称为"甲洛"，在比筒口略小的圆木板上装有一根比桶身稍高的木柄构成，圆木板上有4个圆形、方形或三角形的小孔，上下抽动、搅拌时液体和气体可以通过小孔上下流动。现在条件较好的藏民家里，大多已经使用电动搅拌器，比传统木制手动的酥油茶桶更加方便快捷而且干净卫生。

酥油茶是藏族民众每日必备的饮品和生活必需品。喝酥油茶能够防治高原反应，预防因天气干燥而嘴唇爆裂，起到很好的御寒作用。青藏高原海拔较高，冬天气候寒冷，食物中缺少蔬菜，主食以糌粑和牛羊肉为主，喝上一杯热气腾腾的酥油茶可以驱寒向暖，吃牛羊肉的时候可以解去油腻，饥饿的时候也可聊以充饥，困乏、瞌睡时喝上一碗酥油茶可以振奋精神、解去疲乏，茶叶中含有的维生素也能够减轻高原缺少蔬菜带来的损害。酥油茶的颜色与浓可可茶相似，黑茶含鞣酸较多，能够刺激肠胃蠕动从而帮助消化。黑茶浓汁加上酥油或牛奶，茶香浓郁、奶香扑鼻，是补充体力的好东西。

一千多年前，藏医学家宇妥·云丹贡布在他所著的《四部医典》中论述了酥油及酥油茶的滋养和药用价值。藏医学认为，在高寒缺氧环境下多喝酥油茶能增强体质、滋润肠胃，同时和脾温中、润泽气色，使津液增多，精力充沛。酥油茶能产生很高的热量，喝了能够有效御寒，是很适合高寒地区的一种饮料。

藏族家庭长期用酥油茶待客，逐渐形成了一套传统的饮茶礼仪。当客人坐到藏式方桌边时，主人会拿过一只木碗置放到客人面前，给客人倒上满碗酥油茶。刚倒好的酥油茶客人一般不马上喝，而是先和主人搭话聊天，等主人再次提起酥油茶壶站到客人面前时，客人便可以端起茶碗，先在酥油茶碗里轻轻地吹一圈，将浮在茶上的油花吹开，然后呷上一口，并点头赞美道："这酥油茶打得真好！"然后客人把茶碗放回桌上，主人用茶壶再给添满。就这样边喝边添，不能一口喝完。假如客人不想再喝，主人把茶碗添满后就摆着不动。客人准备告辞时，可以连着多喝几口，但不能喝干，碗里要留点茶底，这样才符合藏族的习惯和礼貌。

对于青藏高原地区以外的非藏民来说，初喝酥油茶，第一口异味难忍，第二口醇香流芳，第三口永世不忘。当地藏民说，没有喝过酥油茶，就算没有到过青藏高原。很多外地人不能忍受第一口酥油茶的膻味，从而自动放弃了第二、第三口醇香流芳的机会。藏族人总是带着纯朴的微笑、善解人意地说："喝多了就习惯了，喝久了你会喜欢上它"。藏族生活在"地球第三极"的青藏高原上，高海拔的寒冷气候和严酷的生存环境造就了他们勇敢刚毅的性格和精神，也形成了本民族特有的高原特色的饮食文化，酥油茶便是其中之一。酥油茶既是藏民的日常生活饮料，也是藏族待客、礼仪、祭祀等活动不可或缺的用品。想在西藏生活工作的人，首先要过生活关，第一件事就是要学会喝酥油茶。

藏族都用黑茶制作酥油茶，主要原因在于黑茶为后发酵茶，口味醇厚，可以长期储存使用，压缩做成的茶砖和茶饼也便于长途运输。青藏高原地区本地不产茶，制作酥油茶的茶原料最初大多来自中原地区。据史书记载，早在公元四五世纪时，吐蕃军队就曾从内地抢掠很多茶叶带回青藏高原地区，但是在7世纪以前，吐蕃社会尚未形成普遍饮茶的习俗，茶叶只是作为一种珍贵的物品为当地上层社会所使用和珍藏。唐朝开元年间以后，随着唐蕃之间交往增多，饮茶习俗在吐蕃逐渐普及。晚唐时期，唐蕃开始在河西和青海日月山一带进行茶叶和马匹的物物交易，历史上称为"茶马互市"，吐蕃通过以马易茶将中原茶叶大量运往青藏高原，茶叶从此源源不断输入藏区并进入寻常百姓家。做酥油茶用的砖茶呈长方体，砖茶重约两千克左右，适合长途运输也便于外出时携带。藏族牧民为了适应青藏高原高寒的气候和风餐露宿的放牧生活，尤其需要一种能充饥、御寒、保暖的热饮，酥油茶应运而生成为青藏高原上独具特色、延续千年的茶饮料。

茶入南诏

隋末唐初时，在云南洱海一带有六个小国名为蒙嶲（xī）诏、越析诏、浪穹诏、邆赕（téng dǎn）诏、施浪诏、蒙舍诏。蒙舍诏在诸诏之南，称为"南诏"，南诏后来在唐朝的支持下灭了其他五诏，建立了南诏国（738—902）。唐代樊绰所著《蛮书》记载："茶出银生城界诸山，散收无采造法。蒙舍蛮以椒、姜、桂和烹而饮之。"说明当时南诏一带有野生茶树生长，当地少数民族采摘鲜叶后与椒、姜、桂等混煮后饮用，但是没有茶叶"采造法"，更没有人工栽植茶树的经验。南诏国国王异牟于794年被唐朝册封为云南王，奉表谢恩时所贡物品中有大量当地珍稀物产，包括浪川剑、生金、牛黄、琥珀、纺丝、象牙、犀角等物，但是其中没有茶叶。南诏国在902年被大长和国取代，后来又历经大天兴国、大义宁国和大理国，大理国国主段正淳因金庸小说《天龙八部》中"段王爷"而为人们所熟知。大理国于1253年为大蒙古国所灭，元朝及明清均在西南设立了云南行省。20世纪在云南发现了大量古茶树，与史籍记载当时的少数民族采摘野茶树鲜叶与椒、姜、桂等煮饮相一致，而将茶叶采摘后经过蒸青、揉捻、压模等工序制成饼茶、沱茶、砖茶等，甚至后期进行人工驯化茶树的栽种，则显然是受到了中原和西南地区茶文化和茶叶栽植采造技术的输入和影响。

茶入西夏

宋朝初年，西北少数民族中羌族的一支发展为党项族，成为西北地区一支很强大的势力。最初宋朝向党项族购买马匹以铜钱支付，党项族则利用铜钱铸造兵器，因此983年以后宋朝禁止用铜钱而规定用茶叶等物品通过物物交换来获取党项族的马匹。1038年元昊称帝建立西夏王国，经常恃强骚扰宋朝西北边境。1044年宋夏庆历议和，元昊向宋称臣，宋封元昊为夏国主，宋朝每年赐予西夏银5万两、绢15万匹、茶3万斤，另外在各种节日赐予银22 000两、绢23 000匹、茶10 000斤。后来元昊又向宋要求开放边境贸易，于是宋朝政府在陕西和宁夏开设了两处榷场开展茶马互市。这样通过御赐和茶马互市，每年有4万斤以上的茶叶输往西夏。

茶入回纥

回纥[1]是唐朝时西北地区的一个游牧少数民族。回纥擅长商贸活动，唐朝时长期在长安经商的回纥商人多达上千人。为了维护与回纥的和平关系，唐王朝采用了和亲和敕封的方式，唐宪宗把女儿太和公主嫁到回纥，唐玄宗又御封裴罗为怀仁可汗。756年，回纥与唐朝驱马市茶，开始了茶马交易，《新唐书·陆羽传》中载："其后尚茶成风，时回纥入朝，始驱马市茶"。回纥用马匹换取中原的茶叶，除了自身饮用以外，还将其他茶叶与土耳其以及阿拉伯国家进行交易，获利颇为丰厚。

茶传入辽

北宋时期，边区的安全威胁不仅来自西北的西夏，还有来自北部的契丹。916年阿保机建国称帝，以武力夺得燕云十六州，改国号为辽。960年宋太祖立国之初开放与北方辽国的茶贸等边境贸易，到宋真宗时开始设立榷场实行茶叶政府专卖。1044年辽军南侵突进，与宋朝军队在澶州城下对峙，后双方议和达成历史上有名的澶渊之盟。议和的结果是辽撤兵，宋每年向辽进贡银10万两、绢20万匹。此后百年间宋辽之间不再有大规模战事，双方在边境地区开展贸易，宋朝用丝织品、稻米、茶叶等换取辽的羊、马、骆驼等。当时茶已经成为辽国民众的日常饮品，同时在辽政权的皇室宴会、庆典以及与宋的使节交往中都使用茶，《辽史·礼志》记载宋朝使节在觐见辽国皇帝时，"殿上酒三行，行茶，行肴，行膳"。

🍃 驿站　蒙古锅茶

蒙古，千里草原、一望无际。天空湛蓝，白云低垂，蒙古包星星点点，成群的牛羊低着头专注地吃草，牧马人骑着骏马、挥着马杆，依自然而优美的曲线路径，在丰盛的水草和洁白的羊群间像风一样驰骋。

蒙古族被称为"马背上的民族"，骑马放羊牧牛是他们的生存方式。

【1】回纥："维吾尔族"的古称。唐贞元四年（788年）回纥可汗请唐改称回纥为回鹘，取"回旋轻捷如鹘"之义。元明时称畏兀儿

　　草原牧区的人们习惯于"一日三餐茶，一日一顿饭"。每个朝阳微露的晨曦，蒙古族主妇起床后的第一件事就是煮一锅奶茶，供一家人一整天享用。蒙古族人喜欢喝热的奶茶，早上他们一边喝茶一边吃炒米，早餐喝剩的茶放在微火上暖着，以便可以随时取饮。通常一家人只在晚上放牧回家才聚在一起正式用餐，早、中、晚喝三次奶茶，则是常年不变的生活习惯。

　　傍晚，蒙古汉子翻身下马，钻进自己家的蒙古包，女主人笑意盈盈端上一杯热气腾腾的蒙古奶茶。呷上一口香气四溢的奶茶，舒心地长舒一口气，牧马人一天的疲劳瞬间消逝，脸上露出实在、质朴的笑容，这是辛劳一天后的满足。

　　蒙古奶茶，也称蒙古锅茶，蒙语称为"苏台茄"。用砖茶煮水，加奶、加盐而制成，这是蒙古族的日常饮品，千百年来已经成为蒙古族人的传统饮食。做奶茶用的奶通常是新鲜的全脂牛奶，除了牛奶以外，蒙古人食用的鲜奶还来自骆驼、马、牦牛、山羊和绵羊等。蒙古奶茶中经常会添加油炸小米，喝起来更加喷香可口。当然，蒙古奶茶中最重要的原料是茶叶，选用的是便于长期储存和持续发酵的青砖茶或黑砖茶。

　　蒙古族的主妇们依循着既定的流程制作蒙古奶茶。用茶刀把砖茶切碎备用，将洗净的铁锅置于火上，盛上大半锅清水，烧至沸腾后加入打碎的砖茶。沸腾五至十分钟后，茶熬成棕褐色，这时掺入鲜牛奶，通过搅动加快水、奶、茶的融合，最后加入适量的盐巴调味，整锅咸奶茶再次不断沸腾时就大功告成了。

　　茶叶含有丹宁、氨基酸、精油、咖啡因和维生素等丰富的营养成分，有强心、利尿、健脾、增血、造骨、提神醒脑和强化血管壁等药用功能，还有溶解脂肪、促进消化的作用。由于草原上气候寒冷干燥，蒙古族人日常饮食以奶食品和牛羊肉为主，喝茶具有消油腻、助消化的功效，同时能够消困解乏、滋润咽喉。牧民吃完酥油糌粑或手抓肉后，喝上一碗酽酽的奶茶，一天之内就不会出现饥渴的感觉。肉食引起的维生素C的缺乏也依靠奶茶得到了适时的补充。因此，茶叶尤其是砖茶在蒙古族人的长期生活中逐渐占据了重要的位置。

茶叶在北方曾被称为"仙草灵药"。人饮用了蒙古奶茶，精神饱满、精力无穷；马吃了砖茶渣子，日行百里、毫不费力。北方不产茶叶，蒙族人需要的茶须通过与南方汉人进行贸易才能获取。茶叶被蒙族人视为珍贵的商品，从单一的饮食需要逐步成为了日常交往的载体，成为了牧人们人情交往的上好礼品，从而承载了更多的商业价值和文化内涵。蒙族人在逢年过节或喜庆婚嫁时，除赠送其他礼品，都喜欢带上一两块砖茶。

蒙古族喜好砖茶的习俗，究竟源于何时，历史上没有确切的记载。清康熙时，内地的商人携带砖茶、米面、布帛、杂物等到蒙古腹地，交换蒙古盛产的皮毛等各种物产。除了米面、布帛直接交换皮毛外，其他杂物均以砖茶定其价值，砖茶在交易中充当了一般等价物——货币的角色。当时的砖茶被分为"二四""二七""三九"三种。所谓"二四"，就是每箱可装二十四块砖茶，一箱砖茶价值约三十三块银元，每块砖茶重五斤半，价值一元二三角。"二七"茶指每箱装砖茶二十七块，每块四斤，约值六角左右。"三九"茶每块约价值六角左右，可当作一元币流通。在有些特殊时期，砖茶的价格急剧上升，同样的砖茶可以换取更多的畜产品，一块砖茶换一只羊、一块砖茶换一头牛的事也屡见不鲜。也因为如此，草原上产生了以砖茶代替"全羊"馈赠亲戚朋友的习俗。去亲戚朋友家做客或参加重要的喜庆活动时，带去一块或几块砖茶，被认为是上等礼物，相当于奉献"全羊"礼品，显得大方、体面、庄重和丰厚，容易赢得主人的欢迎和赞誉。

除了奶茶以外，蒙古族人也喝酥油茶和面茶。蒙古的酥油茶较西藏的酥油茶要简化许多，主要是在奶茶中加入酥油片制成。蒙古面茶的制作方法和配料与奶茶有所不同：先将青稞面或者麦面用油炒熟，再把事先熬好的茶汤倒入，搅拌成比奶茶略稠的稀糊状饮品。面茶既可以当茶又可当主食，是牧民冬季食用的重要茶食。蒙古的各种茶品风味独特，坐在草原的蒙古包里，与朋友一起轻歌曼舞地品尝，是一种沁入自然而更接近于神明的享受。

　　敕勒川，阴山下，

　　天似穹庐，笼盖四野。

　　天苍苍，野茫茫，

　　风吹草低见牛羊。

　　一首北朝民歌《敕勒歌》，其境界不让诸多著名的唐诗与宋词，收录于《乐府诗集》。寥寥二十余字，勾勒出高耸云霄的阴山脚下，地域辽阔、天似穹庐，极目远望、天野相接，敕勒川水草丰茂、牛羊肥壮，抒发出敕勒人热爱家乡、热爱生活的生命豪情。全诗格局高大、意象开阔，诗中有绘景有抒情，画面有静有动，呈现出一幅北方草原的全景图，受到历代文论家和文学史论著的一致好评，千百年来成为妇孺皆知的古诗名句而传颂至今。

　　关于北方蒙古更加诗意的场景，则是关乎青年男女爱情的情歌，在奶茶香味飘散的蒙古包里，在《敖包相会》的歌声里不断传唱。直白的告白兴起于明月、云彩和海棠花儿，歌声悠扬而暖意：

　　十五的月亮，

　　升上了天空呦。

　　为什么旁边没有云彩，

　　我等待着美丽的姑娘哟，

　　你为什么还不到来哟嗬。

　　如果没有天上的雨水，

　　海棠花儿不会自己开。

　　……

茶传入金

　　1115 年女真族完颜阿骨打称帝建立金国，1125 年 10 月下诏攻宋。1126 年金兵进逼至黄河北岸，以奇兵攻破京师，劫掠宋徽宗、宋钦宗及朝臣、宗室、后妃等 3 000 余人撤回北方，北宋自此结束。

　　据《金史·礼志》记载，当时饮茶已经成为金国朝廷礼仪流程的一个重要环节。金国朝廷的礼仪："各就位，请收笏，先汤，饮酒三盏，置果肴，茶罢，执笏，近前齐起。"在民间，据宋代洪皓《松漠记闻》记载，女真族人婚嫁时，酒宴之后，"富者遍建茗，留上客数人啜之，或以粗者煮乳酪"。当时女真族人已经普遍形成了饮茶的习惯，金国每年通过边贸和榷场茶贸向宋朝购买茶叶耗资巨大，以至于金国皇帝曾经先后两次下诏，仅允许七品以上和五品以上官员家中才可饮茶。金国朝廷也曾经试图通过在北方种植茶叶来摆脱对宋茶的依赖，但是由于气候环境等原因以失败告终。

茶向东亚其他地区传播

中国的茶叶对外传播较早传向了地理相邻而文化相近的朝鲜半岛和日本。朝鲜半岛在引入和借鉴唐宋茶文化的基础上发展出了朝式茶礼，日本则在学习传承唐宋茶艺的基础上创建了茶禅一味、具有日本特色的日本茶道。

茶入朝鲜半岛·使臣金大廉

隋朝时，朝鲜半岛处于新罗、百济、高句丽"三国鼎立"时代。随着佛教由中国传入高句丽，饮茶之风开始进入朝鲜半岛，据传6世纪时华严宗智异禅师在朝鲜半岛创建华严寺，同时将中国茶传入了半岛。南北朝和隋唐时期，中国与朝鲜半岛的经济和文化往来十分频繁，当时新罗与唐朝经常有通使往来，许多僧人到唐朝学习佛典、佛法以及规制礼仪。

唐高宗（649—683年在位）时，新罗联合唐朝军队灭了百济。日本应百济遗臣的请求出兵朝鲜，但于663年在著名的白江口海战中被唐朝和新罗联军打败。668年唐朝和新罗联军又联合打败了高句丽，朝鲜半岛实现统一而进行入了社会经济和文化全面发展的时代。

朝鲜半岛在新罗国景德王（741—765年在位）时期，每年三月初三国王在大殿设置茶会招待百官，并将茶汤赐给百姓品尝，反映出当时饮茶还只是朝鲜王室贵族的专利饮品。828年在兴德王时期中国的茶籽被引入朝鲜栽植，此后朝鲜茶的生产和饮用逐渐进入兴盛时期，所产的茶叶除了供给王公贵族、寺庙僧侣和社会名流饮用外，逐渐向相对富裕的社会阶层普及。

朝鲜史籍《三国史记·新罗本纪》中记载："冬十二月，遣使入唐朝贡。文宗召对于麟德殿，宴赐有差。入唐回使大廉持茶种子来，王使植地理山。茶自善德王时有之，至于此盛焉。"大意是说828年新罗国兴德王派遣使者入唐朝贡，唐文宗在麟德殿召见使者并赐宴款待，使者金大廉回到新罗时携带了中国茶的种子，兴德王令人种植于智异山下的华严寺附近，朝鲜半岛在善德王（632—647年在位）时期已经有饮茶了，至此引入中国茶种栽植后，茶饮进入了兴盛时期。朝鲜的《东国通鉴》也记载："新罗兴德王之时，遣唐大使金氏，蒙唐文宗赐予茶籽，始种于金罗道智异山"，与《新罗本纪》记述一致。当时新罗国的教育制度还规定，除"诗、文、书、武"为必修课外，还要学习"茶礼"。

在高丽王国时期（918—1392年），朝鲜半岛的饮茶文化进入高潮期。唐朝的烹茶技艺和宋代的点茶艺术都传入了朝鲜半岛。在学习参考和借鉴吸收中国茶艺的基础上，朝鲜半岛建立起了自己的一套茶礼文化，包括：吉礼时敬茶，齿礼时敬茶，宾礼时敬茶，嘉时敬茶。宾礼时敬茶是高丽时代迎接宋、辽、金等国使臣的宾礼仪式，地点设在乾德殿阁，国王在东朝西，使臣在西朝东接茶，其礼仪与宋代宫廷茶宴茶礼有诸多相通之处。

高丽王室在朝鲜半岛举行茶礼祭祀，每年的燃灯会（2月25日）和八关会（11月15日）设立祭坛，以茶祭奠和供奉释迦牟尼、五岳神及龙王。国王亲自为佛祖和诸天神敬茶，仪式非常隆重。此外在太子寿诞、王子王妃册封日以及一些重要的宴会上，都会举行茶礼。当时的名茶有孺茶、龙团胜雪、雀舌茶、紫笋茶、灵芽茶、露芽茶、脑原茶、香茶、蜡面茶等。王室在智异山花开洞设御茶园，面积达四五十里，俗称为"花开茶所"。普通百姓家中举办的冠礼、婚丧、祭祖、祭神、敬佛、祈雨等礼仪中也开始增加茶礼的环节。当时宋代流行的点茶法也传入朝鲜半岛，团饼茶和金花乌盏、翡色小瓯、银炉、汤鼎等茶具既有从中国进口的"宋物"，也有效法中国的款式方法自己制造的。

高丽王朝时期的著名诗人李齐贤（1287—1367 年）在收到松广寺住持慧鉴国师赠送的新茶后曾作诗表示感谢。这首留存下来的《松广和尚寄惠新茗　顺笔乱道　寄呈丈下》被视为研究高丽时代朝鲜半岛茶文化的珍贵史料，诗中提到了中国唐代著名诗人兼茶人卢仝和茶圣陆羽：

> 枯肠止酒欲生烟，老眼看书如隔雾。
>
> 谁教二病去无踪，我得一药来有素。
>
> 东庵昔为绿野游，慧鉴去作曹溪主。
>
> 寄来佳茗致芳讯，报以长篇表深慕。
>
> 二老风流冠儒释，百年存没犹晨暮。
>
> 师传衣钵住此山，人道规绳超乃祖。
>
> 生平我不悔雕虫，事业今宜渐干蛊。
>
> 传家有约结香火，牵俗无由陪杖屦。
>
> 岂意寒暄问索居，不将出处嫌异趣。
>
> 霜林虮卵寄曾先，春培雀舌分亦屡。
>
> 师虽念旧示不忘，我自无功愧多取。
>
> 数问老屋草生庭，六月愁霖泥满路。
>
> 忽惊剥啄送筠笼，又获芳鲜逾玉胯。
>
> 香清曾摘火前春，色嫩尚含林下露。
>
> 飕飕石铫松籁鸣，眩转瓷瓯乳花吐。
>
> 肯容山谷托云龙，便觉雪堂羞月兔。
>
> 相投真有慧鉴风，欲谢只欠东庵句。
>
> 未堪走笔谢卢仝，况拟著经追陆羽。
>
> 院中公案勿重寻，我亦从今诗入务。

到了李氏王朝（1392—1910 年）时代，当时明清时期的中国已经流行泡茶道，朝鲜半岛接受了中国的泡茶式，与此前形成的煎茶式和点茶式同时并存，成为半岛茶礼的组成部分。这个时期朝鲜半岛的产茶区也日趋增多，1530 年时在庆尚道就有 10 个地方产茶，在全罗道有 35 个地方产茶，其中庆尚道 3 个地方和全罗道 18 个地方专产贡茶。这个时期朝鲜半岛茶礼的器具及技艺得到不断发展，形式更趋完备，半岛茶礼文化由此进入稳定的发展时期。

茶入日本 · 遣唐留学僧

中国茶输入日本最早可追溯到 7—9 世纪的日本遣唐史团。自 630 年舒明天皇第一次向当时国运隆昌的唐朝派出遣唐史，历史上日本共 16 次派出遣唐史前往中国考察和学习律令制度、文化艺术、科学技术及风俗习惯等。此前日本于 600 年、607 年、608 年、614 年四次派出遣隋使入隋求法学习，但是遣隋使回国时有无携带茶叶未见记载。唐朝时期中国经济发展、社会繁荣，特别中唐以后饮茶十分盛行，遣唐使团返回日本时带回的中国物产（其中的器物在当时的日本被称为唐物，属上层人士使用和收藏的珍贵进口奢侈品）中包括有茶叶，历史记载当时主要被日本上层社会用于药用和皇家、寺院宗教仪式的供奉。

日本最古老茶园

804 年，日本高僧最澄法师随遣唐史入唐求法，在浙江天台山国清寺学习天台宗，学成后于 805 年 8 月从明州（宁波）登船归国。据《日本社神道秘记》记载最澄归国时除带回 127 部中华典籍外，还携带了中国的茶叶和茶籽，后种植在日吉神社的旁边，建成了日本最古老的茶园，至今"日本最古之茶园"的石碑仍立于高山寺的中心位置。

天皇爱茶

日本有关茶的确切文字记载出现在 815 年问世的《类聚国史》中，书中记述了 815 年 4 月嵯峨（cuó é）天皇（809—823 年在位）行幸近江、过崇福寺，在寺前停舆赋诗时，寺大僧都永忠亲自煎茶进献，天皇饮之大悦，赐之以御冠。都永忠曾于 777 年随遣唐使到中国学习佛法，在唐朝生活了二十多年，805年回国时将在中国养成的饮茶习惯带回了日本。6月嵯峨天皇即命畿内、近江、丹波、播磨等地栽种茶树，每年采茶制茶作为贡品进献给皇室。此举使饮茶之风很快在日本上层社会和寺庙僧侣中蔓延开来。

宋代时中国的制茶、饮茶方法也陆续传入了日本。宋代盛行的点茶式在明太祖朱元璋废团兴芽后逐渐失传了，而在日本茶道中点茶式得到了较为完整的传承，直到现代日本还保持着蒸青和碾茶的茶叶生产工艺，在生产高级"抹茶"的原料时，仍然采用将鲜叶蒸青、揉捻后，直接烘干再碾成粉末，拣去素梗后制成"抹茶"，由此保持了茶叶本来的真香、真味和真色。

日本茶祖荣西

日本荣西禅师曾于1168年和1187年两度入宋求法，回国后在多个寺院中种植茶树，且将宋朝禅院的茶风引入日本，在镰仓寿福寺、博多圣福寺、京都建仁寺等几家日本大寺院中推行每日修行时吃茶的风习。荣西在晚年写下《吃茶养生记》一书，是日本最古老的一部茶叶专著，由于他对茶的积极倡导，促进了当时日本茶业的发展，所以荣西被尊为日本的"茶祖"。

驿站　驹足影

荣西禅师从中国回到日本以后，将带回的中国茶籽一部分播种在背振山灵仙寺。荣西禅师将剩余的茶籽托付给京都拇尾山高山寺和尚明惠上人，嘱托他栽植茶树并制造茶叶。当时荣西将茶籽装在一个"汉柿壶"里，并亲手交给明惠上人，该壶现被奉为高山寺的寺宝。明惠上人将这些茶籽种植在高山寺前方面向河流的山腰上。后来明惠上人将高山寺种植成功茶树的茶籽，再传播到日本各地，其中最有名的是宇治地区。在宇治万福寺山门的前面，竖有一座"驹足影"石碑，此碑是为纪念明惠上人最初将茶传播到宇治而建。传说明惠上人来宇治播种茶种时，他骑马走在田间，后面跟随的人将茶籽播种在马蹄印里，所以碑名定为"驹足影"。宇治地处京都府的东南部，以世界遗产平等院和宇治抹茶闻名于世，每年春天举办的"樱花节"景色迷人，夏天举办"烟花大会"则异常热闹，秋季的"茶节"和"观月茶会"令人流连忘返，宇治现在是日本最著名的茶叶产地。

唐宋时到中国留学求法的日本僧人络绎不绝，他们归国时将中国的茶、茶籽、茶文化带回了日本。1242 年日本圣一国师将浙江余杭径山茶种子以及径山"研茶"传统制法带回日本。1259 年，日本南浦绍明到访杭州净慈寺和余杭径山寺，拜径山寺虚堂和尚为师，悉心研习佛经。据日本《本朝高僧传》记载"南浦绍明由宋归国，把茶台子、茶道具一式，带到崇福寺。"

日本国宝天目盏

宋代的御品茶具——建盏由在浙江天目山研习佛法的日本留学僧带回日本，因为取自天目山的径山寺、禅源寺而被日本人称为天目盏，并奉为日本国宝。径山禅寺坐落于天目山北麓，唐时为江南禅林之冠。径山的地理和气候适宜茶树生长，因此盛产佳茗，相传径山寺开山祖师法钦禅师曾经"手植茶树数株，采以供佛，逾手蔓延山谷，其味鲜芳特异"。后来径山寺的僧人常以本寺香茗招待寺客，久而久之形成一套行茶礼仪，后人称之为"茶宴"。在日本茶道中，天目盏占有非常重要的地位，日本喝茶之初到创立茶礼的东山时代，所用茶器只限于天目盏，后来茶道普及民间，所用茶盏多为朝鲜和日本的仿制品，而宋产天目盏益显珍贵，只限于"台天目点茶法"和一些比较庄重的场合，比如贵客临门或祭祀献茶等。

日本茶道

奈良称名寺和尚村田珠光（1423—1502 年）创建了具有日本特色的茶道，将日本的平民茶会"茶寄合"与贵族茶会"茶数寄"合二为一成为禅宗点茶式。后来日本茶道的集大成者千利休（1522—1591年）对前辈茶道进行了传承和发扬，提炼归纳出"和、敬、清、寂"的日本正宗茶道精神。此后日本茶道流派纷呈、各具特色，但是都秉承了茶道核心精神"四则"即和、敬、清、寂，以及待人接物的"七则"即提前备好茶、提前放好炭、茶室应冬暖夏凉、室内插花保持自然美、遵守时间、备好雨具、时刻把客人放在心上。日本的茶道精神以佛教禅宗为思想背景，儒家理念和唐宋文化的影子若隐若现。

第四辑

东渡扶桑·茶道的
东瀛传承与发扬

> 草屋拴名驹，陋室配名器。
>
> ——［日］村田珠光

12 世纪末的日本，自然灾害和权斗战争接踵而至，许多人对现实产生了失望。日本著名隐士歌人鸭长明在他的传记体随笔《方丈记》中用诗歌的语言写道：不幸怎么也望不到尽头。

1191 年，荣西禅师从中国求法学成归国，开始在日本广布禅理弥平教难，同时教导民众饮茶养生。荣西集一生学茶、饮茶、研茶的功力写成了日本第一部茶书——《吃茶养生记》，并借助当时日本将军源实朝的影响力，推动饮茶从风靡上层社会至流行于日本全国。荣西在茶书中写道：

> "余常思缘何日本人不好苦味之食。在中国，人皆好茶，是故心脏病痛少有，而人皆得长寿。但观我国人多菜色，瘦骨嶙峋。究其缘由，盖不喝茶也。是故凡人有精神不济者，当思饮茶。茶令心律齐而百病除矣。"

源自中国的日本茶道

日本僧人在唐宋时到中国留学求法，回国时带回中国的茶叶和茶籽，在日本种植茶树、推广饮茶，并在唐宋茶礼的基础上，引入佛教禅宗精神，结合日本社会风习而逐渐发展成为日本茶道。日本茶道将日常生活行为与宗教、哲学、伦理和美学融为一体，形成一门综合性的道艺活动，其内涵和意义已经超越了饮茶行为和茶艺活动本身。日本茶道史专家桑田忠亲在《茶道六百年·前言》中这样论述："日本茶道重视人与人之间在和睦宁静的氛围下温暖的心灵交流，是诉诸感觉的美之盛筵，最大程度地提高了衣、食、住、行的生活品位，向人们昭示并宣扬了日常生活的范式模型。"日本人通过茶道的建立，学习礼仪程序、宾主关系、修身养性、陶冶性情，培养审美志趣和道德观念，养成了"和、敬、清、寂"的精神和信仰。

日本民族文化中的剑道、花道、茶道、棋道等皆闻名于世，其理念和精神源于12世纪末日本的著名隐士歌人鸭长明。鸭长明为了摒弃"世俗的肮脏与邪恶"，在京都东南的山脚下搭建草庵，静心著述透着佛性光明的《方丈记》。书中讨论了日本文化中非常重要的概念——艺道。所有的艺，诸如剑术、围棋、花艺、骑术、诗歌、书法、音乐等，皆可经由全身心地执着浸淫其中而至澄净明澈的心境，最后自觉进入大彻大悟的佛性境界。茶在日本的推行过程中，逐渐成为兼具美学和宗教的艺术和生活方式，融自然、哲学、人情于一体，最终演化为日本茶道。

日本茶道的历史最早可以追溯到13世纪。日本荣西禅师于1168年和1187年两度入宋求法，回国后在多个寺院中种植茶树，且将宋代禅院的茶风引入日本，在镰仓寿福寺、博多圣福寺、京都建仁寺等几家日本大寺院中推行每日修行时吃茶的风习，由此吃茶在日本寺庙僧侣中逐渐普及。1214年日本将军源实朝头痛久治不愈，在饮用了荣西禅师进献的茶汤后摆脱了病痛，茶因此得到将军的嘉许和赞扬，荣西顺势进献了他撰写的日本第一部茶书——《吃茶养身记》，宣扬茶德及饮茶的益处。由于源实朝将军的肯定和宣扬，茶在日本士大夫和武士阶层很快开始流行。以后寺院茶逐渐流传至民间，武士斗茶则十分普遍而成为潮流，士大夫阶层热衷于"书院茶"，民间流行"云脚茶会"。日本"茶道鼻祖"村田珠光将佛教禅宗引入茶道，推动了民间茶与贵族茶的融合，后来武野绍鸥、鸟居引拙等著名茶人又对日本茶道进行了继承和发扬，16世纪日本高僧千利休集前辈之大成而创立了正宗的日本茶道。

日本文化十分讲究仪式感，在茶道上体现得十分典型。茶道有烦琐的规程，茶叶要碾得精细，茶具要擦得干净，插花要根据季节和来宾的名望、地位、辈分、年龄和文化教养等选择。茶道主人的动作须规范敏捷，既要有舞蹈般的节奏感和飘逸感，又要准确到位，没有丝毫敷衍和马虎。主人为客人准备的茶、点心和水果，都要按照固定的规矩与步骤行事，茶道的精神还延伸到茶室内外的布置，品鉴茶室的书画瓶花，观赏庭院的园艺绿植，以及鉴识饮茶的器具器皿等都是茶道的组成内容。

茶道品茶均在茶室中进行。待客人入座后，由茶道主人或主持仪式的茶师按规定动作点炭火、煮开水、冲点茶，然后依次献给宾客。客人按规定须恭敬地双手接茶，先致谢，然后三转茶碗，轻品、慢饮、奉还。煮水、点茶、献茶是茶道仪式的重要部分，需要专门的技术和训练。饮茶完毕以后，按照习惯客人要对茶具茶器进行鉴赏并赞美一番。最后，客人向主人跪拜辞别，主人则热情相送。整个茶会期间，从主客对话到杯箸放置都有严格规定，甚至点茶者的每一步伸手、抬脚动作都有定式。现代日本茶道分成了二十多个流派，《茶道六百年》的作者桑田忠亲教授认为"日本茶道已从单纯的趣味、娱乐，前进为表现日本人日常生活文化的规范和理想"。

日本茶道的根本·和、敬、清、寂

日本"茶道鼻祖"村田珠光曾提出"谨、敬、清、寂"四字为茶道精神，后日本茶道的集大成者千利休居士将"和、敬、清、寂"四字定为日本茶道的根本与精髓。"和""敬"表现人与人的相处观念，"清""寂"体现出茶人的修为境界，体现出一种圆融处世而又独善其身的价值观，映射出清雅、独孤的审美观，渲染了一种遗世独立的美的意识，很受当时日本社会的推崇。

茶道之茶在日本称为"侘茶"，"侘"表达幽寂、闲寂的意思。"侘"的本意是从情场或官场失意的人体会到的绝望和孤独感，引申为人生不完美、残缺的美学体验，升华至人的精神不依赖外物、外情

137

的独立人格，不以物喜、不以己悲，成为日本茶道的核心思想。邀约三五知己，坐在清雅寂静的茶室，一边品茶一边闲聊，不问世事与功利，无牵无挂、无忧无虑，相互之间有心灵的交流，别生一番美的意境。入世之人修出世之境，淡泊如寺庙僧侣，静悟人生意义，千利休提出的"茶禅一味""茶即禅"，被视为日本茶道的真谛所在。

"和、敬、清、寂"反映出日本社会在唐物占有热时期有思想、有远见的茶人对生活的反思和对生命意义的叩问。进入镰仓时代以后，大量唐物运销日本，特别是唐宋的茶具、茶器和艺术品，为日本茶会增辉添色。日本社会曾一度出现豪奢之风，一味崇尚唐物茶会，轻视日本本土物产，类似于"崇洋媚外"的社会风气。当时日本的茶道名人村田珠光、武野绍鸥等人起而反对奢侈华丽的形式主义，提倡清雅、简朴的风尚，认为茶道应该使用质朴的茶具，专注于真心实意地待客，讲求审美情趣，更益于道德情操的修养。

在日本茶道中，"和"所代表的是人与人之间的相处关系。"和"表示平和、融和，指人与人之间以和为贵、以和为乐，追求人与人之间心灵的默契与相通。品茶过程中"请先""请慢用"等种种言词，都代表了茶道中所蕴含的"和"之意。对于自然的共同爱好，顺其自然地因循四季的变迁，以古老的茶礼习俗来做内心与内心的沟通和意会，就是"和"的感觉。环境与人、人与人、人与物的和谐自然，都成为"和"的精神内涵。

"敬"表示尊敬、敬畏。这里的"敬"，包含了对年长者及时间的尊敬，对另一个生命存在的无差别的尊敬，对茶艺传承人及其行为和专业精神的尊敬，同时也代表了对于昼夜有常、四时有序、万物有理等自然规律和长幼有礼、朋友有信等伦理的尊重与因循。"敬"体现了"我"对待"非我"的态度，映射了谨慎、敏感、恭良、敬畏的内心观照。

"清"表示清静、洁净。寓意心无杂念、远离淫邪，以善为本、拒生妄想，抑制不净念。如清风明月般洁无尘，如清泉树影清澈澄亮，如夜半虚空清凉如水，如少女明眸不染纤尘。在茶道活动中，过多讲求名器奢具属于舍本逐末，最需注重的是清洁，包括茶室和茶器的清洁，更重要的是内心的清洁。千利休曾在《百首》诗中咏道："水与汤可洗净茶巾与茶筅，而柄杓则可以洗净内心。"

"寂"表示寂静、寂寥。在不受外界干扰的寂静空间里，享受心灵沉淀而澄净的感觉，倾听来自内心深处的声音。"寂"是茶道中的美的最高理想和境界，在"静"的深层处观察自己知足丰盈的内心，在深沉的思索中让自己内心有所证悟。"寂"寓示着降低物欲、放下思虑、抛开烦恼，经由意守丹田而进入无我的状态，没有了不安、痛苦与焦虑，忘却了世间一切有形，心灵净化而解脱自在，开始悟道而生智慧。

日本茶道·四个时代的沉浮

日本茶道的产生与发展历经了四个时代：奈良、平安时代，镰仓、室町、安土、桃山时代，江户时代及明治维新以后时期。

奈良、平安时代（710—1192 年）

日本文献《奥仪抄》记载，日本天平元年（729 年）四月，朝廷曾召集百僧到禁廷讲《大般若经》，其间有赐茶。据此可推测，在奈良时代早期日本皇室和僧侣已有饮茶的记录。当时日本天皇已有八次派遣唐使团前往中国考察学习，朝廷赐茶所用茶叶应该是日本遣唐使回国时带回的中国茶叶，当时茶叶在日本是稀有的"舶来品"，属于被皇室和权贵所拥有的珍稀物品。唐茶被用于御赐参加盛大而庄重的宗教仪式的僧侣，足见当时朝廷对佛教的礼遇和对茶的重视。

《日吉神道密记》记载，日本延历二十四年（805 年）从唐朝求法归来的僧人最澄法师将带回的茶籽种在了日吉神社的旁边，后长成为日本最古老的茶园。至今在京都比睿山的东麓还立有日吉茶园之碑，其周围生长着多纵茶树。与最澄法师同船回国的日本佛教真言宗创始人弘法大师空海，在其所撰写的《梵字悉昙子母并释义》中出现了与茶相关的"茶汤坐来"等表述。

日本弘仁六年（815年）夏天，嵯峨天皇巡幸近江国，经过崇福寺，大僧都永忠亲自煎茶供奉。永忠于日本宝龟八年（777年）入唐，到延历二十四年（805年）回国，在中国学习生活了二十多年，对唐代的茶文化深有研究。嵯峨天皇饮茶后十分喜爱，令在畿内、近江、丹波、播磨各地种植茶树，并且每年上贡。当时首都的一条、正亲町、猪熊和万一町等地都设有官营的茶园，种植茶树、采茶制茶以供朝廷之用。

日本当时的饮茶法学习沿用了中国唐代流行的饼茶煎饮法。日本早期的汉诗集——《经国集》中有一首题为《和出云巨太守茶歌》的诗，描写了将茶饼放在火上炙烤，干燥以后碾成粉末，汲取清流、点燃兽炭[1]，待水沸腾后加入茶末，然后再添加吴盐增味的煎茶场景，这与唐代典型的饼茶煎饮法完全一致。

当时的嵯峨天皇爱好文学，特别崇尚唐朝的文化，在他的影响下，弘仁年间（810—824年）成为唐文化盛行的时代。这个时期茶文化在日本十分盛行，日本学术界称之为"弘仁茶风"。嵯峨天皇经常与弘法大师空海一起饮茶并吟诗作赋，留下了许多优美的茶诗，如《与海公饮茶送归山》《答澄公奉献诗》等。嵯峨天皇退位后"人走茶凉"，弘仁茶风随之衰落，中日间的茶文化交流也一度中断。但是在十世纪初的日本法规细则《延喜式》中，仍然有献濑户烧、备前烧和长门烧茶碗等事迹的记载，说明饮茶之风依然在日本流传。在奈良、平安时期，饮茶首先在日本宫廷、贵族、僧侣中传播并流行，在种茶、制茶、饮茶方法上则主要仿效唐代。

镰仓、室町、安土、桃山时代（1192—1603年）

镰仓时代（1192—1333年）　镰仓时代初期，曾经两度到中国求法的日本荣西禅师于1211年写成了日本第一部茶书——《吃茶养生记》。该书用汉文撰写，分上下两卷，开篇有云："茶也，末代养生之仙药，人伦延龄之妙术也。"荣西禅师在中国学习期间幸得禅宗临济宗黄龙派单传心印，在潜心钻研禅学之余体验和研习了宋朝的饮茶文化。

【1】兽炭：制为兽形的炭。《晋书·羊琇传》："（羊）琇性豪侈，费用无复齐限，而屑炭和作兽形以温酒，洛下豪贵咸竞效之。"

荣西禅师东渡回国后，在他登陆的九州平户岛上的富春院、背振山撒下茶籽，建立了名为"石上苑"的茶园。后来九州的圣福寺、京都的拇尾高山寺等都播种了荣西禅师从中国带回的茶籽。拇尾高山寺的茶由于当地土壤、气候等原因味道纯正，僧人和俗众都十分喜爱和珍重，故被称作为"本茶"，拇尾高山寺茶以外的茶被称为"非茶"。荣西禅师第二次渡宋回国后再次带回中国的茶叶、茶籽和茶具，在寺院中推广宋式点茶式。日本高僧南浦昭明到中国浙江天目山径山寺求法取经，回国后也将中国茶和茶文化引至日本加以推介弘扬。饮茶文化于是逐渐在寺庙僧侣、贵族和武士阶层风靡。早期的日本饮茶活动以寺院为中心，后来渐渐由寺院普及到民间，到镰仓时代末期，上层社会的武士"斗茶"开始出现并渐趋流行。

室町时代（1333—1573 年） 到了室町时代，日本受宋朝"点茶式"和"斗茶"的影响，出现了斗茶的热潮。与宋代文人雅士的斗茶不同，日本斗茶的主角是武士阶层，斗茶成为武士们扩大交际、炫耀富有、附庸风雅的聚会。1336 年，佐佐木道誉在大原举办了盛大的斗茶会，参加比赛的名茶品种多达百余种，参赛者中有将绸缎、名香、盔甲、宝剑等作为赌注，赢者多把奖品转赠给心爱的舞伎或舞者，堪称纵情声色的比赛。到了室町时代的中后期，斗茶的内容已不限于茶，据记载已扩展至茶碗、陶器、扇子、砚台、檀香、蜡烛、鸟器、刀、钱等。当时持有和把玩中国货，模仿宋朝人饮茶，被认为是时髦、风雅之事。室町时代除了武士斗茶以外，贵族阶层也举办一些高雅的茶会，出现了所谓"东山文化"的书院茶。

1397 年，室町幕府第三代将军足利义满在京都的北边兴建金阁寺，主持完成了武家礼法的古典著述《三义一统大双纸》，建立并推行"北山文化"。1489 年，室町幕府第八代将军足利义政隐居京都东山，修建了银阁寺，宣扬传播"东山文化"。在东山时代，日本的娱乐型斗茶会逐渐发展演变成宗教性的茶会，茶室采用全室铺满四张半榻榻米的建筑设计，在这种"书院式建筑"里举办的茶会活动被称为"书院茶"。书院茶主客都跪坐在榻榻米上，主人在客人面前安静、持重地为客人点茶，主客问茶简明扼要，一扫室町斗茶的喧闹、杂乱和拜物的风气。日本茶道的点茶程序在书院茶时代被基本确定下来，原来立式的禅院茶礼变成了纯日本式的跪坐茶礼。

在日本书院茶文化的形成过程中，幕府将军足利义政将军的文化侍从能阿弥（1397—1471年）发挥了重要作用。能阿弥是日本历史上一位异常杰出的艺术家，他通晓书、画、茶三界，一生侍奉义教、义胜、义政三代将军，倡导形成了"书院饰""台子饰"新茶风，对日本茶道的形成产生了关键影响。他引荐以后被尊为日本"茶道鼻祖"的村田珠光担任足利义政的茶道老师，使村田珠光有机会接触到"东山名物"等高水准艺术品，创造了民间茶风与贵族文化接触的契机，使书院的贵族茶和奈良的庶民茶得到了交流和融会。

日本的饮茶文化逐渐从贵族活动走向大众化。日本应永二十四年（1417年）六月五日，诞生了普通百姓主办和参加的"云脚茶会"。云脚茶会使用粗茶并伴随酒宴活动，是日本民间茶活动的肇始。云脚茶会自由、开放、轻松、愉快，受到普通民众的欢迎。日本文明元年（1469年）五月二十三日，奈良兴福寺信徒古市播磨澄胤在其馆邸举办大型"淋汗茶会"，邀请安位寺经觉大僧正为首席客人。淋汗茶会是典型的云脚茶会，淋汗茶的茶室建筑采用了草庵风格，古朴的乡村建筑风格后来成为日本茶室的主流风格。

被奉为日本"茶道鼻祖"的村田珠光（1423—1502年），11岁时进了属于净土宗的奈良称名寺做了沙弥，19岁时到京都进了著名的临济禅宗大德寺酬恩庵，跟随著名的一休和尚参禅。据传珠光在参禅初期总是心神不定、难以持戒，打坐念经时经常犯困，经人指点从拇尾山购买茶叶，以茶汤治愈了嗜睡之症，并令他在参禅中获得大彻大悟，领悟到了"佛法亦在茶汤中"，于是村田珠光爱上了茶，遍读中国茶书典籍，矢志一生精研茶道。村田珠光将禅宗思想引入茶道，建立了与书院式建筑相对、称为"数寄屋"的草庵茶室，形成了独特的草庵茶风，通过饮茶中对禅的参悟，使茶道更加注重遵从人的内心而不寄情于奢华的唐物等外部存在。以佛教禅宗思想为背景的茶道的确立，使此前的奢侈之风不再流行，一味追求奇珍异宝被认为是低级趣味，人们的审美意识因为茶道的兴盛而渐趋高雅。

村田珠光主张佛前众生人人平等，与当时日本俗世社会的等级森严形成了理念上的对冲。以往进入茶室时身份高的人用较高的洗手池站着洗手，从"贵人门"进入茶室，上厕所使用较高级的"饰雪隐"；身份低的人则用较低、需要蹲下的洗手池，从低矮的"窝身门"进入茶室，上厕所使用较低级的"下腹雪隐"。在村田珠光的倡导下，日本茶礼摒弃了传统上带有身份歧视的"礼仪"，使茶道体现出对人的尊重而不是对身份的尊重。村田珠光主张"真心爱洁净"，不仅茶室、庭院须打扫得十分清洁、纤尘不染，他认为比表面的清洁更重要的是内心的洁净，因为内心的清洁眼睛看不到，所以反而更加重要。村田珠光提出"人要节制酒色"，认为好色、赌博、嗜酒乃三重戒，以前的武士斗茶会结束后的酒宴上往往有人会喝得酩酊大醉，有的甚至还有男女混浴的余兴活动。村田珠光最早提出了"一期一会"的茶道理念，主张人应怀敬畏之心，忌任性与自以为是，举止动作要自然而不醒目，强调佛前众生——主与客的平等，人与人之间要彼此扶持、相互帮助，心怀感激而心灵相通。他提出的"侘"的美学概念，让人接受不完美、残缺和昙花一现的世物本相，成为茶道的重要核心思想。

村田珠光提出"草屋拴名驹、陋室配名器"，欣赏"云遮月之美"，体现出他对内在的重视和对外在浮华的舍弃。他完成了茶与禅、民间茶与贵族茶的融汇结合，为日本茶文化注入了精神内核，将饮茶从形式到内容都进行了完善，从而将日本茶文化推升到了"道"的高度和位置。茶道如果仅仅始于形式、续以流程，最终以技术结束，那就停留在茶礼、茶艺、茶会的层面，没有精神的注入、内涵的丰富和信仰的支撑，就不能称之为"茶道"。村田珠光之所以被奉为日本茶道的"开山鼻祖"，是因为他使日本茶道真正提升为一门艺术、一种哲学甚至成为一种宗教。

村田珠光之后许多茶人对日本茶道进行了传承和发扬，其中最为著名的茶人包括鸟居引拙、武野绍鸥和千利休。鸟居引拙是村田珠光之后的著名茶人，他是堺城富商，商号"天王寺屋"，历史上关于他的记录留存较少，但他拥有三十多种著名茶器，包括"引拙茶碗""引拙水罐架"等。村田珠光主要在奈良和京都活动，鸟居引拙把珠光流派茶道引入了堺城并加以推广和发扬，他发明的带门茶橱是对日本茶道器物的创新性贡献。与鸟居引拙同期的有名日本茶人还有誉田屋宗宅、岛右京、藤田宗理、北向道陈等。

武野绍鸥（1502—1555 年）对日本茶道进行了继承和发扬。日本大永五年（1525 年），武野绍鸥来到京都，同时修习歌道和茶道。他在学习歌道时认识到练习和构思、传承和创新对于研习歌道的重要性，领悟到这对茶道也同样重要。他将日本的歌道理论中表现日本民族特有的素淡、纯净、典雅的思想导入茶道，对村田珠光创立的茶道进行了充实、提升和完善，为日本茶道的价值充盈和内涵丰富做出了重要贡献。武野绍鸥作为茶道名人，拥有六十多种唐物茶具，包括虚堂墨迹、赵昌果子图、马麟朝山图、子昂归去来图、菖蒲钵水盘、曾吕利花瓶、松岛茶叶壶、上张茶釜、芋头水壶、善好茶碗、高丽火筋等。武野绍鸥具有出色非凡的鉴赏能力，能够看到普通人无法看到的东西，能够从凡人认为平常普通的事物中发现惊人之美。很多原本十分普通的器物，经过武野绍鸥的"目明"发现并引入风雅的茶道，而成为日本茶道中有名的茶器，比如信乐水壶、绍鸥天目、绍鸥茶杓、竹藤炭筐、钓瓶水指等。武野绍鸥是一位杰出的茶道改革家，被称为"茶道之中兴"，他潜心研习和革新日本茶道，曾提出"虽说六十命定，然壮年仅二十载，唯不断潜心茶道，方可擅长此道，如若缺乏横（恒）心，必将不善此道"。武野绍鸥同时也是日本著名茶人千利休的老师。

安土、桃山时代（1573—1603 年）　室町幕府解体后，武士集团之间展开了激烈的混战，日本进入战国时代。历史上群雄纷争、社会变动的时期，往往会带来思想的解放和文化的繁荣，融艺术、娱乐、饮食为一体的茶道进入了空前的兴盛时期。坐在宁静的茶室饮茶，面临残酷争斗的武士们的心灵可以得到慰藉，暂时忘却战场的厮杀和生死的烦恼，静下心来点一碗茶成了当时日本武士日常生活中的重要内容，茶道逐渐成为武士的必修课。

🍵 驿站　千利休·日本茶道的集大成者

日本茶道的集大成者千利休正是成名于战国时期，他作为将军的茶道老师和政治顾问获得了极大的声名和权势。千利休（1522—1591年）幼年时便热心茶道，先拜北向道陈为师学习书院茶，后拜武野绍鸥为师学习草庵茶。千利休先后做了织田信长和丰臣秀吉的茶道侍从，他在继承村田珠光书院茶、武野绍鸥草庵茶的基础上，推动日本茶道进一步深化和升华，使茶道逐渐摆脱了物质的束缚，还原至淡泊寻常的本真面目，创建了以"和、敬、清、寂"为精髓，被后世奉为正宗的日本茶道。

千利休是出身堺城（今大坂）的渔业富商，本名田中与四郎，在拜武野绍鸥为师后削发为僧，改名千宗易。在武野绍鸥的指导和开示下，悟性极高的千利休很快悟道了，一日武野绍鸥要求弟子们打扫茶室外的庭院，然而事实上此前老师已将庭院清扫干净，千利休推门出来看到庭院干干净净，顿时明白了老师的用意，他用手轻摇院子里的一棵树，几片叶子翩然落下。庭院的净与不净，世界的变与不变，万物的相与本质，在一次顿悟中豁然开朗了，据说武野绍鸥对此大为赞赏。

千利休的弟子南坊宗启在记录其师思想的《南方录》中记述：

"草庵茶茶道，其至要者，乃是秉持佛法，进德修业，以求悟道。而住豪华家宅，吃珍奇美味，种种享受，所获愉悦，仅是世俗官能而已。其实住屋只求遮风挡雨，饮食只求果腹免饥。此实乃佛陀教示，亦茶道本意也。汲水，采薪，点茶，先礼佛祖，次奉他人，最后自饮。插花，焚香，凡此种种，吾辈皆以佛陀先祖大德为效法对象。除此而外，自悟是不二法门。"

日本天正二年（1574年），千利休与织田信长在茶会上见面而结识。千利休作为声名日隆的茶人受到织田信长的赏识，织田信长也希望通过灵活地利用茶道制度来结交盟友和扩张势力。日本天正十年（1582年）六月一日，织田信长在征战前下榻京都本能寺，他的家臣明智光秀发动叛乱，信长不幸在本能寺被叛军所杀。织田信长的手下将领丰臣秀吉刺杀了叛军首领明智光秀，从而成为当时最具权势的将领，他继承了织田信长用奢华的茶会作为政治工具的统御方法。千利休此后追随丰臣秀吉成为其出谋划策的茶头和谋臣，同时也成为丰臣秀吉权力中心的重要核心人物。身居高位、一览众山的政经地位和对内心宁静和佛法禅境的追求，使千利休的茶道境界得以快速提升，日益精湛而趋向极致。

千利休在茶道的探索和实践中总结出了七条训条，于日本天正十二年（1584年）九月九日书写成幅，后来成为日本茶人在举办茶会时的行动指南：

一、宾客到达茶室外等待时，应敲击室外的木钟告知主人。

二、参加茶会，须保持双手和面部的洁净，更重要的是平心静气。

三、主人必须热情地将宾客迎进茶室，如果主人没有能够按照茶道的礼仪为宾客提供符合规则的茶和点心，或者茶室的布置没有志趣而不能愉悦宾客，宾客可以径自离去。

四、当水沸声如松涛，主人敲钟示意时，宾客必须立即从茶室外的庭院进入茶室，以免错过饮茶最好的时机。

五、茶室内禁止议论世俗之事，只能谈论茶和与茶相关的事物，在茶室内谈论政治是一种罪恶。

六、在茶会过程中，主人和宾客之间不能有任何相互伤害的言行。

七、每次茶会不得超过两个时辰（4小时）。

备注：茶会中只能谈论茶道的礼仪规则和名人名言等，聊以消磨时间。茶道中不承认世俗社会的等级差别，允许不同等级的人不分贵贱自由交往。

日本天正十三年（1585 年十月七日），丰臣秀吉在皇宫举办盛大的茶会向天皇献茶，感谢天皇赐官关白和赐姓丰臣，深受丰臣秀吉信任的千宗易被赐予"利休居士"的称号后获得进宫资格并负责辅佐茶会事宜。这次皇宫茶会事实上确立了千利休日本第一茶头的地位，也使他作为丰臣秀吉智囊和亲信的角色更加突出。丰臣秀吉热爱茶道，每年都会举办盛大的茶会，在著名的北野大茶会上，丰臣下令将书院台子、数寄屋、茶屋、野外等四种点茶进行了综合展示，丰臣秀吉、津田宗及、千利休还在北野天满宫的菅原道真神前斋戒祈祷。这两场重要的茶会显现出当时茶道已经渗入日本的高层政治生活，统治者通过宗教式的茶道来统摄和收服人心。千利休不仅是丰臣秀吉的茶道老师，同时也是丰臣秀吉的外交和政治顾问，他一年的俸禄达到三千石，当时许多大名（封建领主）都成为千利休的茶道弟子，这些大名的许多事项都需要通过千利休向丰臣秀吉呈报，千利休成为丰臣秀吉左右最有权势的人。

然而正所谓伴君如伴虎，丰臣秀吉在平定天下后开始通过士农工商的身份等级制度来确立社会新秩序，不论是因为"木像事件"[1]的僭越获罪还是传说中千利休不同意女儿嫁给丰臣秀吉为妾而招致杀身之祸，千利休作为一名将军的茶头而获得极大的权势本身就潜藏了巨大的风险。木秀于林风必摧之，[2]利休町人出身而才华横溢，是一个实力主义者，对世袭制度并不认同和看重，价值观的差异必然导致他与等级观念森严的权贵最终分道扬镳。历史上平民出身、由于战功显赫而身居高位的人，在天下平定后失宠出局，甚至招致牢狱之灾和杀身之祸，这样的例子不乏其人，那些主动功成身退的人反而得以善终而颐养天年。

千利休去世后，他的弟子和子孙继承了其茶道精髓，并且开枝散叶分成了不同的流派，主要有里千家流派、表千家流派、武者小路流派、远州流派、石州流派、薮内流派、宗偏流派、松尾流派、织部流派、庸轩流派、不昧流派等。在江户时代，千利休门下弟子的远州流、石州流等面向将军、大名的茶道较有影响力，而在明治维新以后贵族

【1】木像事件：日本京都的大德寺在其山门千利休进献的金毛阁建造并安放了一尊千利休的木像。千利休因此被其政敌攻讦。

【2】町人：日本当时居住在城市的商人。也包括手工业者。广义的町人兼有城市居民之意。

147

渐渐没落，千利休的子孙创立的三千家即表千家、里千家和武者小路千家得到了复兴，重新成为日本茶道的中心。

江户时代（1603—1868年）

由织田信长、丰臣秀吉开创的统一日本全国的事业，由其继承者德川家康最终完成。1603年，德川家康在江户建立幕府，直到1868年明治维新，共持续了265年。

千利休去世以后，他的七位有名的茶道弟子被称为"利休七哲"。"利休七哲"个个都是大名，其中没有僧侣和町人，连千利休的首席弟子山上宗二也没有入列，可见当时的日本社会官本位的问题十分严重。后来千利休的后人江岑宗左在《江岑笔记》中将千利休在茶道方面最有造诣的弟子古田织部列入"利休七哲"之一，历史上的"利休七哲"被定为：蒲生化乡、细川三斋、濑田扫部、芝山监物、高山右近、牧村具部、古田织部。古田织部是千利休弟子中唯一按其遗训创新和弘扬茶道，将茶道发展成具有个人性格的著名茶人，按照日本茶道秘籍《山上宗二记》的记载，日本茶道史上的最重要的茶道名人依次为村田珠光、鸟居引拙、武野绍鸥、千利休和古田织部。

千利休的后人对其茶道也进行了传承和发扬。千利休第二子少庵继续复兴千利休的茶道，少庵之子千宗旦继承其父遗志，终生不仕，专注于茶道。宗旦去世后，他的第三子江岑宗左承袭了他的茶室不审庵，开辟了表千家流派；他的第四子仙叟宗室承袭了他的茶室今日庵，开辟了里千家流派；他的第二子一翁宗守在京都的武者小路建立了官休庵，开辟了武者小路流派茶道。这三家千氏后人所开辟的茶室称为三千家，明治以后由于商业经济的兴起和繁荣，利休茶道作为日本正宗茶道在行业中的地位得到复兴，三千家成为日本茶道的栋梁与中枢。

在宋元点茶道的影响下，由村田珠光奠基开创，经武野绍鸥传承发扬，至千利休而集大成的日本茶道又称抹茶道，是日本茶道的主流。17世纪东渡扶桑的中国僧人隐元隆琦（1592—1673年）把中国当时的壶泡茶艺传入了日本，后来中国明清的泡茶道也传入日本，加上日本抹茶道的部分礼仪规范，形成了日本人所称的煎茶道。隐元隆琦被称为"煎茶道始祖"，后来经过"煎茶道中兴之祖"柴山元昭、田中鹤翁、小川可进等人的努力，使煎茶确立了茶道的地位。柴山元昭以民间"卖茶翁"的形象出现在京都各地，他手持装着茶具的竹篮，发展出与具有官方背景、程序复杂的抹茶道截然不同的简洁行茶方式：茶壶中水煮开后，抓一把茶叶投入沸水中，煮开即成芳香四溢的茶汤。柴山元昭卖茶从不标价，只请茶客在竹篮里随意扔几个铜钱，在当时等级森严、物欲横流的日本社会中，这种不循规蹈矩的行茶行为逐渐成为追求个性和自由的象征。

不同于抹茶道注重遵循茶道的规程和仪式，追求茶道在社会上层建筑和个人精神修行方面的作用，煎茶道除了追求自由和精神上的富足，十分重视茶叶和水的选择，关注茶的栽植和制作，它的兴起促进了日本岛内茶叶种植业的发展。1835年，日本著名的山本山茶铺的第六代传人山本山嘉兵卫运用将茶叶蒸青后烘焙的制作方法，制成了日本著名的"玉露"茶。

江户时代，日本茶道得到较好地传承和发扬，在吸收、消化中国茶道的基础上进行了本土化，形成了具有本民族特色的日本抹茶道和煎茶道两大茶道。

明治维新以后时期（1868—　）

日本茶道在安土、桃山、江户盛极一时之后，1868年明治维新以后曾经历了一段低潮时期。明治维新以后，日本进入了社会大变革时期，意图通过全方位地学习仿效西方国家进入近现代文明社会。由于茶道节奏相对缓慢、动作繁复，与早期"文明开化""欧化主义"下的快速、效率要求不相符合，在当时高歌快进式的社会氛围下日本人学习茶道的兴趣有所下降。桑田忠亲在《茶道六百年》中描述道："在这样风潮下，人们无暇顾及具有悠久历史的传统艺术。不仅是茶道、花道、能乐等传统艺术全部都受到冷落，茶道界迎来了极为艰难的不景气时代。"有一个著名的故事，京都有位茶道宗师，在明治初期家庭财政陷入了极度贫困状态，很多时候连买豆腐的钱都没有，过去卖豆腐的人在经过他家宅邸时都会高声叫卖，现在变成静悄悄地快步走过，可见茶道宗师的生活窘迫到了何等程度。

日本茶道在社会变迁而致日渐式微的形势下，也开始创新、求变、图存。比如由以前的"跪礼式"点茶，里千家的后人发明了"立礼式"点茶，让客人可以坐在椅子上喝茶，更符合西方的礼仪和新生代日本人的生活习惯。千氏后人又通过推行和强化茶道的宗师制度，强调"茶道之神"千利休在茶道行业中的崇高地位和权威，塑造和形成专业标杆和品牌形象。其他各个茶道流派也通过茶道宗师制度的推行，在日本各地建立同盟会、同行会、研究会等，频繁举办茶会、讲演会等，以此宣传、弘扬、推广普及茶道。

由于商业经济和市场体制在日本的确立，原先日本社会士农工商的传统身份制度也发生了变化，町人在商业社会中因为掌握了大量财富而地位得到大幅提升。现在许多实业家在事业成功后开始热衷于举办茶会，这类茶会成为小众高端的社交场所，是成功人士、高官巨贾喜欢参加的社交聚会，茶道在这类活动中一般作为其中一个辅佐性主题。这样的茶会在真正的茶人眼中与"和敬清寂"的日本茶道精神并不完全一致，日本著名美学家柳宗悦在《茶与美》中写道："多数情况下，金钱财物与茶人气质很难走到一路上去。"在市民阶层的日常生活中，日本女性出嫁前学习茶道和花道，成为大部分女性婚嫁前的辅修课程，是日本女性提升自我修养和加强婚后家庭和睦的重要方式。一些商业组织举办的大型茶会则带有大众化、娱乐化的特征，主要为商业推广、品牌宣传等服务。

体验日本茶道·传承

今天的日本茶道其重要性虽然已经不同往日，但是茶道作为日本文化中具有代表性的内容则受到许多日本国以外人士的关注和喜爱。日本茶道本身作为一种文化遗存和商业存在，在商业经济和日本人日常生活中依然占有一席之地。在一些重要的节日，政府或相关组织还会举办茶道表演，喜欢茶道的旅游者或拜访者还可以去专门的茶室体验十分专业和周到的茶道。

日本的茶道都在茶室中举行，茶室大多冠以"某某庵"的雅号，有广间和小间之分。以"四叠半"为标准，大于"四叠半"的称为广间，小于"四叠半"的称为小间。茶室的中间设有陶制炭炉和茶釜，炉前摆放茶碗及各种用具，周围设主、宾席位。茶道遵照既定规则和流程进行，茶道的精神被蕴含在看起来繁复细琐却又一板一眼的饮茶程序之中。

茶客进入茶道部，身穿和服、举止文雅的女茶师微笑颔首、礼貌地迎上前来，一边侧身引路，一边轻语解说："贵宾进入茶室前经过的这一小段自然景观区，是为了使宾客在进入茶室品茶前，阻断隔开外部尘俗的纷扰，平复和安静浮躁急切的心绪，除去一切凡尘俗世的杂念，使身心沉寂并融入自然，开启一道新境界的门，进入一个"和、敬、清、寂"的茶道境域。"女茶师柔声细语然而开宗明义的一番话，引人进入茶道场景并自然而生领略正宗日本茶道的期待。

茶室门外置有一个水缸，宾客用一长柄水瓢舀水，先洗净双手，再将瓢中之水徐徐送入口中漱口，借此将体内外的污浊和凡尘洗净排空。然后取一帕干净的手绢，放入前胸衣襟内，再拿一把精致的小折扇，插在身后的腰带上。稍稍静一下心、整理一下情绪，便可移步进入茶室。日本的茶室，面积以置放四叠半"榻榻米"为度，结构紧凑而布置雅致，十分便于宾主倾心交谈。茶室分为床间、客、点前、炉踏等不同功能区域，室内设置壁龛、地炉及日式木窗，右侧布"水屋"，备放煮水、沏茶、品茶的器具和清洁用具。床间墙上挂有字画，旁悬竹制花瓶，瓶中插花，插花品种及旁边的饰物，视四季而有不同。每次举行茶道时，主人先在茶室门外跪迎宾客，领头进入茶室的第一位宾客是来宾中的首席宾客（称为正客），其他客人则随后鱼贯而入。来宾入室后，宾主相互鞠躬致礼、面对而坐，正客坐于主人上手（即左边）。主人再次鞠躬后，去"水屋"取风炉、茶釜、水注、白炭等器物，客人这时可以适时欣赏茶室内的陈设、布置及字画、鲜花等装饰。主人将茶道器物取回茶室，跪于榻榻米上生火煮水，从香盒中取出少许香点燃。风炉上煮着水，在水沸之前，主人再回水屋忙碌，这时宾客可至茶室前的花园中散步、赏景。待主人备齐所有茶道器具时，风炉上的水也将要煮沸了，宾客们重回茶室，茶道仪式便正式开始。主人敬茶前，会提示宾客可先品尝一下茶点，目的是避免宾客空腹饮茶，同时也可以中和及稀释茶的微苦。日本茶道品茶分为"轮饮"和"单饮"两种形式，轮饮是客人轮流品尝一碗茶，单饮是宾客每人单独品鉴一碗茶。敬茶时，主人用左手掌托碗，右手五指持碗边，席跪而端举茶碗，恭送至正客面前，宾客应恭敬地双手接茶，致谢而后三转茶碗，轻品、慢饮、奉还，动作轻盈而优雅。按照习惯和礼仪，茶毕后客人应对各种茶具器皿进行鉴赏和赞美。茶事的最后，客人离开时向主人行跪拜礼告别，主人则需笑着热情相送。

在正宗日本茶道里，宾主之间不谈论经济、政治等世俗话题，更不用来谈生意，交谈的主题大多是有关自然、艺术、哲学的话题，彰显茶道乃风雅之事，具超然世外的气质。

茶事种类与形式

日本茶事的种类繁多。古代有"三时茶"之说，即按三顿饭的时间分为早茶、午茶和晚茶。现在则丰富为"茶事七事"之说：早晨的茶事、拂晓的茶事、正午的茶事、夜晚的茶事、饭后的茶事、专题茶事和临时茶事。专题茶事有开封茶坛的茶事、惜别的茶事、赏雪的茶事、一主一客的茶事、赏花的茶事、赏月的茶事等。每次茶事的主题有某人新婚、乔迁之喜、纪念诞辰、为得到一件珍贵茶具而庆贺等等。

见你·一生一度

古希腊哲学家赫拉克利特曾说：人不可能两次踏进同一条河流。

江户幕府末期的著名茶人井伊直弼所著的《茶汤一会集》这样写道："追本溯源，茶事之会，乃是一期一会，即便同主同客反复多次举行茶事，也不能再现此时此刻之情境。每次茶事之会，实为我一生一度之会。缘此，主人须千方百计尽深情实意，不能有半点疏忽。客人亦须以此世不再相逢之期赴会，热心领受主人的每一个细小匠心，以诚相交。此便所谓一期一会。"这种"一期一会"的观念，契合佛教所讲的"无常"，佛教的无常观督促人们重视每分每秒，认真对待一时一事。日本举行茶事时，主客间彼此怀着"一生一次"的信念，体味弱水三千、只取一瓢饮的珍重，体会人生虚幻如同茶之泡沫在世间转瞬即逝，并由此催生珍视生命、珍惜当下的共鸣与共情，令人有泪目感。于是参加茶会者感到彼此心灵相通并紧紧相连，油然而生相遇的机缘和互相依存的生命充实感。这是程序繁复而看似平淡无奇的日本茶道赋予饮茶人无以名状、无法言说、无可替代的独特体验。

茶会纪录·传后世

日本很多茶会都有纪录。纪录的内容包括与会众人、环境布置、壁龛装饰、茶具、茶品、点心等情况，有时还加入与会者的谈话摘要和纪录者的评论，谓之"会记"。很多著名茶会的会记流传下来而成为珍贵的史料，《松屋会记》《天王寺屋会记》《今井宗久茶道记拔书》《宗湛日记》被称为日本茶道四大会记。这让人想起中国著名的书法名帖《兰亭序》，《兰亭序》因王羲之的超绝书法而名垂青史，事实上它是一群文人雅士聚会并饮酒赋诗，事后这些诗词结集刊行前由王羲之作序总叙其事而成的一篇文学成就极高的散文名篇。日本的"会记"是对风雅茶会的纪录，使这些茶事活动记录在日本茶史中得以流传下来。

回传与交融·中日茶道

源于中国的日本茶道在一千多年的历史进程中得到了较好的传承

和发扬，并且成为日本民族文化的重要组成内容。20 世纪 80 年代以后，中国在对外开放中加强了与各国的经济文化交流，其中与日本间的文化交流和互访日益频繁，茶道作为中日双方都感兴趣的媒介在双方文化交流中担当了重要角色，出现了日本茶道文化向中国的回传与交融，这对于中国茶道文化的复兴和繁荣具有相当的裨益。

日本茶道的许多流派纷纷到中国进行学术和体验交流，日本里千家流派茶道家元千宗室带领日本茶道代表团到中国访问时受到了中国领导人的接见。千宗室还以论文《〈茶经〉与日本茶道的历史意义》获得了南开大学的哲学博士学位。日本茶道丹月流家元丹下明月多次到中国访问并做茶道分享，日本中国茶协会会长王亚雷、秘书长藤井真纪子、日本当代著名茶文化学者布目潮风、沧泽行洋等都到中国进行了中华茶文化的实地考察和交流。依据日本茶道大家森下典子的自传体小说拍成的日本电影《日日是好日》，也令中国民众在欣赏这部 2019 年日本最佳年度电影时领略到了保留完整的日本茶道，并且从中窥见茶道精神对日本民族精神的渗透与丰富。

第五辑

西向东至·欧洲通往神秘东方的航海探险

> 谁谓河广，一苇杭之。
>
> ——《诗经·卫风·河广》

始于15世纪的大航海探险是人类历史上第一次全球化的努力，其先驱是地处大西洋东海岸伊比里亚半岛的西班牙和葡萄牙，继之而起的是荷兰人、英国人和其他欧洲国家。裹挟着宗教情节的地缘政治需要以及称霸世界的野心与抱负，西班牙和葡萄牙的君王都希望开辟出通往东方的海上航路，从而绕过被阿拉伯人扼守的东西方贸易的陆上通道，去往《马可·波罗游记》中记载的东方神秘富庶流金之地——中国和印度。国家战略和对财富的向往激励着欧洲早期的探险家们从大西洋东岸的港口升帆起航，不畏艰险、迎风破浪向南绕过好望角或者向西横渡大西洋去完成他们的使命。1492年哥伦布在西班牙女王伊莎贝拉的支持下发现美洲新大陆的消息震动并传遍了整个欧洲，受到刺激与挑战的葡萄牙王室决定加紧开辟往南通往印度大陆的海上航线，1497年贵族出身的航海家达·伽马奉葡萄牙国王曼努埃尔一世的御令率领船队沿着大西洋海岸向南航行，历经千难万险的达·伽马不负众望终于在1498年到达了印度大陆的卡利卡特，开辟出了这条从欧洲南下绕过非洲好望角进入印度洋并可以通往中国和日本的海上航道，从而影响了后500年的世界贸易史。

15世纪以前，世界上的人们尚未认识或证实地球是一个球体。1522年麦哲伦率领的远洋船队完成了人类历史上首次环球航行，加上此前哥伦布发现美洲新大陆和达·伽马开辟欧亚海上新航线，三大远洋航海探险壮举深刻改变了人类发展的历史进程。此后欧洲人的商船行驶到了世界各地，并且挟带着资本主义生产关系和工业革命形成的大生产优势，在全球范围内寻求商业贸易、资源掠夺、宗教传播和势力扩张，通过在全球建立殖民地和全球贸易的方式推动世界各地资源、技术、物产、文化等加快交流和全球化市场的形成，在此期间发生了大大小小的各种战争，人类文明却因为相互交流、借鉴甚至竞争而整体上呈现出加速发展的态势。

1516年第一艘葡萄牙商船沿着达·伽马开辟的欧亚海上航路，绕过好望角、经印度洋出现在中国东南沿海的海面上。它是一个贸然闯入者，自然没有受到当时大明政府的欢迎，明王朝的海军对它进行了驱离。然而欧洲的航海探险家在发现了《马可·波罗游记》中记述的东方神秘富庶之地后，绝不可能轻易放弃或离开，在前后经过几十年的尝试和周折后葡萄牙人终于在1553年得以在中国南部的澳门岛上驻扎下来。在葡萄牙人率先到达中国和日本后，荷兰人、英国人、法国人、德国人先后从海路来到中国，与中国开展瓷器、茶叶、丝绸等商业贸易。在那个时期，输往欧洲的中国物产因为珍稀精美而受到欧洲上层社会的欢迎和追捧，欧洲的贵族以拥有中国的瓷器为荣耀，以用中国瓷器喝来自中国武夷山的正山小种茶为时髦，以致伦敦下午茶风靡英国乃至整个欧洲，欧洲人对于中国茶由喜爱而产生了进口依赖。

中国茶的对外传播由此产生了巨大的转变。西汉时开始形成的从甘肃、新疆经中亚、西亚，连接地中海各国的陆上"丝绸之路"，其东起点长安在唐朝时期是中外文化、经济交流的中心，许多阿拉伯商人在长安进行丝绸、瓷器贸易，同时也将茶叶带往中亚、西亚、北非，甚至传往更远的欧洲地区。大蒙古国和元朝时蒙军的铁骑弯刀曾经出现在欧洲的多瑙河地区，当时已经形成饮茶习惯的蒙军军官的营帐里煮有喷香的奶茶，虽然茶叶作为随军物资传至欧洲没有具体的文字记录，但是在伦敦大英博物馆一张资料图片中，记述了成吉思汗之孙旭烈兀率领蒙古军队攻占巴格达后喝茶小憩的情景。欧洲人的航海探险和地理大发现改变了中国茶叶对外传播的主线路，从早期自陆路向周边国家和地区输出，转向主要从海路通过海上国际贸易向更远的欧洲以及更广大的欧属殖民地输出，对外传播的速度加快、范围扩大、总量增加。

葡萄牙人·最早到达中国的欧洲人

每个人读到这段历史的时候都会大吃一惊：1494年6月，葡萄牙国王若奥二世与西班牙女王伊莎贝尔一世在罗马教皇亚历山大六世的调解下签订了《托德西利亚斯条约》，确定以佛得角群岛以西2 200海里处的"教皇子午线"为界，界东非洲地区属葡萄牙，界西美洲地区属西班牙。葡萄牙和西班牙这两个欧洲伊比利亚半岛上的国家居然在15世纪末把欧洲以外的世界瓜分了。当然，他们当时只听说了东方的富庶而还没有遇到明王朝的强大水师。

很难想象国土面积只有9.22万平方千米，人口1 029万（2017年）的葡萄牙，1143年才脱离西班牙成为独立王国，在15—16世纪的大航海时代居然一跃成为世界海上强国，建立起了叱咤风云、殖民地遍及非洲、亚洲、美洲的强大葡萄牙帝国。

用今天流行的话来说，葡萄牙的崛起和强大是被逼出来的。15世纪葡萄牙正处于"航海家亨利王子"统治时代，虽然亨利是葡萄牙历史上最为雄才大略、富有战略眼光的领袖，但是葡萄牙当时却正面临着巨大的危机。由于东北部的商路被西班牙所控制，输入葡萄牙的香料、糖、金银急剧减少而导致价格暴涨，金银供应不足使市场上货币的成色下降、信用降低，葡萄牙面临着空前的经济危机和社会动荡。葡萄牙国土是一块狭长的沿海土地，几乎没有什么内陆纵深地区，国家内部各类资源稀缺，而毗邻的强大宿敌西班牙则堵住了葡萄牙从陆上向东发展的所有路径，谋求海上突围和扩张成为葡萄牙求得生存的唯一方向。当时《马可·波罗游记》盛行于欧洲，欧洲人概念中东方是黄金遍地的富庶之地，西欧各国纷纷谋求开辟通往东方的海上航道，希望找到与东方开展贸易的通路和机会，大航海时代的到来为葡萄牙的海上扩张带来了重大契机，由此葡萄牙开启了对外殖民扩张的历史。

1415 年葡萄牙军队占领了北非港口城市休达，1419 年葡萄牙舰队驶进马德拉，1427 年登上了亚速尔群岛，1434—1445 年到达了非洲保加多尔角、塞内加尔和佛得角，以后葡萄牙航海家先后发现了几内亚、塞拉利昂、摩洛哥、丹吉尔、莫桑比克、蒙巴萨、埃塞俄比亚、津巴布韦等地。航海探险和地理大发现为葡萄牙帝国的崛起提供了有利条件，殖民贸易为葡萄牙带来了源源不断的物产和黄金。1497 年 7 月达·伽马率领海船从里斯本出发，先后到达莫桑比克和肯尼亚。1498 年 5 月达·伽马船队到达印度南部的卡利卡特，实现了欧洲人梦寐以求从海路直接到达东方大陆的愿望，开辟了经好望角横穿印度洋直达印度的海上航路。

葡萄牙人 1506 年到达印度洋上的锡兰（今斯里兰卡）并建立了科伦坡城，同年发现了马达加斯加。1507 年发现了毛里求斯，同年在霍尔木兹战役中获胜而取得了在岛上修筑要塞的权力。1511 年夺取了马六甲王朝的首都马六甲城。1521 年葡萄牙人控制了巴林，并打退了奥斯曼帝国的进攻。1546 年葡萄牙击败古吉拉特人的进攻，征服第乌而成为印度洋上的霸主。

1516 年，葡萄牙商人及官员费尔南·佩雷兹·德·安德拉德到达广州，与明朝廷的官员开展了商贸事务的交涉。葡萄牙舰队曾于 1521 年在中国南海遭遇明朝水师，并在双方交战中被打败。1522 年葡萄牙人再次来到中国近海又遭挫败，后来通过贿赂清政府当地官员申请商船在澳门岛休整获得许可，并提出租借澳门作为葡萄牙在远东的贸易站。1540 年葡萄牙人意外发现了日本，很多欧洲商人和传教士后来被吸引到了日本。

1553 年开始陆续有葡萄牙人在澳门居住。1556 年葡萄牙传教士加斯博·克鲁兹到达中国，成为在中国传播天主教的第一人。他于 1560 年返回葡萄牙，以葡文撰写出版了有关茶叶的著作，他在书中描述在中国观察到的现象："凡是上等人家都以茶敬客，这种饮料以苦叶为主，为红色，可以治病，是一种药草煎成的汁液。"

1557 年葡萄牙人通过用名贵稀有的龙涎香贿赂广东海道副使官员而获准以年租金 1 000 两白银租借澳门，并在澳门建立了交易基地，葡萄牙由此成为首个与中国通商的欧洲国家。鸦片战争以后，1887 年 12 月葡萄牙与清朝政府签订《中葡会议草约》和《中葡和好通商条约》，正式通过外交文书的手续租借了澳门。

1808—1825 年，葡萄牙人先后从澳门招募几批中国种茶技工到巴西种茶。巴西政府为表彰这些中国种茶技工为发展巴西茶叶生产作出的贡献，在里约热内卢蒂茹卡国家公园内建立中国式凉亭，以作纪念。

第二次世界大战以后，全球殖民主义快速衰落。葡萄牙结束了对澳门的占领，中国政府对澳门恢复行使主权，葡萄牙殖民帝国正式落幕。

海上马车夫·荷兰人最早将茶输往欧洲

葡萄牙人虽然先于其他欧洲人最早到达中国和日本并接触到茶，由于当时的欧洲人还没有饮茶的概念，因此葡萄牙人初期在亚洲的主要贸易目标是瓷器、丝绸、黄金和香料，没有涉足茶叶贸易。历史上正式从中国和日本进口茶叶输往欧洲，并使茶叶在欧洲流行的是追随葡萄牙人来到中国的荷兰人。

欧洲最早在文字中记载中国茶的是 1559 年在威尼斯出版的一本名为《航海与旅行》的书籍，书中这样写道："他们拿出那种草本植物——它们有的是干的，有的是新鲜的，放在水中煮透。在空腹的时候喝一两杯这种汁水，能够立即消除伤风、头痛、胃疼、腰疼以及关节疼等毛病。这种东西在喝的时候越烫越好，以不超出你的承受能力为限。" 1595 年出版的一本荷兰人撰写的《旅行杂谈》提到荷兰人和其他欧洲人跟随葡萄牙人来到了中国和日本，并且发现"他们饮用一种装在壶中用热水冲泡的饮料，不管在冬天还是夏天，他们都喝这种滚烫的饮料"。

荷兰于 1581 年脱离西班牙的统治独立。继葡萄牙和西班牙对外扩张建立大量海外殖民地以后，荷兰人凭借其出色的造船和航海技术很快后来居上，在世界各地抢占殖民地。1602年荷兰人建立了东印度公司，在爪哇、摩鹿加群岛（今马鲁古群岛）、马六甲和锡兰（今斯里兰卡）等地建立据点，1621年荷兰人又成立了西印度公司，在北美哈德逊河口建立了新阿姆斯特丹（今纽约）。荷兰在17世纪顶峰时期拥有全世界四分之三的海船，多达1.5万艘荷兰商船航行于世界各地，荷兰人被称为当时的海上马车夫。17世纪后期荷兰在与英国的海上争霸战争中落败，在与法国的陆战中也接连失利，从此走向衰落。

1596年，荷兰人在位于印度尼西亚的爪哇岛上建立了贸易基地，在这期间荷兰人对茶叶有了比较深入的了解。1601年，荷兰人的远洋船队到达中国广东沿海的海面上，但他们没有得到明廷的通商许可。1607年，荷兰人从中国澳门将福建武夷山的茶叶贩卖到印度尼西亚的爪哇岛，1610年再从爪哇岛装运上远洋商船运至荷兰阿姆斯特丹，这是历史记载的第一批出口到欧洲的中国茶叶。从遥远的东方不远万里海运来的茶叶，受到荷兰贵族和富裕阶层的青睐。

茶最初输入荷兰时价格极为昂贵，只有荷属东印度公司的高管和一些荷兰贵族才消费得起。与茶一起输入荷兰的还有精美的"中国瓷"茶壶和茶杯，当然价格同样昂贵。大约在1637年的时候，荷兰的贵族和富商太太用茶招待客人开始成为一种高级的时尚，以至于荷属东印度公司的商船从远东和印度驶回欧洲时总会被要求带上一些中国茶叶。1666年以后茶在荷兰的销售价格虽然有所降低，但是每磅售价依然高达200到250弗洛林。荷兰的富裕家庭都在家里设置了专门的"茶室"，喜爱喝茶的人还组成了饮茶俱乐部，饮茶一时成了荷兰全国性的时尚。1701年在阿姆斯特丹上演的著名喜剧《茶迷贵妇人》对当时荷兰全国上下迷恋饮茶的风潮作了生动的演绎。

荷兰自然科学家威廉·瑞恩在1640年就写下了《茶的植物学方面的观察》一文。1641的荷兰著名医学专家尼克勒斯·迪克斯博士（1593—1674）撰写出版了《医学观察》一书，书中从医学角度对茶的赞扬受到人们的关注：

无论是什么植物都不能与茶叶相提并论，这种植物既可以免除一切疾病，又可以延年益寿。除了增强体力外，茶叶还可以防止胆结石、头痛、发冷、眼疾、炎症、气喘、胃滞、肠病等，并且可以提神醒脑，对于夜间的思考与写作工作，效果很好。只不过茶具都是很珍贵的，中国人对茶具的喜爱程度，就像我们喜欢珍宝一样。

1660—1680 年，茶在荷兰逐渐普及。荷兰商人将中国茶叶运至阿姆斯特丹后再输出到德国、法国等欧洲各国，并且受到这些欧洲国家上层社会的喜爱和珍视。1685 年法国著名神父 P.D. 胡埃写了一首名为《可爱的茶》的 58 节拉丁文长诗，抒发了他对茶的喜爱，法国著名作家 P. 帕蒂发表了一首 560 节的长诗，诗名为《中国茶》，可见茶在当时德、法社会文艺圈中受欢迎的程度。荷兰人在对外殖民过程中也将饮茶文化传往了包括北美新阿姆斯特丹在内的海外荷属殖民地。

葡英联姻·凯瑟琳公主引领英国上流社会饮茶风尚

1662 年 5 月 13 日，14 艘英国军舰驶入了朴次茅斯港。领航的军舰是皇家查尔斯号，它上面载着一位尊贵的乘客——葡萄牙国王若昂四世的女儿凯瑟琳·布拉甘萨[1]，她是英国国王查理二世即将迎娶的王后。六天以后，查理二世赶到朴次茅斯，与凯瑟琳举行了婚礼。

皇室之间和贵族之间的政治联姻在欧洲的历史上不断重复上演。17 世纪中期以后曾经的海上强国葡萄牙的国力已经开始走下坡，而英格兰王国的海上力量正处于上升期，双方的联姻有其各自的政治考量和利益需要。当然这种不以爱情为基础的家族包办婚姻其幸福指数必然不会太高，甚至有传说查理二世是在财政困难、巨债缠身而葡萄牙国王许诺 50 万英镑嫁妆的情况下才同意这门婚事，事实上凯瑟琳公主带来的嫁妆只有当初允诺的一半，而且都是食糖、香料、瓷器、茶叶等实物。葡萄牙人是欧洲各国中最早到达中国和日本并接触到茶叶

【1】凯瑟琳·布拉甘萨：又称布拉干萨的凯瑟琳（卡塔里娜）或卡塔里娜·恩里克塔。

的欧洲人，远嫁英国的凯瑟琳公主在葡萄牙从小就养成了饮茶的习惯，成为查理二世王后的凯瑟琳将饮茶的习惯引入了英国王室和上流社会。她每天下午招待闺蜜在自己卧室里喝茶聊天，英国上流社会的贵族夫人和小姐争相模仿这种社交习惯而很快流传开来，并蔓延至英国社会的其他阶层。

1610 年，第一批茶叶由荷兰人从海上运到了欧洲。虽然此前葡萄牙人从东方带回过茶叶，但是荷兰人的这次茶叶贸易被认为是茶第一次作为商品进口到欧洲。荷兰成为欧洲第一个喝茶的国家，但是由于价格昂贵茶叶只是有钱人的专用品，随后饮茶传到了欧洲大陆的其他国家如意大利、法国、德国等国的上层社会。可能是由于隔着英吉利海峡而当时交通不便的缘故，17 世纪 50 年代以前英国没有任何关于饮茶的记录。

1657 年，伦敦有一间名为托马斯·加威的咖啡店开始销售茶叶，仅供贵族的宴会上使用，价格高达每磅茶 6—10 英镑。咖啡店主加威为了推广茶叶，采用张贴海报的方式进行了宣传：

> 茶叶的功效显著，因此东方的文明古国均以高价销售。这种饮料在那里受到广泛的欣赏，凡是去过这些国家旅行的各国名人，以他们的实验和经验所得，劝导他们的国人饮茶。茶叶的主要功效在于质地温和、四季皆宜，饮品卫生、健康，有延年益寿的功效。

> 茶叶可以提神醒脑、使人身体轻快，消除脾脏障碍，对于膀胱结石和尿道结石更为有效，可以清洁肾脏和输尿管。饮用时用蜂蜜代替砂糖。可以减少呼吸困难，除去五官障碍，明目清眼，防止衰弱和肝热。治疗心脏和肠胃的衰退，增加食欲和消化能力。尤其对经常吃肉和肥胖的人作用明显，可以减少噩梦，增强记忆力。如果熬夜从事研究工作，可以通过多饮茶，制止过度的睡眠，而且不伤身体。一些茶叶还可以治疗发热发冷，还可以与牛奶混饮，防止肺痨，医治水肿坏血。通过饮茶发汗、排尿，可以清洁血液、防止传染，也

可以清洁胆脏。由于茶叶的功效很多，所以意、法、荷及其
他各国的医生和名人都争先饮用。

海报中的一些用语引自中国古代医书以及到过东方的传教士的描
述。海报起到了很好的宣传效果，许多患有胃弱体胖以及消化不良、
排泄不畅的人都把茶叶当作能治百病的良药。

1658 年 9 月 23 日的伦敦《政治快报》上刊登了一则中国茶的
广告：

> 为所有医师所认可的极佳的中国饮品。中国人称之茶，
> 而其他国家的人则称之 Tay 或者 Tee。位于伦敦皇家交易所附
> 近的斯维汀斯–润茨街上的"苏丹王妃"咖啡馆有售。

伦敦的咖啡馆是男人们谈生意和讨论政治的场所，最初只提供咖
啡，后来增加了茶和巧克力两种饮品。然而在 1660 年以前，茶在英
国仍然是比较罕见稀有的东西。1662 年，远嫁英国、把茶作为嫁妆的
葡萄牙公主凯瑟琳将饮茶的习惯带进了英国王室和上层社会，并逐渐
使茶成为中产阶级和普通民众的饮品。17 世纪下半叶，英国的茶叶消
费量和进口量还比较小，英国东印度公司在 1664 年下了第一笔订单，
从爪哇运回了 100 磅中国茶叶。1678 年采购量增加到 4 713 磅，1685
年再增至 12 070 磅，到 1690 年则增加到了 38 390 磅。英国牧师约
翰·奥文顿在 1699 年写道："近年来饮茶变得如此盛行，以至于它既
受到学者的青睐，也受到工匠的喜爱；既出现在宫廷的宴会上，也出
现在公共娱乐场所。"饮茶逐渐得到英国人的接受和喜爱。

18 世纪英国的茶叶需求量以惊人的速度增长。1721 年英国从海关
进口的茶叶总量达到了 1 241 629 磅，1750 年进口量增加至 4 727 992
磅，此外事实上还有许多走私茶进入英国。当时英国高达 119% 的茶
叶税导致了茶叶走私十分猖獗，威廉·皮特 1783 年当选英国首相后推
动国会在 1784 年通过了《抵代税法》，将茶税税率降到了 12.2%，使
茶叶走私很快就销声匿迹了。英国财政部从降低茶税中获得了长远利
益，茶叶的正规进口量迅猛增长，以至征收到的税款很快恢复到了未
减税时期所征收税款的水平。

18 世纪下半叶，英国的茶叶零售由早期的药店、咖啡馆转到了食品杂货店。税法要求开展茶叶零售必须取得许可并将许可标志悬挂于商店门口。当时为了推行《抵代税法》，英国的税务人员对全国的茶叶销售商进行了详细的调查统计。1783 年，英国共有 33 778 个获得许可的茶叶经销商，销售的茶叶有三分之二是红茶，三分之一是绿茶。1801 年，全国共有 62 065 个茶叶经销商，按当时英国的人口比例 174 个人当中就有一个茶叶经销商。

茶叶由上层社会向中产阶级和下层民众普及是数量众多的英国茶叶经销商产生的重要原因。18 世纪 90 年代一本名为《穷人的状况》的书基于实地调查详细记录了英国各地穷人的饮食状况。书中记录很多英国的穷人都定期购买茶叶和食糖，一个典型的体力劳动者家庭每星期会购买 2 盎司茶叶，加上购买用于加入茶中的糖，两项费用占了其家庭收入的 5%—10%。可见到了 18 世纪末，英国人不论是富人还是穷人，茶叶已经成为他们生活当中一个不可或缺的重要组成部分。

这就容易理解为什么在 19 世纪中叶，不生产茶叶而民众对茶具有巨大依赖的英国在茶叶进口得不到保证的时候，会采用倾销鸦片甚至不惜发动战争的方式来获得茶叶，并且急切地想方设法在英属印度殖民地引种中国的茶树，20 世纪初又在非洲肯尼亚等地开辟新的茶叶种植园。

1840 年，英国贝德芙公爵夫人安娜创造了英伦下午茶，用红茶配以精美西式点心，成为闻名世界的维多利亚下午茶。

🍃 驿站　风靡世界的英伦下午茶

名闻天下的英伦下午茶，也被称为维多利亚下午茶，是英国人自维多利亚时代延续至今的下午喝红茶、吃点心的传统。

1662 年，英国国王查理二世迎娶了葡萄牙国王若昂四世的女儿、布拉甘萨王朝的凯瑟琳公主。17 世纪中期世界上两个海上强国的王室联姻，婚礼必然举世瞩目而隆重，嫁妆自然也极为丰厚。公主的随身陪嫁品中包含了中国瓷器和221磅红茶，当时中国瓷器是风靡西欧上层社会的奢侈品，中国茶叶则是与金银一样的贵重物品。凯瑟琳成为查理二世的王后之后，迅速变成英国人尤其是上层社会万众关注的焦点，她的穿衣打扮、家具用品、饮食爱好……所有与她有关的东西都成为英国王公贵族及上流人士的热点新闻和闲暇谈资。特别是凯瑟琳王后每日下午的饮茶习惯引来许多英国贵族夫人和小姐的纷纷效仿，喝茶成为贵妇们融入王后社交圈的门槛和重要途径。

当时英国还没有同中国建立直接贸易往来。中国的瓷器、丝绸、茶叶等通过西亚和欧洲的其他国家进入英国，英国的王室、贵族和富商才能使用来自中国的物产，茶叶量少珍贵，而且价格十分高昂。当时茶叶的价格高得离谱，一磅茶叶的价格相当于工薪阶层一年的收入。根据英国史学家埃利斯的考证："除了社会上层最富有的人，其他人都不可能负担得起茶叶。因此茶叶成为贵妇与王室结交的手段，通过茶叶与凯瑟琳结交便是最好的方式。"当时英国上层社会饮茶用的茶壶、茶杯、杯托等器具都是中国货，与20世纪后期中国货在国际上以"物美价廉"著称不同，17世纪的中国货在英国是"高品质、高价格、上层人士用品"的标志。这个情形与20世纪80年代中国刚刚改革开放时，美、日、欧各国出口到中国的货品受到中国民众"崇洋媚外"式的喜爱很相似。

英国人饮茶用的中国瓷器在英国十分风靡，这与凯瑟琳的母国葡萄牙有关。葡萄牙当时是中国瓷器出口到欧洲线路上的重要一站，精致漂亮、价格昂贵的中国瓷器极受葡萄牙、英国等欧洲国家上层人士和富裕阶层的喜爱，其流行程度不亚于21世纪初的人们钟爱和追捧最新款的苹果手机。中国瓷器的稀少和贵重，才让它能够被选为凯瑟琳公主的嫁妆。凯瑟琳婚后生活在英国伦敦，她利用这些精美的瓷器增加了下午喝茶活动的情趣和仪式感，也使英国的上层社会对中国瓷器更加趋之若鹜。凯瑟琳公主对于英国茶文化的形成起到了重要的示范推动作用。

1663年，英国诗人和政治家艾德蒙·沃勒写了第一首英文茶诗

《论茶》，歌颂饮茶王后凯瑟琳：

> 花神宠秋色，嫦娥矜月桂。
>
> 月桂与秋色，美难与茶比。
>
> 一为后中英，一为群芳最。
>
> 物阜称东土，携来感勇士。
>
> 助我清明思，湛然祛烦累。
>
> 欣逢后诞辰，祝寿介以此。

原诗为：

On Tea

> Venus her Myrtle, Phoebus has his bays;
>
> Tea both excels, which she vouchsafes to praise.
>
> The best of Queens, and best of herbs, we owe
>
> To that bold nation, which the way did show
>
> To the fair region where the sun doth rise,
>
> Whose rich productions we so justly prize.
>
> The Muse's friend, tea does our fancy aid,
>
> Repress those vapours which the head invade.
>
> And keep the palace of the soul serene,
>
> Fit on her birthday to salute the Queen.

贝德芙公爵夫人安娜发明了英式下午茶

"英式下午茶"在 19 世纪 40 年代成为英国人饮茶活动的正式称谓。英国贝德芙公爵夫人安娜发明了喝下午茶这个主题活动，为英国贵族太太和小姐们找到了一种打发时光和社交的方式。那时英国人一天当中通常只有两餐——早餐和晚餐，晚餐大约是在晚上八、九点左右。每天下午的时候，距离穿着正式、礼节繁复的晚宴还有段时间，肚子会有点饿，无所事事的贵族夫人小姐容易感到意兴阑珊、百无聊赖。安娜夫人此时请女仆准备几片烤面包和奶油，泡一壶红茶聊以果腹，后来她在下午饮茶时邀请几位闺蜜好友到家里来共享美味红茶与精致点心，一起度过轻松惬意的午后时光。没想到一时之间，这种休闲方式在当时的贵族社交圈内蔚为风尚，名媛仕女纷纷仿效。下午茶受到英国上流社会的普遍欢迎，绅士们有了一个可以高雅交谈的时间，贵妇淑女们则多了一个可以毫不吝啬地展示她们华美衣饰的机会和场所。英式下午茶兴起时正值英国的维多利亚时代，所以也被称为"维多利亚下午茶"，这个饮茶传统一直延续到今天，形成了一种优雅自在的下午茶文化，被标识为正统的"英国红茶文化"。

英式下午茶的茶叶、茶点、茶器、场景和礼仪

时间是最好的调音师和装饰家，英国下午茶在漫长的时光里逐渐形成了规范的程序和礼仪。举办正式下午茶会的主人通常会制作并发出邀请函，英国人最喜爱的饮茶时光集中在下午 3：00—5：00，下午茶最正统的时间是下午四点钟。王公贵族和仕女们都把下午茶视为一项十分重要的高端社交活动，男人和女人们都会盛装出席。现在每年白金汉宫举办的正式下午茶会，男宾依然遵照传统身着燕尾服、头戴高帽并手持雨伞，女性则身穿华丽的裙装、戴花式的帽子。英国下午茶通常由发起茶会的女主人身着正式服装亲自为客人服务，以表示茶会的隆重和对来宾的尊重。

早期由于茶叶在英国十分昂贵，平时被储藏在精美的箱子中，在宾客到来后由女主人当众开箱展示，得到观赏和赞美后再泡茶招待客人。在 19 世纪中期印度、锡兰（今斯里兰卡）等地的茶叶还没有种植并输入英国以前，英国下午茶使用的茶叶主要是来自中国的红茶，直到今天一些崇尚传统的英国人将中国的正山小种茶奉为经典而格外钟爱。19 世纪中期以后，随着英国人将中国茶树、茶籽引入印度、斯里兰卡等地种植并大量输往英国，英式下午茶普及至社会各个阶层，被选用为制作下午茶的茶叶有大吉岭红茶、锡兰红茶等。

正统英式下午茶的点心用三层点心瓷盘盛装，每一层点心下衬铺着缀有蕾丝花边的白布。底部第一层放佐以熏鲑鱼、火腿、小黄瓜的条形三明治，中间第二层放搭配果酱或奶油食用的英式奶油松饼

（Scone），最上的第三层则放时令性水果塔及蛋糕，食用时由下层至上层按序取用。茶点的食用顺序遵从味道由淡而重、由咸而甜的规则。宾主先品尝带点咸味的三明治，啜饮几口芬芳四溢的红茶之后，再取食涂抹上果酱或奶油的英式松饼，让甜味、奶香与茶韵在口腔中慢慢迷漫开来，最后食用鲜甜厚实的水果塔，多层次的香味、果味渐次散发而致融合，引领宾客渐进式达到英伦下午茶的高潮。

英国人对茶品有着无与伦比的热爱与尊重，因此喝下午茶的程序和态度往往十分严谨。繁复的程序彰显仪式的隆重，隆重的仪式则需要多样的器物来承载和展现。正式的英国下午茶备有整套精美的茶具，包括：①茶杯；②茶壶；③三层或二层点心盘；④糖罐；⑤奶盅瓶；⑥保温棉罩；⑦茶匙；⑧托盘；⑨计时沙漏；⑩滤茶器；⑪茶叶量匙；⑫摇铃；⑬蕾丝桌巾；⑭温热器；⑮个人点心盘；⑯果酱及奶油盘；⑰奶油刀、蛋糕夹、蛋糕铲、叉等餐具；⑱茶渣碗；⑲瓷器热水壶。

在维多利亚下午茶传统里，英国人会精心布置客厅或花园，以家中最好的房间和最好的瓷器来招待宾客。饮茶场所力求安静雅致，品茶器皿追求豪华精美，茶点准备丰富可口，以此着意营造恬静、惬意且华美丰硕的饮茶氛围。上等的茶叶，配以精致的点心，加上悠扬的古典音乐作为陪衬，以轻松、愉悦的心情，与知交好友共度一个下午的优雅时光。

英国人非常重视下午茶活动时应对进退的礼仪。宾主衣着得体，举止从容，谈吐优雅。在维多利亚时代，女士去赴下午茶会时得穿缀了花边的束腰蕾丝裙，动作轻缓、优雅地品尝主人精心准备的红茶和点心，当有人从面前经过时都要礼貌地轻轻挪动身姿、报以微笑，相互交谈的声音轻柔细小，举止仪态万方。男士衣着简洁明朗、高雅入时，举止彬彬有礼，行为稳重而得体，十分注重绅士形象及气质。整个下午茶过程中，英国人无论男女皆尽情展现自己的文化气质和个人修养，英式下午茶会成为了当时英国人仅次于晚宴和晚会的社交场合。

英式下午茶的精神传承与社会普及

流行于上层社会和富裕阶层的事物，如果所费资源和物质条件具备，便很容易为中下层社会民众所模仿和普及。英式下午茶在发展中不仅成为英国人生活的重要内容，并且逐步融入为英国文化的一部分。

由于英式下午茶文化的熏陶，英国文学家经常表现出对于下午茶的赞美。英国文坛泰斗塞缪尔·约翰逊（1709—1784年）称自己为"与茶为伴欢娱黄昏，与茶为伴抚慰良宵，与茶为伴迎接晨曦的茶鬼"。剧作家皮内罗（1885—1934年）对品茶文化更是赞赏备至："茶之所在，即是希望之所在。"

一首英国民谣这样唱道："当时钟敲响四下时，世上的一切瞬间为茶而停。"

英式下午茶犹如古老的传说，从维多利亚一直延续到今天。它传达的不仅是精致和高雅，也是一种生活态度。现在英式下午茶的程序已经简化，而茶的冲泡方式、喝茶时摆设的优雅、丰盛的茶点这三个特征被视为正式下午茶的传统而保留下来。下午茶普及到普通民众家庭以后，人们利用下午茶的时间走亲串友，选在家中最好的客厅里，宾主共同品茶和食用茶点，闲聊诸如自然、人文、艺术的话题，或者进行家事等内容的交流。

也有的英国人甚至多年如一日地坚持在午后固定的时间，在自家客厅、某个酒吧或咖啡馆角落的落地窗前一边饮茶，一边观赏窗外某一幅固定景色，每天观察窗外景色与前一天的细微差别，三百六十五天的同一时刻只见一个地方的一个景物。这很容易让中国人想到"孤舟蓑笠翁，独钓寒江雪"的场景，只是温度和文化背景迥异，然而境界却同样达到了高处不胜寒的哲学意境。作为善意的理解，这是一种浪漫，也是一种英国式的执着。不少英国人往往一个人也会按照标准的程序和场景，很有仪式感地享用下午茶，一招一式，毫不敷衍。

英国下午茶的高低之分：high tea（高茶）与 low tea（低茶）

在汉语的语境里，高和低在具有价值判断的使用场景中，高一般有好或优的趋向，而低一般则有差或弱的表意。但是在中性的客观描述中，高和低只是对存在物的一种相对性表述，比如树的高低、房屋的高低、桌椅的高低等。中国的银行对于普通的储蓄客户提供高柜服务，指在营业网点的大厅里设置的柜面较高的面对面服务，而银行对于需要理财的 VIP 客户则提供低柜服务，指在营业网点的后侧或二楼设置柜面较低、客户可以坐下来办理业务的面对面服务。

传统意义上英国的下午茶区分为"高茶"与"低茶"，"高低"之分历史上实源于享用下午茶的桌子的高度。早期英国的王公贵族及夫人小姐享用下午茶的茶会主要在花园或客厅里举行，茶和茶点都盛放在较低的客厅咖啡桌或茶几上，参加茶会的人都是坐着喝茶聊天，这被称为 low tea（低茶）。后来下午茶逐渐普及至中产及工薪阶级，很多白领职员或蓝领工人会在酒吧或咖啡厅的高桌上喝上一杯下午茶、吃几片甜点，或者在家里较高的饭桌上喝一杯下午茶，这被称为 high tea（高茶）。所以英式下午茶中所谓"高茶"和"低茶"，只是取意于享用下午茶的桌子的高低，从场景和人物而言，似乎"低茶"反倒更高雅一些。

英国人发明高品骨瓷（bone china）与英式下午茶相映生辉

在维多利亚时期，英国的王公贵族和富裕阶层在饮茶时都以使用中国瓷器为荣耀，来自神秘东方的精美瓷器还是英国上层社会的收藏品。当时欧洲自产的瓷器在釉泽、色彩、质地方面远不及中国瓷器，而且遇热水时容易爆裂，因此使用欧洲产瓷器制作下午茶的人家一般会在茶壶中先加入奶，然后再冲入热茶，以免出现瓷壶爆裂的尴尬场面。18 世纪末期，处于工业革命时期的英国人在瓷器生产制作上开展的工业竞赛改变了这一状况。

1794 年英国人发明了骨瓷。千百次的试验中，在黏土中加入牛、羊等食草动物骨灰烧制成的瓷器不仅釉质漂亮而且坚固、透光性好，色泽呈天然骨粉独有的自然奶白色。它的轻薄与透明呈现天然的美感，它的强韧和不易碎又赋予了骨瓷坚韧不折的品格特征。瓷器设计师们巧夺天工的设计和描绘，令骨瓷茶具呈现润泽如玉、细腻通透的千姿百态。骨瓷的出现与传统英式下午茶相得益彰，令英式下午茶更显多姿多彩的情调，平添了几份本地物产的契合和工业化带来的自信。

瓷器制作原料中含骨粉 25% 以上一般就可称为骨瓷，按国际公认的标准骨粉含量须高于 40% 以上。质地最好的骨瓷含有 45% 的优质牛骨粉，器具颜色呈乳白色，属于高档骨瓷。英国最初的骨瓷均采用天然牧场的小牛骨做原料，以此保证骨质纯正，并经过素烧、釉烧二次烧制成器。

骨瓷的制作是一种艺术品创造，以精美的工艺营造润泽如玉、细腻通透的视觉效果。经过灌浆、模压制胚、石膏模脱水，初烧、上釉烧、贴花纸烤制等工艺流程，1 300 度以上的高温才能烧制成白度高、透明度高、瓷质细腻的骨质瓷器。由于骨瓷在烧制过程中对规整度、洁白度、透明度、热稳定性等物理指标要求极高，烧制成形的技术难度很高，成品的废品率比较高。烧制成功的骨质瓷器呈现乳白、细腻、透光、轻巧的特征，器壁厚度薄、强度韧性高，器形轻盈而灵动，釉面光洁柔润。高品质的骨瓷其画面绚丽典雅、线条流畅美观，彰显出优雅的气质。

骨瓷曾经是身份和富贵的象征，现在依然是国家机构、豪门望族、富裕阶层、高级白领和文雅人士们所崇尚的对象。英国皇室、唐宁街十号仍然使用英国产骨瓷，西方上流社会阶层饮茶也多用骨瓷茶具。骨瓷在时间的长期淬炼中，历经了最挑剔的选择和最严酷的淘汰，形成若干经典品牌。现在全世界知名的十大骨瓷品牌中英国包揽了前 7 名，日本、德国、丹麦分占 1 席。

皇家道尔顿（英国）　皇家道尔顿（Royal Doulton）创立于 1815 年，是英国最大骨瓷出口制造商，也是英国皇家御用瓷制造商，有权使用 Royal 字样，曾被维多利亚女王誉为"世界上最美丽瓷器的制造者"。

韦奇伍德（英国）　韦奇伍德（Wedgwood）是达尔文的外公，他是一位传奇人物，被誉为英国瓷器之父，在欧洲瓷器发展史上具有很高的地位。韦奇伍德的瓷器大都采用圆弧线形，造型圆润而精致。

皇家伍斯特（英国）　皇家伍斯特（Royal Worcester）是英国伍斯特郡制造的瓷器，始创于 1751 年。伍斯特瓷器以手绘出名，它的瓷胎细腻，上绘花鸟动物，由于画工精细而具有很高的收藏价值。

安兹丽（英国）　安兹丽（Aynsley）由欧洲瓷器制作大师约翰·安兹丽 1775 年创立，其骨瓷制作采用的牛羊骨粉全部来自荷兰阿姆斯特丹，工艺考究，被英国王室选为御用。

雪莱（英国）　雪莱（Shelley）源于 1860 年创建的弗利（Foley）瓷器，1925 年正式更名为雪莱（Shelley）。它的瓷器追求最高品质，骨粉含量的技术指标最高达到了 52%。1966 年雪莱并入了皇家道尔顿。

斯波德（英国）　斯波德（Spode）骨瓷正式问世于 1799 年，瓷品细致秀润，近乎半透明，被英国王室选为御用瓷器供应商。

丹侬（英国）　丹侬（Dunoon）是瓷器业中的后起之秀，创建于 1973 年，它采用纯手工制作，经过三次高温煅烧，共 27 道工序，以骨瓷水杯最为著名。

日高（日本）　日高（Nikko）品牌创立于 1908 年，是日本陶瓷中最显赫的名字之一，它将日本文化中独特的精致韵味融入了瓷器设计和制作。

梅森（德国）　梅森（Meissen）最早创始于 1710 年，素以高雅设计、皇家气质、纯手工制作闻名遐迩。白色底盘上两把交错的蓝剑是梅森百年经典的象征标识。

皇家哥本哈根（丹麦）　皇家哥本哈根（Royal Copenhagen）出品了著名的"丹麦之花"系列，以其对自然植物的精确描绘和高超制作手艺成为丹麦国宝。

一路向西·茶由陆路向西传入土耳其和俄国

土耳其

土耳其地处欧亚两大洲的连接处，地理位置和地缘政治战略意义十分重要。土耳其的前身是奥斯曼一世于 1299 年建立的奥斯曼帝国，奥斯曼帝国在强盛时期疆域横跨欧洲、亚洲和非洲，东西方文明在这里相遇而得到统合。进入 20 世纪以后，特别是在第一次世界大战中成为战败国，奥斯曼帝国逐渐走向衰落，但是辉煌的历史也令土耳其人始终有一个大国复兴的梦想。

中国茶叶对外贸易最早的记录是 473—476 年，当时已经有突厥商人到我国西北边境开展以物易茶的活动记载。那时正值中国南北朝时期，突厥商人在边境通过以物易物的方式与我国开展包括瓷器、茶叶、丝绸在内的边境贸易，当时的突厥商人中包括了土耳其人。但是在 1900 年以前，土耳其人最喜欢的饮料是 15 世纪传入奥斯曼帝国的咖啡，奥斯曼帝国作为埃塞俄比亚和也门的宗主国长期享受着这两个咖啡盛产国供应的低价咖啡，被禁止饮酒的穆斯林格外热爱能够令人兴奋的咖啡，到 19 世纪仅伊斯坦布尔一地就有 2 500 多家咖啡馆，军官、文人、店主、工匠等各阶层男性都有自己经常光顾的咖啡馆，他们在咖啡馆里阅读、闲聊或观看说唱歌手的表演，咖啡馆成为土耳其男人们聚会的重要场所。

1914 年第一次世界大战爆发，奥斯曼帝国解体，除了此前已经脱离奥斯曼控制的埃塞俄比亚，咖啡的中转地埃及被英国占领，也门在 1918 年脱离奥斯曼独立，土耳其的咖啡供应线被切断了，咖啡在土耳其的价格高涨到人们喝不起的程度。苏俄红军饮用红茶替代饮酒提振士气和作战能力的方法启发了土耳其人，土耳其共和国的缔造者凯末尔意识到北方格鲁吉亚的茶叶可以代替咖啡成为土耳其人用以提神的饮品，于是号召人们以喝茶代替咖啡，并形成了一场全国性的爱国运动，从格鲁吉亚输入的茶很快在土耳其全国流行起来。同时土耳其决定在气候、土壤等适合茶树生长的里泽地区大规模开展茶叶种植并获得了成功，第二次世界大战以后里泽地区产出的茶叶已经能够满足土耳其人的茶叶消费，茶替代咖啡成为土耳其的主要饮料。

现在茶已经成为土耳其的"国饮"，喝茶已经成为土耳其人的一种生活习惯，更是一种生活态度。土耳其人尤其爱喝红茶，土耳其红茶入口甘醇香浓、回味无穷，喝过几遍很容易会上瘾。在土耳其街头，经常可以看到茶馆的卖茶郎手拿精致的托盘，上面放着几杯茶汤红酽的土耳其红茶，穿街走巷给周围的店铺送茶。土耳其的男女老少基本上都爱喝茶，早、中、晚三餐都要喝茶，与邻居、朋友闲聊时也爱拿一杯红茶谈笑风生。按照国际茶叶协会 2018 年披露的统计数据，土耳其人已经成为全球人均茶叶消费量最高的国家，土耳其人被誉为全世界最爱喝茶的人。

土耳其人开始种茶制茶的历史始于 19 世纪后期，1888 年土耳其从日本传入茶籽试种，但是没有获得成功。1937 年土耳其又从格鲁吉亚引入茶籽种植，格鲁吉亚的茶种 1893 年引种自中国，这次种茶获得了成功。经过不断开发，特别是在国家采取多种鼓励性举措之后，土耳其的茶业生产逐步走上了规模化发展之路。土耳其现在已是全球十大产茶国之一，2018 年排名全世界第五位。

俄国

6 世纪时，中国茶叶最早由回纥（788 年改称回鹘）运销至中亚而传入俄国。元代（1271—1368 年）时蒙古人远征沙俄，军队将饮茶文化进一步传入俄国，但是俄国人在 17 世纪以前并未形成饮茶的风习。一直到清朝时，中国茶叶输入俄国开始逐渐增多。

明朝对茶叶贸易控制很严，当朝驸马因私贩茶叶而被朱元璋处斩。《明史》记载："太祖时，茶法初行，驸马欧阳伦以私贩论死，而高皇后不能救。"1618 年，中国公使携茶赴俄国，向俄国沙皇和政府馈赠茶叶。当时俄国人还没有饮茶习惯，因此并未引起重视。1638 年，俄国使臣瓦西里·斯塔尔科夫从蒙古将中国茶带去了俄国。直到 18 世纪初，中国茶叶开始经由蒙古从陆路批量销往俄国，当时在俄国出售的中国茶叶十分昂贵，只有王公贵族、地方官吏才买得起。1727 年中俄签订互市条约，以恰克图为中心开展陆路通商贸易，茶叶是当时中俄贸易的主要商品。从中国通往恰克图的主要商路有两条：一条从汉口出发，经汉水运至襄樊、河南唐河、社旗，上岸后由骡马驮运北上至张家口，或从右玉的杀虎口进入内蒙古的呼和浩特，再分销运往外蒙古、俄国；另一条是东南茶区的茶叶从汉口顺长江而下运至上海，从上海装船转运天津，再用骆驼从陆路运至恰克图交易，转输西伯利亚等地，开创了中国东南茶区至俄罗斯恰克图的"万里茶道"。由此中国茶叶大量进入俄国，18 世纪 50 年代以后俄国饮茶逐渐形成风尚，对茶叶的需求量与日俱增。

对茶形成依赖以后寻找自给自足的途径是一种必然的选择。1833 年，俄国开始从中国引进茶籽、茶苗试种于格鲁吉亚一带，但都未获得成功。1893 年，应俄国人波波夫的邀请，宁波茶厂的刘峻周等 10 人赴高加索地区栽种茶树，在格鲁吉亚种植了 80 公顷茶园，建成了一座小型茶厂。1896 年刘峻周回国后于次年携家眷再赴格鲁吉亚，在阿扎尔种植茶树 150 公顷，建立恰克瓦茶厂，生产的"刘茶"在俄国十分出名，刘峻周在俄国获得了很高的声誉，1911 年和 1924 年分别被沙俄政府和苏联政府授予勋章。到 20 世纪 80 年代末，格鲁吉亚的茶叶进入鼎盛时期，拥有 6.7 万公顷茶园，年产茶超过 50 万吨，产量位居世界第四位，占苏联茶叶总产量的 95%，除供应苏联各加盟共和国外，还出口到土耳其、德国等国家。20 世纪 90 年代以后，由于苏联解体以及经济衰退等原因，格鲁吉亚的茶业急剧萎缩，茶园种植面积降至 4 万公顷并持续减少，到 2018 年时格鲁吉亚的茶园面积仅 6 000 公顷，当地茶叶的需求主要依赖进口。

第六辑

芽茶大兴于明清·
全球化背景下茶叶
成大宗国际商品

元朝何以成了茶文化的低谷

唐宋和明清可称为中国茶叶史上的兴盛双峰,处于中间的元朝则明显地成为一个低谷,史书中写得比较肯定的提法是起到了承上启下的作用。宋朝时饮茶已经成为朝野上下的普遍风习,上层的王公贵族和文人雅士自不必说,《水浒传》中也描写到茶已普及至下层民众,河北郊外的小县城里也开有茶馆、茶铺。到了明朝,散茶的兴起更加快了茶叶向社会各阶层和日常生活的普及,各类茶书著述在历代中最为丰富,紫砂壶在泡茶道的流行中应运而生,有的欧洲商人的游记中甚至提到了明朝的中国人普遍饮茶的情景。唯有处于宋朝和明朝之间,享国不足百年的元朝,饮茶似乎成了一个低潮时期,历史上的记述亦相对较少。没有史料表明元朝时出现了导致茶叶生产出现大量减产的天灾人祸,也没有证据说明元朝时人们已经改变了饮茶的风习,事实上在元朝建立前蒙古人已经养成了饮茶的习惯,在鼎定中原、统御天下以后更没有理由中断饮茶的风习。据《元史·食货志》记载,元朝时已有专门卖茶的商户,政府也设立了专门的管理机构,元朝的几位皇帝也都喜爱喝茶,那么唯一的可能是元朝饮茶依然风行,但是茶文化和史实记述相对式微而传世较少。

造成这种境况与元朝统治者不重视汉文化有关联。蒙古人虽然十分嗜茶,但主要是生活饮食需要,对于烹茶品茗、茶道礼仪等视为繁文缛节,对于习惯于弯刀骑马的游牧民族而言,大碗喝酒、大块吃肉、大杯饮茶才是快意人生。元朝统治者将人分为十等,一官、二吏、三僧、四道、五医、六工、七匠、八娼、九儒、十丐,读书人只排在第九等,低于娼妓高于乞丐。加上承载汉文化的读书人主观上认为家国被北方夷族所占领,自身地位又十分低下,很少会像宋代的文人雅士那样以茶宴友、以茶为风雅主题吟诗作赋，有关元朝茶文化的记述自然少之又少，由此形成了元朝在史册中茶为低潮时期的状态。

元朝时也有很多雅士学者避世不仕，隐于山林、寄情书画，或者醉心于民间戏曲。画家倪瓒绘有《龙门茶屋图》传世，画上题诗云："龙门秋月影，茶屋白云泉。不与世人赏，瑶草自年年[1]。上有天池水，松风舞沧涟[2]。何当蹑飞凫[3]，云采池中莲。"体现出孤高自守的文人情怀。元曲家关汉卿、张可久、李德载等均有关于茶的散曲流传后世，其中《乐府群珠》收录了李德载10首咏茶小令，叙茶史、引茶典、写茶艺、述茶事、言茶类、咏茶人、话茶水、说茶具，语言生动、描述细致，成为难得的留给后人研究元代茶文化的重要素材。

【1】瑶草：指茶树。
【2】沧涟：起微波的水。指茶汤。
【3】蹑（niè）：追踪。凫（fú）：野鸭。

朱元璋一纸诏令·芽茶兴起

元朝末年，统治者的高压统治导致了民变，1351年5月红巾军起义爆发。布衣出身的朱元璋投奔加入红巾军并屡立战功，在军中升至左副元帅。1356年，朱元璋率军占领集庆（南京），改名为应天府，攻下周围战略要地，采取"高筑墙、广积粮、缓称王"的策略壮大实力。1368年1月，朱元璋在应天府称帝，国号大明，年号洪武。同年元顺帝被明军赶至漠北，元朝统治结束。

朱元璋即位后，采取轻徭薄赋的政策，社会经济得到恢复和发展，史称洪武之治。洪武二十四年（1391年），明太祖朱元璋颁下诏令，为减轻茶户劳役而"废团兴芽"："岁贡上供茶，罢造龙团，听茶户惟采芽茶以进。"所谓"芽茶"就是宋、元时期民间百姓制作饮用的"散茶"，散茶制作工序相对简易，不如团茶费时费力，从此散茶崛起成为主流，也改变了此后600年中国乃至世界茶业的走向。

明朝的名茶

根据明朝茶书的记载，由于"废团兴芽"茶政的实施，蒸青和炒青的芽茶品种不断增多。明朝的名茶计有五十多种。主要有：江苏苏州的虎丘茶、天池茶；浙江杭州的西湖龙井；安徽六安的六安茶；浙江长兴的罗岕茶；福建崇安（治今福建武夷山）的武夷茶；云南西双版纳的普洱茶；安徽歙县的黄山云雾茶；安徽休宁的新安松萝茶；安徽石台的石埭茶；浙江绍兴的日铸茶、小朵茶、雁路茶；浙江诸暨的石笕茶；浙江临安的天目茶；浙江嵊县（今浙江嵊州）的剡（yǎn）溪茶等。

🍃 驿站　朱权·爱茶王爷著《茶谱》

1398 年，朱元璋去世，皇太孙朱允炆即位，年号建文。建文帝为巩固皇权，减除封王在外的叔叔们的掣肘，与亲信大臣密谋削藩，燕王朱棣发动"靖难之变"，以"清君侧，靖国难"名义起兵，率军南下攻占南京，建文帝在宫城大火中下落不明。1402 年，燕王朱棣即位，年号永乐，即明成祖，也称永乐帝。1421 年明成祖迁都北京。

朱权（1378—1448），朱元璋第十七子，封宁王，号臞仙，又号涵虚子、丹丘先生。朱权少时封地为大宁（治今内蒙古宁城县），带兵打仗颇有谋略。朱棣即位后，削了朱权的兵权，朱权申请改封至苏州或钱塘（治今浙江杭州）均未果，后改封到南昌。从此朱权隐居南方，韬光养晦，以茶明志，鼓琴读书，不问世事，将心思寄托于道教、戏剧、文学、茶道。

朱权多才多艺，曾奉命编辑《通鉴博论》二卷，写成《家训》六篇，《宁国仪范》七十四章，《汉唐秘史》二卷，《史断》一卷，《文谱》八卷，《诗谱》一卷，其他记载、编纂数十种。朱权还擅长戏剧和古琴，所作十二种杂剧现存《冲漠子独步大罗天》《私奔相如》两种，编有古琴曲集《神奇秘谱》和评论专者《太和正音谱》，制作的"中和琴"是历史上的旷世宝琴，被称为明代第一琴。

朱权饮茶交友、悉心茶道，将自己的饮茶经验和体会总结撰写成《茶谱》，对中国茶文化颇有贡献。《茶谱》全书约 2 000 字，除绪论外，下分十六则，即品茶、收茶、点茶、熏香茶法、茶炉、茶灶、茶磨、茶碾、茶罗、茶架、茶匙、茶筅、茶瓯、茶瓶、煎汤法、品水。其绪论中言："盖羽多尚奇古，制之为末，以膏为饼。至仁宗时，而立龙团、凤团、月团之名，杂以诸香，饰以金彩、不无夺其真味。然天地生物，各遂其性，莫若叶茶烹而啜之，以遂其自然之性也。予故取烹茶之法，末茶之具，崇新改易，自成一家。"

《茶谱》中的论述表明朱权饮茶并非只是浅尝于茶本身，而是将其作为一种表达志向和修身养性的方式："予尝举白眼而望青天，汲清泉而烹活火。自谓与天语以心志之大，符水火以副内炼之功。得非游心于茶灶，又将有裨于养之道矣"，"凡鸾俦侣，骚人羽客，皆能志绝尘境，栖神物外，不伍于世流，不污于时俗。或会于泉石之间，或处于松竹之下，或对皓月清风，或坐明窗净牖。乃与客清谈款话，探虚玄而参造化，清心神而出尘表。"

朱权对传统品饮方式和茶具进行了改革和探索，开简易清饮风气之先。他主张保持茶叶的本色、真味和自然之性，以沸水冲泡芽茶的饮茶式能够更好地欣赏和品味到茶叶的色、香、味、形之美，品悟到茶的本味与真情。他提出了行茶时设案焚香等礼仪，可以增加素雅庄穆的气氛，寄寓通灵天地之意。朱权的品饮艺术，经后辈茶人改进与完善，形成了一套简易而新颖、影响深远的品饮方式，推动茶的品饮逐渐演变成今天用沸水直接冲泡的形式。

朱权创意构思的一套行茶礼仪与日本茶道的礼仪有异曲同工的相仿流程：先让一个侍童摆好香案，焚香以静气，再让另一侍童取出茶具，汲清泉、碾茶末、烹沸水，等水沸如蟹眼之时注入大茶瓯中，茶味泡出时分注到小茶瓯之中。然后主人起身，举瓯对客人说："为君以泻清臆（为您一抒胸臆）"，客人起身接过茶，举瓯应道："非此不足以破孤闷"。然后宾主各自坐下，饮完一瓯后侍童接瓯退下，主客之间礼让再三，其间谈古论今、吟诗作赋或琴棋相娱。焚香弹琴、烹茶待客，这样的茶礼成为明代文人雅士饮茶的典型场景，对日本茶道的饮茶仪式也产生了影响与启示。

泡茶道的兴起也推动了茶具的革新。朱权对于茶壶也有明确的价值主张："瓶要小者易候汤，又点茶汤有准。古人多用铁，谓之釜。釜，宋人恶其生锈，以黄金为上，以银次之。今予以瓷石为之，通高五寸，腹高三寸，项长二寸，嘴长七寸。凡候汤，不可太过，未熟则沫浮，过熟则茶沉。"朱权主张泡茶用"瓷壶"，史载朱元璋下诏之后的第二年（1392 年），景德镇开始了瓷壶的生产，至永乐年间泡茶的瓷壶制作工艺愈趋精湛，永乐帝御令制作的"僧帽壶"十分著名。

明朝泡茶道·撮泡、壶泡、工夫茶

中国茶道在经过了唐宋时期的煎茶道和点茶道之后，以朱元璋诏令废团茶兴芽茶为转折点，明朝以后泡茶道开始盛行。泡茶道茶艺包括备器、选水、取火、候汤、习茶五大环节。泡茶道在元朝时开始酝酿，至明朝前期已逐渐流行，明朝中期以后进入鼎盛时期并绵延至今，成为中国社会的主流饮茶式。

明朝泡茶道的代表人物有张源、许次纾、程用宾、罗廪、冯可宾、冒襄、陈继儒、徐渭、田艺衡、徐献忠、张大复、张岱、袁枚等。明朝对茶道的主要贡献有二：其一是创立了泡茶茶艺，有撮泡、壶泡和工夫茶三种；其二是为茶道设计了专用茶室——茶寮。

明朝的茶书著述十分丰富。张源撰写的《茶录》，分藏茶、火候、汤辨、泡法、投茶、饮茶、品泉、贮水、茶具、茶道等篇；许次纾所著《茶疏》，有择水、贮水、舀水、煮水器、火候、烹点、汤候、瓯注、荡涤、饮啜、论客、茶所、洗茶、饮时、宜辍、不宜用、不宜近、良友、出游、权宜、宜节等篇。张源的《茶录》和许次纾的《茶疏》，这两本茶书共同奠定了泡茶道的基础。后来程用宾撰写《茶录》、罗廪撰述《茶解》、冯可宾著述《岕茶笺》，进一步补充、发展、完善了泡茶道。

泡茶道的三种方式分别为撮泡法、壶泡法和工夫茶。明朝以撮泡法和壶泡法为主，工夫茶于明朝后期渐至萌芽，形成于清代，主要流行于广东、福建和台湾地区。

撮泡法

明代钱塘（治今浙江杭州）人陈师撰于万历二十一年（1593 年）的《茶考》记："杭俗烹茶，用细茗置茶瓯，以沸汤点之，名为撮泡。"撮泡法简便，主要有涤盏、投茶、注汤、品茶。撮泡法在明朝时使用无盖的盏或瓯泡茶，到清代以后在宫廷和富贵之家则使用有盖带托的盖碗冲泡，更利于保温、端接和品饮。

壶泡法

据《茶录》《茶疏》《茶解》等书记载，壶泡法的一般程序有：备器、择水、取火、候汤、藏茶、洗茶、浴壶、泡茶（投茶、注汤）、涤盏、酾茶、品茶。

工夫茶

工夫茶主要用于泡乌龙茶，有十二道、十八道、二十一道等不同流程的泡茶式，分解为孟臣沐霖、乌龙入宫、悬壶高冲、春风拂面、重洗仙颜、若琛出浴、游山玩水、关公巡城、韩信点兵、鉴赏三色、喜闻幽香、品啜甘露、领悟神韵等，详见本书附录《工夫茶十八道》。

🍃 驿站　紫砂壶·泡茶名器

茶叶制造和饮茶方式的改变促发了茶具茶器的革新。散茶的流行和泡茶道的兴起，令茶壶的制作、交易与使用日趋繁盛，茶壶的材质有金、银、铜、铁、石、瓷、紫砂、陶等，其中紫砂壶兼具了艺术性和实用性而受到人们的喜爱和珍视。

紫砂壶始创于明朝正德（1506—1521 年）年间，以紫砂泥为制作原料，采用特有的手工制造陶土工艺，原产地在江苏宜兴丁蜀镇，故又名宜兴紫砂壶。紫砂壶的创始人据考为明朝的供春。明朝的时大彬、徐友泉、李仲芳、惠孟臣，清代的陈鸣远、陈鸿寿、杨彭年、邵大亨，近代的顾景舟、徐汉棠等都是制作紫砂壶的名家。

宜兴紫砂壶之所以出名，受到爱茶者和收藏者的偏爱，因为用它泡茶既不夺茶的真香，又能较长时间保持茶的色、香、味，同时紫砂壶造型古朴别致、气质上佳，经茶水浸润、手掌摩挲后会变为古玉色。紫砂壶烧制以宜兴产紫砂泥为原料，紫砂泥料分紫泥、绿泥和红泥三种，以紫泥为最佳。紫砂壶在高氧高温状况下烧制而成，烧制温度在1 100—1 200℃之间。

紫砂壶第一次使用须经三个步骤的开壶。首先将新的紫砂茶壶用沸水内外冲洗一遍，除去表面尘灰，然后将茶壶放进洗净的煲或锅中，加水用文火煮2个小时，用以去掉茶壶的泥土味及火气。第二步是降火，将一块豆腐放进茶壶内，加水再煮1个小时，豆腐所含的石膏具有降火功效，同时可以将茶壶上残余的物质分解。第三步挑选自己喜欢的茶叶，取出壶内豆腐，放入茶叶，加水再煮1小时。这样经过三个步骤，紫砂壶去除了泥土味和火气，吸收了茶叶精华，第一泡茶就能够令人齿颊留香。

好的紫砂壶不仅器型美观，具有艺术观赏性，用于泡茶具有许多优点。紫砂的气孔微细而密度很高，用紫砂壶沏茶不失原味、不易变味，暑天过夜不馊，久置不用也不生宿杂气，壶的内壁不刷、不清洗，沏茶也无异味。紫砂壶泡的茶茶香浓郁持久，紫砂壶嘴小、肚大、盖严，能有效地防止茶的香气过早散失。长久使用的紫砂茶壶，内壁会挂上一层"茶锈"，使用时间越长的紫砂壶，茶锈积在内壁上越多，冲泡出来的茶汤愈加醇郁芳香。长期使用的紫砂茶壶，即使不放茶叶，空壶倒入开水，也会茶香氤氲、香气散发。由于紫砂壶膨胀系数比瓷壶略高且没有釉，不存在坯釉应力问题，烧成以后的紫砂壶有足以克服冷热温差所产生缩胀的应变力，同时壶壁内部存在着许多小气泡而成为热的不良导体，因而用紫砂壶泡茶，提、携、抚、握不易烫手，对茶汤具有较好的保温性能。

使用紫砂壶泡茶时先用沸水浇淋壶身外壁，然后再往壶内冲水，就是平时所谓的"润壶"。切忌将紫砂壶置放在多油烟或多尘埃的地方，使用时经常用棉布擦拭壶身，避免茶汤留在紫砂壶的表面，否则久而久之壶面上积满茶垢，容易影响到紫砂壶的品相。紫砂壶内不宜时时浸着水，到要泡茶时才注水。有条件的爱茶者可多备几个高品质的紫砂壶，一种茶叶专用一个壶，可以避免不同茶之间串味。不可以用洗洁精或其他化学物剂浸洗紫砂壶，这样不仅会洗掉积留的茶味，紫砂壶的外表也易失去光泽。

《金瓶梅》与茶

中国文学史上，汉赋、唐诗、宋词、元曲均是艺术上的高峰，而明清以降的小说达到了前所未有的艺术成就。明朝文学家创作了大量以历史、神怪、公案、言情和市民日常生活为题材的长篇章回小说和短篇的话本、拟话本。《西游记》《水浒传》《三国演义》《金瓶梅》被称为明代四大奇书，冯梦龙所著的《喻世明言》《警世通言》《醒世恒言》以及凌濛初所著的《初刻拍案惊奇》《二刻拍案惊奇》等均是明代话本和拟话本的代表作。

明代兰陵笑笑生所著的《金瓶梅》有629处写到了茶，生动再现了民间市井的茶文化。这也印证了在废团兴芽后散茶由于制作工艺简化，成本和市价下降，茶更多地进入了普通人家和底层民众的生活，所谓"旧时王谢堂前燕，飞入寻常百姓家"，茶在明朝时成为人们日常生活的常见品，特别对于有钱人家，茶是平日生活必备之物，而且茶铺、茶馆在当时的民间也已很普遍。

比如第十二回写西门庆在李桂姐处饮酒取乐，应伯爵、谢希大等一起作陪。"少顷，鲜红漆丹盘拿了七钟茶来，雪绽般茶盏，杏叶茶匙儿，盐笋、芝麻、木樨泡茶，馨香可掬，每人面前一盏。应伯爵道：'我有个《朝天子》儿，单道这茶的好处：这细茶的嫩芽，生长在春风下，不揪不采叶儿楂。但煮着颜色大，绝品清奇，难描难画。口里儿常时呷，醉了时想他，醒了时爱他，原来一篓儿千金价。'"这段文字不仅描写了众人饮茶时的茶具、茶品、茶香，同时把应伯爵这一不务正业却懂得揣摩人心的市井小人的机巧圆滑、善于奉承的性格描绘得栩栩如生、跃然纸上。

茶叶引发的清河堡战争

　　16 世纪正值明朝中叶，历经正德、嘉靖、隆庆、万历四朝，皇权势微、相权鼎盛是这一时期中国政治上的特点。公元 1572 年，明穆宗驾崩，明神宗以 10 岁年幼登基，次年改年号为万历，时任首辅大臣张居正受顾命于主少国疑之际主持朝政。张居正任内阁首辅大臣十年，财政上推行"一条鞭法"，军事上任用戚继光等镇守边关，吏治上运用"考成法"考核各级官吏，通过强势改革为当时内忧外患的明王朝注入了延续的力量。

　　当时明王朝与北方蒙古和女真各部的茶叶贸易为官方特许经营，由于官方垄断导致交易价格偏高，于是民间的茶叶走私、黑市逐渐兴起。私茶、黑茶的产量多，质量也比官茶更好，对官茶贸易形成了很大的冲击，影响了朝廷的财政收入。首辅张居正主政后决意打击民间茶叶走私与黑市，以万历皇帝的名义下诏暂停茶叶边境贸易，意图整肃北方茶叶边贸秩序。

　　茶叶当时对南方人是锦上花，而对北方人则是雪中炭。北方的游牧民族饮食中大都是牛羊肉、奶酪等相对燥热、油腻、不易消化的食物，寒冷的气候导致北方缺乏富含维生素的蔬菜瓜果，肠胃及血管等器官容易出现各种疾病。茶叶由于富含维生素、单宁酸、茶碱，可使游牧民族缺少的果蔬营养成分得到补充，茶叶所含的芳香油可以帮助人体溶解体内的动物脂肪、降低胆固醇、加强血管壁韧性，恰好弥补了游牧民族饮食结构的缺陷。因此茶叶对中原民族而言是怡情养生的生活调剂品，对于北方的少数民族恰是如粮食和盐巴一样的生活必需品。当时对茶叶需求量最大的是吐蕃，时至今日藏族人的茶叶消费量仍然非常大，这也是茶马古道的主要形成原因。饮食结构导致北方少数民族生活中对于茶叶的依赖远远高于中原民族，中原王朝因此将茶叶作为一种资源来调控与北方游牧民族的关系。

　　明王朝对北方茶叶边境贸易的禁令，受到北方各个少数民族的群体抗拒，纷纷要求明王朝立即重开边境茶叶贸易。在通过上书陈情等方式未能奏效后，蒙古札萨克图图们汗[1]率领的蒙古各部以及女真族的建州部以铁马弯刀围攻中原边境军事要塞清河堡。明军主将裴成祖奉命率骑兵20万镇守清河堡，战争断断续续打了三年，明朝军民和蒙古各部死伤不计其数。清河堡战役以北方游牧民族的失败告终，但也让明王朝认识到茶叶对于北方民族生活底线般的重要性，于是在历时三年的战争后重开了茶叶边境贸易，硝烟散尽后的清河堡再次成为茶马边贸重镇。

岁月的风沙掩埋了多少曾经风云激荡甚至于一战而致万骨枯的历史事件。清河堡历经500年岁月的风雨侵蚀，其间又屡遭战争破坏，然而至今清河堡的部分古城墙依然清晰可辨，在沧海横流的变幻中成为历史意守丹田式的见证。

所谓，和也茶叶，战也茶叶，又和还是茶叶。

明朝的茶叶官府专卖制度·斩驸马

明朝廷对走私茶叶定性为"通番"，就是卖国罪。朱元璋御令规定：私茶出境者斩，关隘不觉察者斩。后来又进一步规定，把守人员若不严守边境，纵放私茶出境者处以极刑，家属流放到偏远外地，为私茶获罪的人说情者同罪，私贩茶叶者处斩，妻小充为官奴。实施这样的苛刑峻法，都是为了保证茶叶为官府所垄断，运用"榷茶"和"茶马互市"从边区诸番获得大量马匹，并保证治边政策的有效实施和边区的稳定。

宋代时已经实行"茶马互市"。明朝建立之初，为了集中力量打击已退守漠北的元朝残余势力，明太祖朱元璋更加重视茶马政治，竭力想通过茶马互市获取更多的马匹用于征战。洪武四年（1371年），明朝廷确定以陕西、四川的茶叶易马，在秦州（甘肃天水）、洮州（甘肃临潭）、河州（甘肃临夏）、雅州（四川雅安）等地特设茶马司，专门管理茶马互市事宜，定期派遣官员巡查关隘，捕捉贩私茶者，防范极严。

　　然而由于明朝廷在茶马互市贸易中对少数民族商人实行"贱其所有而贵其所无"的政策，通过垄断压低马价而抬高茶价，使内地商人看到以茶易马的厚利，于是不少人在暴利诱惑下不顾禁令偷贩私茶，连一些边镇官吏和军民也私储良茶以易马，走私茶叶十分猖獗，使官办的茶马贸易受到很大冲击。官方通过茶马互市得到的马匹愈趋减少，马日贵而茶日贱。

　　洪武三十年（1397年），朱元璋对禁止私茶痛下决心，调驻军队层层设防，派遣官员每月巡查，对偷运私茶出境与关隘失察者，全部处以极刑，禁止私茶声势空前。这时候朱元璋的女婿、驸马欧阳伦居然顶风犯案，他自恃皇亲国戚而无视法令，多次派家奴去陕西偷运私茶，出境贩卖牟取暴利。这些家奴平时惯于仗势欺人，蛮横地要求运送私茶路经的地方官员为其提供便利，一不满意就对人进行谩骂、殴打或凌辱，即使地方上的封疆大臣也不敢有半点违拗，引起了地方官吏的强烈不满。1397年4月欧阳伦的家奴周保押运私茶经过兰县（甘肃兰州）河桥巡检司的时候，由于巡检司的小吏侍候不周、有所怠慢，周保将巡检小吏一顿臭骂和狠揍，巡检小吏对这种明目张胆贩运私茶还蛮横施暴的行为实在无法忍受，便写下状纸向朝廷告发揭露欧阳伦的违旨不法行为。所谓王子犯法与庶民同罪，何况当时正值严打私茶时期，如果不加以严惩，私茶势必更加泛滥，将会影响到明朝廷的权威和茶马互市的实行。因此纵然皇后和公主求情，最终也无济于事，欧阳伦及其家奴周保等一众人被依律处斩。杀鸡儆猴果然奏效，朱元璋终于刹住了一时十分猖獗的私贩茶叶的风潮。

大清国的茶·茶业在兴盛中走向衰落

　　如果你看到乾隆皇帝在江南各处寺庙中的题诗，除了感慨一个满族的后裔能够把汉字书法写得不输汉人，而且又能将诗写到那样一个水平，你就会明白为什么一个东北少数民族能够传十二世而统治中国268年。大清朝留给世人的印象是复杂的，作为中国最后一个封建王朝，它的腐朽和没落在人们的心中无法抹去，而康乾盛世一度创造的文治武功却又不得不令人铭记它曾经历过的辉煌。雄才伟略的康熙、六下江南的乾隆、垂帘听政的慈禧、虎门销烟的林则徐、引清兵入关的吴三桂、太平天国领袖洪秀全、洋务运动派曾国藩、李鸿章、左宗棠等一张张脸谱纷至沓来映入眼帘，虽然他们都在各自领域曾经努力拼争也成效卓著，惜乎他们所处的时代正是东西方文明此消彼长的时期。

清代的名茶

清王朝近三百年的历史中，除了生产绿茶、白茶、黄茶、红茶和黑茶，还发展出了青茶（乌龙茶）。清代的名茶计有五十多种，主要有：福建崇安武夷山的武夷岩茶，有大红袍、铁罗汉、白鸡冠、水金龟、水仙、肉桂等；安徽歙县的黄山毛峰；安徽休宁的松罗茶；浙江杭州的西湖龙井；云南西双版纳的普洱茶；福建的闽红工夫红茶；安徽祁门的祁门红茶；江西婺源的婺源绿茶；江苏太湖洞庭山的洞庭碧螺春；福建南安的石亭豆绿茶；安徽宣城的敬亭绿雪；安徽泾县的涌溪茶；安徽六安的六安瓜片；安徽太平的太平猴魁；河南信阳的信阳毛尖；陕西紫阳的紫阳毛尖；安徽舒城的舒城兰花茶；安徽歙县的老竹大方茶；浙江嵊县（今浙江嵊州）的泉岗辉白茶；江西庐山的庐山云雾茶；湖南岳阳的君山银针；福建安溪的铁观音；广西苍梧的苍梧六堡茶；安徽休宁的屯溪绿茶；广西桂平的桂平西山茶；广西横县的南山白毛茶；湖北恩施的恩施玉露；湖南安化的天尖茶；福建政和的白毫银针；广东潮安的凤凰水仙；湖北远安的鹿苑茶；四川灌县的青城山茶；四川雅安、名山的名山茶、蒙顶茶；四川峨眉山的峨眉白芽茶；贵州贵定的贵定云雾；贵州湄潭的湄潭眉尖茶；浙江建德的严州苞茶；浙江余杭的莫干黄芽；浙江富阳的富田岩顶茶；浙江杭州的九曲红梅；浙江温州的温州黄汤等。另外由于清代中早期外销红茶供不应求，各类茶中红茶的品种不断增多，如福建的坦洋工夫、安徽的

"祁红"、云南的"滇红"、江西的"宁红"、湖南的"湘红"、广东的"英红"、浙江的"越红"等。

全球化背景下清代茶叶的外销

清代茶叶与前朝历代的重要差异之一在于全球贸易体系下的出口外销。自从葡萄牙人 1498 年打通了欧亚海上航线，荷兰人 1607 年将中国茶叶首次输往欧洲，英国人在 17—19 世纪形成饮茶风习以后，中国的茶叶在明清时代就开始大量出口外销。18 世纪以后，茶叶成为中国与西方国家贸易的主要大宗商品，英国、荷兰、法国、丹麦、匈牙利、意大利、俄国、澳大利亚、北非等都从中国进口茶叶，其中英国、美国、俄国是中国茶的主销目的地。

英国

英国是当时世界上最大的茶叶消费国，也成了清代茶叶最主要的外销市场。1741 年从广州出口的茶叶中有 35.36% 销往英国，数量为 13 345 担。1833 年从广州出口的茶叶销往英国的占比提高到了88.76%，达到 229 270 担。1860—1867 年中国平均每年向英国出口茶叶 80 万担，1868 年则突破了 100 万担。19 世纪末期印度和锡兰的茶叶大量出口英国，对中国茶叶形成逐步替代，中国茶占英国茶叶进口量的占比急剧萎缩，最低时 1904 年仅占到 4%，1912 年又回升至16.4%。

美国

美国在 1776 年宣布独立后加强了对外国际贸易。1784 年美国首次派出"中国皇后号"商船直航中国，驶入广州港与清政府建立了直接茶叶贸易关系，后来美国逐渐发展成为中国茶输出仅次于英国的第二大茶叶输入国。1817 年美国输入中国茶 169 143 担，1860—1900 年每年平均输入中国茶叶超过 20 万担。

俄国

19世纪60年代以前，俄国通过恰克图与中国进行茶叶贸易，中国茶商通过"万里茶道"将茶叶源源不断地运往恰克图。1861年俄国取消了茶叶的政府专卖制度，同时又通过《北京条约》获得了天津、汉口、九江等11个通商口岸的贸易权和库伦（今蒙古国乌兰巴托）、张家口、喀什噶尔等免税贸易特权，恰克图的俄国商行大量迁往汉口，直接从汉口采买茶叶输往俄国，由此销往俄国的中国茶叶量大幅增加。19世纪70年代中国茶年均销往俄国40万担，19世纪80年代提高到年均60万担，1888年超过了90万担。由于当时英国大量进口印度和锡兰的茶叶，1887年以后俄国成为中国茶叶出口的第一大输入国，1895—1912年间俄国平均每年输入中国茶叶达到80—90万担，1896年、1898年都超过了100万担。

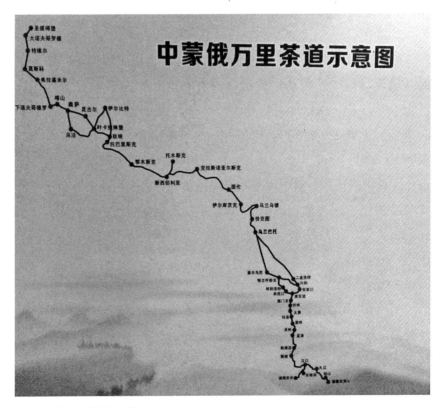

◎ 中蒙俄万里茶道示意图

机器碾压手工·清代后期华茶的衰落

15世纪以后，以西欧手工业兴起为肇始的资本主义开始萌芽并发展，整个世界的大环境开始发生变化。在新航路开辟、文艺复兴、宗教改革运动、资产阶级革命、工业革命的推动下，西方资本主义体系逐渐形成，荷兰率先爆发了资产阶级革命，英国发生了第一次工业革命，蒸汽机的改良导致大机器生产方式逐渐大量替代手工劳动，西方资本主义国家在生产关系和生产方式上已经从制度、技术、能力等方面领先世界，并且在世界范围内展开了以全球贸易名义进行的殖民主义扩张。当时的中国虽然处于农业文明的鼎盛时期，但是已经开始由盛转衰并在世界文明的竞赛中渐渐处于相对落后状态。

经过两次鸦片战争被西方资本主义国家的碾压，以及内部太平天国运动的打击，内外交困的清王朝开始意识到西方科技昌明带来的庞大力量和巨大威胁。政府中一些思想前瞻的开明派开始建议学习西方文化及先进技术，以实现富国强兵，提升国防和军事实力，从而解除内忧外患，继续维持清王朝的统治。魏源在《海国图志》中主张"师夷长技以制夷"的经国策略受到诸多支持，曾国藩、李鸿章、张之洞、左宗棠、沈葆桢、唐廷枢等洋务派代表人物在19世纪60年代到90年代发起了引进西方军事装备、机器生产，学习西方科学技术以挽救清朝统治的自救运动，史称"洋务运动"。虽然由于北洋水师在甲午海战中全军覆没，"洋务运动"被认为以失败告终，但是它促进了中国民用工业的发展，奠定了中国近代工业化的基础。

历史的潮流滚滚向前，后浪推动着前浪。工业文明对农业文明的超越和碾压呈现全覆盖式，19世纪下半叶西式机器制茶工业对中国传统的手工制茶产生了巨大的冲击。19世纪70年代英国人在印度大吉岭、阿萨姆的大规模茶叶种植园里发明并应用了机械揉捻机、烘干机等自动制茶机器，茶叶的生产效率和边际收益大幅度提高，英属殖民地茶园获得了产量高、成本低的规模经济效应，对小规模茶园分散经营、手工制作的中国茶业产生了明显的比较优势，以至到 19 世纪末、20 世纪初的时候，在此消彼长的过程中英国从印度和锡兰进口的茶叶份额提高到了 90% 左右，而从中国进口茶叶的比重则持续下降，在最低的年份中国茶的占比仅为 4%。当时地处重要茶叶产区、与西方茶叶贸易往来频繁的福州市，于 1896 年成立了中国首家机械制茶公司。

🍃 驿站　机器制茶的先驱：威廉姆·杰克逊（William Jackson）

英国人威廉姆·杰克逊在机器制茶方面的贡献至今被人们所铭记。1872 年威廉姆·杰克逊制造了第一部揉捻机，并将它成功应用于阿萨姆茶叶公司的希利卡茶园中。1887 年，杰克逊发明了更快速的揉捻机，1907 年和 1909 年又发明了单动式和双动式揉捻机。杰克逊于 1884 年采用风扇吸引热空气从叶盘上升的原理发明了干燥机，1887 年和 1888 年他又先后发明了碎茶机和拣茶机。1898 年杰克逊发明了装箱机，1910 年杰克逊对干燥机进行了突破性的改进。

威廉姆·杰克逊在制茶机器方面的发明应用和持续改进，使印度茶的制作成本大幅下降。从 1872 年时每磅制作成本 11 便士降至 1913 年的 3 便士，从使用 8 磅木材烘干 1 磅茶叶到 1/4 磅煤烘干 1 磅茶叶，8 000 台揉捻机替代了过去 150 万劳工的手工劳作。机器制茶更加卫生和干净，品质容易掌控，提高了印度茶的生产效率和产品品质，降低了印度茶的制作成本和售价，使印度茶在国际市场上的竞争力迅速上升，对欧洲的出口很快超过了使用传统手工制作的中国茶叶。在制茶机器的发明方面，另一位英国的先驱者 S.C. 戴维森也因为他在烘干机等方面的发明贡献而为茶业界所铭记。

清王朝的统治者显然感到了危机和压力。除了加强茶叶向俄国、澳大利亚等国的出口外，开始检视和反思中国茶业在经营中存在的问题。

1905 年，两江总督周馥派江苏道员郑世璜带领一个包括官员、翻译、茶工在内的团队远赴印度、锡兰（今斯里兰卡）考察茶业。四个月后考察团回国，采购了部分制茶机械带回国内，并撰写呈报了《考察锡兰、印度茶务并烟土税则清折》《改良内地茶业简易办法》等几份报告。郑世璜在报告中指出，中国茶业相较印度和锡兰茶业的发展出现了明显落后，除了在经营模式上固守传统之外，最根本的原因在于机器制茶与手工制茶在生产力上截然不同。机械制茶除了相较手工制茶效率更高、成本更低以外，可以支持大规模种植、采摘、制作，茶叶成品的标准化、可复制化也是印度阿萨姆红茶和锡兰红茶快速超过清代茶业的重要原因，表现出工业文明对农耕文明在制度、机制、技术、流程等方面的全面领先。

1907年，郑世璜在当时江南商务局的支持下，在南京紫金山霹雳涧创办了江南植茶公所，将从印度、锡兰学到的茶业技术在江南植茶公所进行实践和推广，对中国后来的茶业产生了影响深远。1910年，上海《大同报》主笔英国人高葆真摘录翻译了英国人高怡所写的《种茶良法》，高葆真认为中国茶由盛转衰的原因主要有三点：首先是中国茶没有统一经营，小商家往往见小作伪，不顾大局，影响了出口茶叶品质的稳定性；其次是中国茶制作过程中由于产地、茶商分散，缺乏统一的卫生标准，不符合欧美茶叶进口国的卫生法例；最后则是中国茶茶味较为淡薄，不及印度茶、锡兰茶味道浓郁。这些当然也是中国茶落后的重要因素，但是总体上还是由于英国人在英属殖民地茶叶种植园中应用了工业革命的成果和资本主义生产方式，其茶叶产量、效率、成本、品质一致化等均超过了清代时中国的茶业，再加上20世纪上半期中国社会战乱频仍、民生凋敝，中国茶业在国际市场的竞争中明显衰落了。一直到20世纪80年代，中国进入了改革开放、经济振兴的新时期，21世纪以后中国重新成为全球第一的茶叶生产大国。

无性繁殖·清代茶树栽育技术的突破性进步

清代以前的茶树培植均采用茶籽种植的方式，到清代出现了茶树扦插无性繁殖技术，改变了此前千百年来茶树只能有性繁殖的观念和做法。史籍记载："种茶栽之法，将已成茶条，拣粗如鸡卵大，砍三尺长，小头削尖，每种一株，隔四五尺远——二年后，一齐砍尽，俟发粗枝，只留一科，不久成树。"无性茶树培育技术的出现为茶农大量培育优良茶树品种、快速发展良种茶园提供了可能和技术路径。在闽北一带，对一些优良茶树品种，开始大量采用压条繁殖的培育栽植方法。

茶树的扦插技术是一种无性繁殖，不通过雌雄植株交配和结合，直接利用母树的枝条进行扦插繁衍个体。因为繁衍的个体源自同一株母树，这种繁殖方式也被称为单株繁殖。采用扦插技术繁殖的茶树被称为无性系品种，具有无性繁殖的特征和优点：采自同一株母茶树的扦插枝条，会完整地遗传母树的各种特性，后代能有效保持与母树相一致的性状；扦插无性繁殖技术能实现大批量的茶树繁殖，能够迅速扩大良种茶园的种植面积；帮助结实率低的良种茶树实现更快、有效地繁衍和发展。

蒲松龄设茶摊著述《聊斋志异》

蒲松龄（1640—1715 年），字留仙，一字剑臣，号柳泉居士。室名聊斋，世称"聊斋先生"。山东淄博淄川蒲家庄人，清代杰出文学家，优秀短篇小说家。

蒲松龄倾尽毕生精力著成的《聊斋志异》刊行后曾风行天下，一时仿效者众，推动了志怪传奇类小说的创作繁荣。《聊斋志异》中的许多故事被改编为戏曲、电影和电视剧，塑造的艺术形象如小倩、宁采臣、黑山老妖等十分传神，并且很早就传往日本等国外地区，影响十分深远。除了《聊斋志异》，蒲松龄还著有《聊斋文集》《聊斋诗集》《聊斋词集》等传世。

蒲松龄的《聊斋文集》现存 13 卷。第一卷为赋，计 11 篇；第二卷为传、记，计 14 篇；第三卷为引、序、疏，计 82 篇；第四卷为论、跋、题词，计 13 篇；第五卷为书启，计 131 篇；第六卷为文告、呈文，计23篇；第七卷为婚启，计56篇；第八卷为生志、墓志、行实，计3篇；第九卷为祭文，计41篇；第十卷为杂文，计20篇（含楹联8联）；第十一卷为拟表，计31篇；第十二卷为拟表，计48篇；第十三篇为拟判，计66篇；以上共计539篇。《聊斋诗集》共计五卷，另加《续录》和《补遗》，共存诗作1 039首。《聊斋词集》现存蒲松龄的词119阕。

蒲松龄久居乡间，善于观察研究，知识十分渊博，他不仅撰写小说，还把农业、医药和茶事的研究心得写成科普读物。他在自己的宅院旁开辟了一片药圃，种了不少中草药，收集了不少民间药方，经过研究和实践制成了一种茶药兼备的菊桑茶，既能止渴又能健体祛病。他用自己研制的这种药茶配方泡茶，在居住地路边设下茶摊，为过往行人提供歇脚、饮茶的地方，听他们讲古今故事和各种人间奇谈，收集各类民间传说和趣闻逸事，对于讲出精彩故事或提供故事线索的人茶钱分文不收，搜集的故事和素材越来越多，激发了他的想象与构思，终于写成《聊斋志异》这部流传百世的小说。

蒲松龄摆茶摊的做法类似于现代作家下基层体验生活或者下乡采风，清代邹弢[1]《三借庐笔谈》里记载："相传先生居乡里，落拓无偶，性尤怪僻。为村中童子师，食贫自给，不求于人。作此书（《聊斋志异》）时，每临晨，携一大磁瓮，中贮苦茗，具淡巴菰一包[2]，置行人大道旁，下陈芦衬，坐于上，烟茗置身畔，见行道者过，必强执与语，搜奇说异，随人所知。渴则饮以茗，或奉以烟，必令畅谈乃已。偶闻一事，归而粉饰之。如是二十余寒暑，此书方告蒇[3]，故笔法超绝。"

【1】弢（tāo）：同"韬"。多用于人名。
【2】淡巴菰（gū）：即烟草。原产西印度群岛，我国据西班牙名（tobaco）译为淡巴菰。又名"金丝薰"。
【3】蒇（chǎn）：完成。

喝早茶·茶客之意不在茶

清代中期以后，广东、江苏地区民间开始流行所谓"喝早茶"。时至今日，喝广式早午茶依然是上海、北京、香港、广州、深圳等大城市的人们十分喜欢的活动，尤其在周末供给早午茶的酒楼或茶楼往往顾客盈门、络绎不绝。

苏式早茶

清代时在泰州、扬州等地，民间流行喝苏式早茶。"夺魁品罢雨前茶，楼开绿雨试新茶。"道光年间泰州诗人朱馀庭的诗句描述了清代时人们在茶馆饮茶的场景。早期的茶馆大多只经营单一的清茶，"雨轩""绿雨楼""广胜居""品香"等是当时十分有名的茶馆。晚清以后，由于茶馆增多、同行竞争激烈，一些茶馆为了招揽生意，除提供清茶以外，陆续增加了干丝、糕点、春卷、汤包、蒸饺、烧卖等小吃。这样到茶馆来喝早茶的茶客，不仅可以品茗喝茶，还可以吃上一顿丰盛的早餐点心。茶客们一边喝茶吃点心，一边和朋友交流聊天，气氛轻松而融洽。

广式早茶

在香港、广州等地自清代起流行喝广式早茶。咸丰同治年间，广州出现了名为"一厘馆""二厘馆"的简易馆子，门口挂着一个写有"茶话"二字的木牌，设施较酒楼、饭馆相对简陋，只有几张木桌、几把木凳，供应茶水和糕点，供路人歇脚和谈话。后来这些简易茶馆规模渐渐做大，变成了生意红火、顾客盈门的茶楼，上茶楼喝早茶一时蔚然成风。除了一些比较考究的老茶客会自带好茶，对茶的品种、汤色、味道十分讲究外，广式早茶中，茶水渐渐地成为配角，各色制作精美的茶点反而上位成为主角。广式早茶的茶点非常丰富：粥类有各色粥点如及第粥、艇仔粥、皮蛋瘦肉粥、生滚鱼片粥等；蒸点类有蒸凤爪、豉汁蒸排骨、蒸牛肉丸、叉烧包、奶黄包、烧卖、小笼汤包、流沙包等；糕点类有马蹄糕、萝卜丝饼、酥皮蛋挞、叉烧酥、榴莲酥等；还有肠粉、炒河粉、龟苓膏、烤乳鸽、豆腐花等。早茶的茶点品种异常丰富、制作精美，令人垂涎。

广式早茶中有许多有趣的小礼节，比如茶壶里面没水时开盖以示需要续水，别人替自己倒茶时习惯以右手食指与中指微屈叩击桌面表示谢意，喝完早茶向服务员喊"埋单"，示意付钱结账。喝早茶逐渐成为广东、香港地区民众休闲生活中一道亮丽的风景线，人们在早茶时可以和家人聚会，可以与朋友聊天、谈家常，可以边喝茶、边谈生意，也有人借此纾解压力，换得浮生半日闲。广州早期的茶楼"妙奇香"挂有一副对联："为名忙，为利忙，忙里偷闲，饮杯茶去；劳心苦，劳力苦，苦中作乐，拿壶酒来。"另一间著名的广州茶楼"陶陶居"也有一副对联："陶潜善饮，易牙善烹，恰相逢作座中君子；陶侃惜飞，夏禹惜寸，最可惜是杯里光阴。"

今天，随着广东人在世界各地立业居住，粤菜在全中国及世界得以推广，不仅在广东、香港可以吃到正宗的广式早茶，在上海、北京、杭州、福州等大城市都有粤式餐馆提供广式或港式早午茶，在新加坡、美国、加拿大、欧洲等地也能找到广式早茶的踪影。

第七辑

欧洲宗主国茶税引燃美国独立战争

战争导致矛盾的爆释和格局的改变。人类历史上有三场著名的战争，战火的引燃与茶有关：一场是发生于 1572 年明朝万历年间、明王朝与北方蒙古各部落之间的清河堡战争，一场是以"波士顿倾茶事件"为导火索的 1775 年美国独立战争，还有一场是被中国人视为百年耻辱、标志着中国近代史开端的 1840 年中英鸦片战争。

茶源于树端之叶，轻若鸿毛、微如片甲，似乎找不到任何一种理由，能够将清香、平和的茶叶与灼热、残酷的战争关联起来。然而当茶叶受到万众喜爱而成为一种民生资源，茶叶贸易变成为一种大宗商品贸易和重要经济现象，不同部族、国家和地区之间为了获取和争夺茶叶资源及其相关利益，在经贸关系出现摩擦并升级为无法调和的矛盾时，往往导致国家、地区或部族之间最终兵戎相见。

殖民北美的竞争·七年战争

自从 1492 年哥伦布横渡大西洋发现美洲新大陆以后，欧洲各国便陆续开始了殖民美洲的历史。最早在美洲建立殖民地的是西班牙人，1502 年西班牙人就开始将非洲的黑人运往美洲充当劳力，后来葡萄牙人、英国人、法国人和荷兰人都陆续到达美洲大陆并建立了各自的殖民地。殖民经济引发了欧洲人向美洲移民的风潮，去往美洲的欧洲人中有冒险家、商人、传教士、宗教受迫害者、城市贫民和逃难者。欧洲人除了在美洲殖民地的种植园里役使北美原住民进行耕作以外，还从非洲贩卖大量黑奴进入美洲充当劳动苦力。欧洲各宗主国之间也经常为了殖民地治权或商业利益发生战争，英国、法国和荷兰后来居上超过了最早进入美洲的西班牙和葡萄牙，英国在殖民地实施了英王特许的产权保护和宽松自治政策，加上英国在"七年战争"中取得军事上的胜利，逐渐在美洲的殖民统治中占据了领先优势。

1607 年英国人在北美建立了第一个殖民地弗吉尼亚，1620 年朴次茅斯公司组织的英国移民在马萨诸塞州开辟了另一个殖民地，至 18 世纪 30 年代英国人在北美大西洋沿岸先后建立了 13 个殖民地，其间有大批欧洲移民移居北美，其中大多数是英国人。欧洲的殖民者从非洲贩运大量黑奴进入北美的农庄进行开垦劳作，生产的小麦、玉米、棉花、烟草等大量销往欧洲及国际市场，获得了巨额的贸易利润，英属北美殖民地的种植业、工商业、造船业等都得到了快速的发展。

1670 年，在马萨诸塞殖民地已经有饮茶的记录。1690 年，本杰明和丹尼尔开始在波士顿出售茶叶。1712 年，波士顿的勃尔斯药房的目录上出现了茶的广告。1720 年以后，北美殖民地开始正式进口茶叶，1760 年代北美殖民地每年从英国输入茶叶 120 万磅。在 1834 年以前，北美殖民地的茶叶均由英属东印度公司垄断供应，英属东印度公司从远东进口茶叶运至伦敦，经拍卖后由英国商人转运到北美殖民地进行销售。北美殖民地的茶商不允许从其他渠道进口茶叶，一直到 1783 年美国正式独立之后这种情况才得到改变。

英国对北美 13 个殖民地都派驻总督进行管辖和统治，英政府通过授权的方式鼓励殖民地开发了大量农业种植园，建立了纺织、炼铁、采矿等多种工业，英属北美殖民地经济渐趋繁荣。1756 年至 1763 年英国与法国为争夺对北美殖民地的控制权进行了长达七年的战争，最终英国战胜法国，取得了对北美殖民地的全面控制。同时耗资巨大的长年战争也令英国耗空国库，导致财政紧张和困难。当时的英国国王乔治三世认为"七年战争"是为了北美各殖民地的利益而进行的战争，因此各殖民地都应该征税以弥补和充实政府财政和军费。为了缓解财政困难并意图将北美长期作为工业原料产地和工业品倾销市场，英国议会于 1765 年 3 月通过了向北美殖民地征收印花税的《印花税法案》，规定所有的公文、契约、执照、报纸、杂志、广告、单据甚至遗嘱都必须贴上印花税票才能生效。1766 年《印花税法案》因受到北美各殖民地的群起反对和抵制而废止，1767 年英国议会又通过《唐森德税

206

法》，其中规定自英国输往殖民地的纸张、玻璃、铅、颜料、茶叶等均一律征收进口税。这项税法仍然受到了北美各殖民地的强烈反对和抵制，英国议会为了平息抵制和反对的声浪，决定仅保留对进口茶叶征税每磅 3 便士，其他捐税全部取消。

殖民地抗税斗争风起云涌

宗主国的征税行为激起了殖民地民众极大的愤怒，他们连 3 便士的茶税也不愿意交，并且把矛盾聚焦到了从英国输入北美的茶叶上。北美殖民地民众从最初的反对和抵制英国议会和政府征税，矛盾逐渐聚焦到反对东印度公司的货船将茶叶运抵北美。殖民地的许多妇女组织如缝纫会、纺织会等号召人们放弃饮茶，或者使用当地的紫苏、覆盆子叶、草莓叶等替代茶叶制作饮品。反英组织"自由之子""通讯委员会"等陆续出现，北美各殖民地先后爆发了抵制英货、赶走税吏、焚烧税票、武装反抗等反英事件。

英国政府决定派出军队进行镇压。1770 年 3 月 5 日英军在波士顿向市民开枪，当场打死 5 名市民，打伤了 6 人，历史上称为"波士顿惨案"。然而高压并不是解决问题的最终有效办法，英国政府的镇压政策和经济上的压榨和剥削，导致殖民地人民不满和抵抗情绪不断上涨，双方的矛盾不断积累和加深，镇压引发的冲突燃起了殖民地人民更大的反抗和怒火。英属北美各个殖民地在一百多年的发展中经济往来密切，长期的交往和合作产生了共同的文化，美利坚民族逐渐形成，民族意识逐步觉醒。反压迫、反剥削运动此起彼伏，共同的利益使北美殖民地人民与英国宗主国的矛盾日益尖锐。

美国独立战争

终于在 1775 年，北美十三洲殖民地革命者与宗主国大英帝国之间爆发了一场反对剥削和压迫并最终导致美国独立战争的爆发，史称

"美国独立战争"。这场战争的参战方包括了大英帝国、法兰西王国、西班牙王国、荷兰王国和美利坚合众国（战时于 1776 年宣告成立），而 1773 年发生的"波士顿倾茶事件"被认为是这场战争的导火线。

1773 年英国政府通过条例授予东印度公司向北美殖民地销售茶叶的特许专营权，并且给予税收优惠，同时明令禁止殖民地贩卖"私茶"。由于东印度公司茶叶销售量巨大且享受低税收，它向北美殖民地输入茶叶的价格较"私茶"便宜百分之五十。东印度公司的低价倾销导致北美当地依靠"私茶"和本地种植茶叶的商人无法生存，茶叶市场逐渐被东印度公司所操控。北美殖民地民众认为东印度公司受英国政府扶植，购买东印度公司输入的茶叶意味着继续受到英国的压迫和剥削，继续被迫接受英国对殖民地的征税和法律管辖，因此引发了极大的民愤和反对声浪，纽约、费城、查尔斯顿等港口均拒绝卸运东印度公司的茶叶。

1773 年 10 月 18 日，费城民众在市政厅举行集会并发表宣言，声明茶税是未经许可强加于殖民地人民的非法税收，如果有人协助东印度公司装卸或销售茶叶，谁就是殖民地人民的罪人。

1773 年 10 月 26 日，纽约民众在市政厅举行集会，宣布东印度公司垄断茶叶贸易是一种公开的强盗行为。凡是买卖茶叶的人，都被视为全民公敌。

1773 年 11 月 5 日，波士顿民众在法尼尔大厅举行集会并发布宣言，声讨茶税并表示反对英国政府对美洲的自由民征收苛捐杂税。

波士顿倾茶事件

1773 年 12 月 16 日，波士顿举行了 8 000 多人的抗议英政府集会。当天晚上，反英组织"自由之子"的 60 名成员化装成印第安人，潜入停靠在波士顿码头的东印度公司装有茶叶的商船，将船载的 342 箱茶叶全部倒入大海。一时间波士顿海岸漂满了东印度公司运至北美的来自中国武夷山的茶叶。这个事件历史上被称为"波士顿倾茶事件"。

英国政府对"波士顿倾茶事件"十分恼怒，认为这是对殖民地当局统治秩序的恶意挑衅。为压制殖民地民众的反抗，1774年3月英国议会通过了《波士顿港口法》《马萨诸塞政府法》《司法法》《驻营法》四项法令。根据这四项"强制法令"英军可以对殖民地民宅进行强行搜查，取消马萨诸塞州的自治，波士顿港被封闭管理。这些法令的实施激起了殖民地民众更大的、联合的反抗。1774年9月在费城召开了第一届大陆会议，10月14日大陆会议通过了《人权宣言》，提出了殖民地自治的明确政治主张，反对英国强行征税和向殖民地派驻军队。

在新泽西州的格林威治、南卡罗来纳州的查尔斯顿、北卡罗来纳州的爱登顿等地都爆发了抗茶事件。北美殖民地的妇女们出于反抗压迫和爱国之心也加入了反对英国殖民统治和抗茶的运动，1775年1月16日，51名在爱登顿具有名望和社会地位的妇女联名在《伦敦晨报》上发表了签字署名文章，表达反对和抵制茶税的决心：

> 北卡罗来纳地区的代表们已经决定不再饮用茶叶，不再使用英国的布匹等物品，我们这里许多妇女为了证明她们都有一颗热忱的爱国心，都加入了象征着荣耀而高贵纯洁的组织，我们向你们那里的高贵妇人们宣告，从今天起北美殖民地妇女将追随她们英勇的丈夫，一致团结、顽强地与政府斗争，绝不屈服。

1776年《美国独立宣言》

1775年4月18日，在波士顿附近的莱克星顿小镇，北美人民打响了美国独立战争的第一枪。5月10日，费城召开了第二届大陆会议，6月14日乔治·华盛顿被任命为大陆军团总司令。1776年7月4日在费城召开的第三次大陆会议上，通过了著名的《美国独立宣言》，宣布人人生而平等，均有生存、自由和追求幸福的权利，同时宣布13个北美殖民地脱离英国独立。

美利坚合众国宣告成立。此后新生的美国与英国又经过了长达八年、陆陆续续的战争，最终英王代表与殖民地代表于1783年9月3日在法国凡尔赛宫签订《巴黎和约》，英国正式承认美利坚合众国独立。

美国独立后与中国开展了直接的、频繁的贸易往来，其中茶叶贸易是大宗商品。1783 年圣诞节前夕，排水量 55 吨的单桅帆船"哈里特"号满载北美特产花旗参，由波士顿港启航驶往中国。由于海上风大浪高，单桅帆船旅途艰险，"哈里特"号在好望角用花旗参与英国商人交换了一船茶叶后便返航了。1784 年 2 月 22 日，装载了 40 吨花旗参的"中国皇后号"远洋帆船由纽约港出发，经由好望角驶向中国。8 月 23 日，"中国皇后号"经过半年多的航行抵达了澳门，一周后抵达了目的地广州。自此美国与中国开始了正式的直接国际茶叶贸易。为维护对华贸易，美国国会于 1789 年通过了《航海法》，规定美国商人从亚洲进口的茶叶给予关税保护，并且免除美国商人向欧洲销售中国茶叶的税收，意在鼓励美国商人从中国直接进口茶叶进入美国，同时支持美国商人将中国茶叶转销欧洲获利。

事物的发展有其自身内在的规律，矛盾的产生、积累和爆发并不以人的意志为转移，也并非某一单个事件所决定。在北美殖民地民众与英国宗主国之间的压迫与反压迫斗争发展到关键的阶段，与政府利益、商人贸易和民众日常生活直接相关的茶叶成为矛盾的承载物和聚焦点，"波士顿倾茶事件"便成为了美国独立战争的导火索。

美国的独立，显然对后世的世界格局产生了重大的影响。

美国发明飞剪船·东西方茶贸加速

佛家用因果轮回来解释事物之间的逻辑关系，并因而劝人行善而弘扬佛法。蝴蝶效应说明事物之间具有普遍的关联性，亚马孙河流域的一只蝴蝶扇动一下翅膀，可能在南美洲引发一场浩大的飓风。

18—19 世纪茶叶在东西方之间的贸易依靠海运。1834 年以前，英国的对华贸易由东印度公司垄断经营，东印度公司的风帆船装载着中国的茶叶、瓷器、丝绸等珍稀物品往返于广州和伦敦之间，每个航程需要耗时 6 个月。1834 年英国政府终结了东印度公司对华贸易的垄断地位，竞争和自由贸易的时代来临，速度和效率成为海上运输贸易的重要考量因素。茶叶的季节性强，当时没有冷冻保鲜技术，因此海运船速的快慢决定了谁能将第一批新茶从东方运至西方，从而获得极高的利润和商业声誉。

1845 年 1 月 22 日，美国船舶设计师约翰·格里菲思（John Griffiths）设计的"彩虹"号（Rainbow）帆船在纽约史密斯-迪门（Smith and Dimon）船厂建成下水，这艘船船型瘦长、前端尖锐突出、具有标志性的空心船首，航速大大快于传统帆船，被称为世界上第一艘"飞剪式帆船"。研究造船史的专家认为飞剪船的雏形源自早期海盗使用的巴尔的摩快剪船，悬挂骷髅海盗旗的双桅杆巴尔的摩快剪船的船头、桅杆、船尾微微倾斜，多叶风帆迎风鼓起，轻便、灵活、快速，能迅速追击和截获在海面上发现的其他船只。

1849 年，英国议会废除了《航海法》，英国港口向国外的商船开放。美国的飞剪船此前在广州装上茶叶后绕过合恩角，然后返回纽约或波士顿，现在它们被允许在英国的港口停靠。1850 年，装载着 887 吨茶叶的"东方号"飞剪船从香港出发，经过 97 天海上航行，停靠在英国的西印度码头。英国人对美国飞剪船的造船技术惊叹不已，竞争压力下加快了本国造船技术的革新和飞剪船的发展。1859 年，英格兰海边小镇格陵诺克迎来了新型飞剪船"鹰隼号"的下水仪式，此后英国制造的飞剪船一艘接一艘下水，南北战争期间（1861—1865 年）美国飞剪船的制造陷于停顿，运茶飞剪船的制造主要在苏格兰的几家大船厂之间展开竞争。1863 年，斯蒂尔公司的"太平号"飞剪船下水，船身结构较以前更结实，外形更加美观。

1842 年《南京条约》签订后，福州成为对外通商口岸。由于福州是离武夷山茶区最近的港口城市，每年 5 月起就有许多运茶飞剪船停泊在福州罗星塔码头，等待着把当年最早的春茶运往海外。1840—1860 的 20 年间，英国的人均茶叶消费量翻了一番，每年 9 月以后，英国伦敦的商人和民众就翘首以待，盼望着始发自中国福州的第一艘运茶飞剪船。

1866 年 5 月底，"羚羊号""太平号""太清号""血十字号""绥利加号"五艘飞剪船满载着当年第一批上市的新茶，相继从中国福州港罗星塔码头扬帆起航，一路竞发向着英国伦敦快速行进。这次航行被认为是一次意义非凡的竞赛，五艘飞剪船都有着标志性的空心船首和优美水线，在大海上乘风破浪、以惊人的航速前行，它们都参加了当年中国至英国的海上茶叶运输比赛。按照比赛的规则，谁第一个抵达英国伦敦将会得到丰厚的奖金。

五艘参赛飞剪船鼓足风帆、你追我赶，历时三个多月，经中国南海、穿越印度洋，绕过非洲好望角，航行至大西洋后驶向英吉利海峡。最终"羚羊号"和"太平号"两艘飞剪船在9月5日率先升起翼帆和彩旗，双双驶入英吉利海峡。9月6日凌晨，格雷夫森德港口的领航员登上"羚羊号"飞剪船向凯伊船长祝贺"羚羊号"成为当年第一艘来自中国的运茶飞剪船。很快"太平号"也紧随其后抵达格雷夫森德港口，并找到一艘更大功率的拖船以更快的速度将其拖入东印度码头的泊位，结果"太平号"比"羚羊号"下锚早了20分钟。按照当时比赛的规则，以进入泊位的下锚时间先后为标志决定输赢，最终"太平号"赢得了这场飞剪船运茶的比赛，获得每吨茶叶10先令的额外奖金，据记载"太平号"上当时装有767吨茶叶。这正应验了那句西方的谚语：谁笑到最后，谁笑得最好。9月12日，伦敦《每日电讯报》以"1866年的伟大茶叶竞速赛"为标题报道了此次比赛的结果。这次比赛使以前从中国海运茶叶到英国需费时6个月的航程时间缩短了一半，大大加快了中国茶叶向欧洲的运销，运往英国的茶叶越来越多，价格也大幅下降，满足了英国人流行下午茶的大量茶叶需求，饮茶风习很快由上层社会和中产阶级普及到英国乡村的普通民众。

美国作家威廉·乌克斯（W·H·Ukers）撰写的《茶叶全书》（*All About Tea*）中，专门用一个章节"飞剪船的黄金时代"来描写19世纪日新月异的远洋航海技术缩短运输时间对提高茶叶品质和增加贸易量的重要作用，对1866年这次飞剪船运茶竞赛也做了吸人眼球的生动描述。

美国人发明袋泡茶

1908 年纽约茶叶经销商托马斯·萨利文采用向客户发送小包装样茶的方式开展促销活动。这些促销用的小包装样茶装在小丝绸袋子里，有的客户误以为这些袋子是用来泡茶的，于是将丝绸袋子直接泡在热水中。他们在给萨利文的反馈中抱怨这些丝绸的袋子网眼太小，泡茶的效果不够理想。萨利文在客户反馈中受到启发，向客户发送了第一批用纱布做成的袋泡茶，袋泡茶的便利性很快得到客户的肯定并让它快速在美国流行起来。

1935 年，泰特莱公司在英国市场推出了袋泡茶。或许是由于英国人对于传统的坚持甚于美国人，袋泡茶在英国的推广并不顺利，到 1970 年袋泡茶还仅占到英国茶叶市场的 10%。然而 70 年代以后情况发生了很大改变，英国袋泡茶的销量以出人意料的速度快速增长，1985 年占据了英国茶叶市场的 68%，到 2000 年袋泡茶占到英国茶叶市场的 90%。世界著名的茶叶品牌川宁和立顿很快大量推广袋泡茶，并以袋泡茶的方式销售其大部分格雷伯爵茶和大吉岭茶。袋泡茶的快速兴起符合了客户需求变化和社会发展趋势：一是袋泡茶可以使茶叶的加工采用 CTC 方式，整叶茶和碎茶都可以经切碎后制成袋泡茶，成本降低令袋泡茶的售价较同类传统散茶大幅下降；二是袋泡茶使用方便，茶包的携带以及泡茶完成后的处理都十分便利，因而受到人们尤其是年轻人的欢迎；三是袋泡茶在制作上更易于标准化，也更容易按不同客群的偏好进行拼配，客户可以获得口感和品质稳定的饮茶体验；四是袋泡茶冲泡简易快速，相对于散叶茶更适合于生活工作节奏不断加快的现代社会。

第八辑

资本主义全球扩张
与茶资源的世界性
配置

　　11 世纪以后，欧洲许多具有专门手艺的手工业者聚集到交通要道、渡口或教堂、城堡附近开设作坊，收徒、雇佣、合伙等形式开始出现并日益普遍，商人们也在这些地方进行商品买卖和集市交换，有钱的商人把钱借钱给别人收取利息，以工商业为中心的城市开始出现，并且城市规模和人口数量逐年扩大，城邦之间的各种贸易逐渐频繁、数量不断增加，早期的资本主义生产关系在城市兴起中渐渐萌芽和发展。

　　13—14 世纪时期，地中海沿岸各国是当时世界海上贸易最为活跃的地区，地中海东岸是东西方贸易的中转站。亚洲的丝绸、香料、瓷器等物品一路由阿拉伯人经印度洋、红海运到非洲埃及等地，另一路则经过中亚地区和波斯湾运到黑海或地中海东岸，然后再由意大利威尼斯和热那亚的商人转销到欧洲各地。

大航海和地理大发现加快资本主义全球扩张

　　15 世纪末期以后，随着新航路开辟和地理大发现，欧洲的经济贸易中心逐渐从地中海地区转移到了大西洋沿岸。葡萄牙和西班牙率先成为海上强国，荷兰因为最早爆发了资产阶级革命以及造船航海业的发达在海上贸易方面后来居上，航行于海上的荷兰商船一度多达 1.5 万艘，占当时世界海上商船总数的四分之三，荷兰人因此被誉为 17 世纪的"海上马车夫"，英国则利用自身有利的地理位置以及最早发生工业革命而建立了以新技术应用为核心的大机器生产方式，在海上国际贸易和殖民扩张中形成了持续的后发优势。随着欧洲资产阶级革命胜利而成长起来的农场主、工场主、商人、银行家等新兴资产阶级具有强烈的发展使命感和对外扩张意愿，资本主义生产方式的快速发展产生了在全球范围内寻找原材料供给和工业品倾销市场的迫切要求。

1492 年，哥伦布率领船队横渡大西洋到达北美，发现了美洲新大陆。

1498 年，达·伽马沿着大西洋海岸南下，绕过非洲好望角到达印度大陆，开辟了欧洲通往亚洲的海上航线。

1517 年，葡萄牙的远洋船队到达了远东的中国沿海海面。

1522 年，麦哲伦率领远洋船队完成了人类历史上首次环球航行。

……

资本主义生产关系的萌芽、发展以及物质技术的不断进步，一方面引发社会阶层结构发生了趋势性的变化，群体日益增多、以商业利益价值为取向的工商业者开始对传统的政教体制产生不满、抱怨和改革的诉求，另一方面工商业的兴起和市场贸易的发达形成了寻求更多资源、更大市场的原力驱动。大航海和地理大发现为欧洲资本主义的发展和扩张提供了外部方向和全球路径，在世界范围内寻求资源的获取、交换、加工、获利、扩大再生产成为欧洲新兴资产阶级的共同诉求，早期资本主义全球产业链分工也在逐渐酝酿之中。

首爆资产阶级革命的荷兰·殖民扩张

1566 年荷兰在欧洲各国中率先爆发了资产阶级革命，1581 年荷兰脱离西班牙的统治而独立。荷兰共和国的成立为国内资本主义的发展扫除了障碍，资产阶级主导的共和国积极发展对外贸易并进行殖民扩张。1602 年，荷兰建立了东印度公司，在东方与西班牙、葡萄牙展开了殖民扩张的角力与争夺。荷兰人占领了通往东方的战略据点毛里求斯和开普敦，先后侵占了爪哇（今属印度尼西亚）、锡兰（今斯里兰卡）、中国台湾等地，在印度、澳大利亚地区建立了诸多殖民据点，夺取了垄断东方贸易的主导权。1609 年，荷兰航海家亨利·哈德逊率船队对北纬 38—45 度之间的北美洲海岸进行了考察和测绘，将其命名为新尼德兰。1625 年荷兰开始在曼哈顿岛上修建新阿姆斯特丹城堡，拉开了纽约市建城的序幕。荷兰人很快在南北美洲、加勒比海建成了大大小小的诸多殖民地。

17 世纪中叶荷兰一跃成为世界性殖民大国，先于英国成为"第一个充分发展了殖民制度的国家"，对欧洲各国资本主义的发展起到了先行示范和促进作用，阿姆斯特丹也迅速发展成为当时世界最大的金融中心。荷兰的殖民掠夺和海上贸易使荷兰社会经济兴旺、富甲全球，令欧洲其他各国资产阶级惊讶和羡慕不已。英国重商主义代表人物托马斯·孟于 1664 年发表的《英国得自对外贸易的财富》一书中反复强调英国应该学习荷兰，更积极地推行重商主义政策。

荷兰人在 1626 年最早将茶叶带到了荷属北美殖民地。从新阿姆斯特丹时期遗留下来的饮茶器具来看，当时的茶盘、茶壶、银匙等茶具与同时期荷兰国内的器具并无差别，新阿姆斯特丹的社交名媛们乐于用不同的茶壶亲自泡制多种茗茶来招待宾客，并且在场景上仿效当时荷兰国内贵族们的茶会，可见饮茶在那个时期是一种流行的社交风尚。

英国的殖民扩张·东印度公司

英国自 16 世纪下半叶起就奉行重商主义。英国政府大力扶植造船业，支持成立海外贸易特权公司，1600 年成立了英国东印度公司，1670 年成立了北美哈德逊公司。英国殖民者通过以武力为后盾，在世界各地用各种方式获取资源，大肆进行低买高卖的国际贸易，在英属印度殖民地大量种植罂粟和制造鸦片并倾销到中国，掠获了资本主义发展所需要的巨额资本和生产资料，获取的巨额利润变成源源不断的财富流回到英国国内。17 世纪中叶到 18 世纪的百年间，英国在资产阶级革命以后通过圈地运动、海外殖民经济、强掠式贸易、贩卖奴隶等血腥掠夺，迅速取得了巨额资本和大量劳动力资源，实现了资本主义生产和再生产的不断循环扩大。

英国东印度公司

英国东印度公司在 1600 年获得女王的特许经营授权，享有印度贸易特许专营权 15 年，前 4 次对外航行贸易免征出口税，并且特许携带本国现金出境开展国际贸易。英国东印度公司在全盛时期，有权占领土地、铸造货币、建立军队，可以与其他国家缔约、宣战或议和，行使民事及司法权。1834 年以前东印度公司掌握着中国茶叶贸易的专卖权，它们垄断并操纵着茶叶的买卖，控制着茶叶进入英国的数量和价格。

17 世纪以后在欧洲大陆的不同时期，共产生了相互激烈竞争的 16 家东印度公司，包括英国、荷兰、法国、丹麦、奥地利、瑞典、西班牙和普鲁士，其中英国东印度公司的地位和影响力最为强大。

1637 年，英国东印度公司的舰队第一次到达了广州，但当时它们对于茶叶还没有太多的重视。1664 年，它们在澳门建立了办事处，1678 年开始与中国开展经常性直接贸易。1684 年得到了中国政府许可在广州建立商馆。1773 年，英国东印度公司被授予了与中国和印度贸易的特权，形成了对中国茶叶贸易的垄断经营。1813 年，英国议会通过议案，废止了英国东印度公司对印度贸易的专营权，对中国贸易的专营权则延续至 1833 年。1858 年，由于印度爆发反英民族起义，英国东印度公司的财产和权利被英王收回。1874 年，英国东印度公司被解散。

英国东印度公司的记录中最早提到茶叶是在 1615 年，当时东印度公司驻日本平户代表理查德·威克汉姆给公司驻澳门代理人伊顿写了一封信，请他代为采购茶叶等中国出产的物品："伊顿先生，烦劳您在澳门替我采购最好的茶叶一罐……所有费用都由我来承担。"

在 1843 年出版的一本名为《伦敦》的书中，记载了英国东印度公司定期拍卖茶叶的场景："茶叶定期拍卖，场面很大，使从事此行业的人们至今记忆犹新。拍卖会一年 4 次，分别在 3 月、6 月、9 月和 12 月。每期拍卖的数量都很大，近几次都达到了每次 850 万磅。拍卖持续几天，有一天竟然售出 120 万磅之多。茶商都聘用一位茶叶经纪人来完成茶叶的竞买，他们通过点头目示等方法来传递信息。拍卖会上将质量相同的茶叶划成一批，以方便进行大宗交易。茶叶拍卖按批出价，出价人叫价后以法寻（四分之一便士，英国最小铜币单位）为单位上下浮动。当有人加价 1 法寻时，人们的呼叫声大到让人不大习惯。即便是隔着厚厚的墙壁，利德霍尔街上往来的行人还能够听到喧闹的叫喊声。"

🍂 驿站　茶叶拍卖制度和各国拍卖市场

拍卖是指，专门从事拍卖业务的拍卖人接受货主的委托，在规定的时间与场所，按照一定的章程和规则，将要拍卖的货物向买主展示，公开叫价竞购，最后由拍卖人把货物卖给出价最高的买主的一种交易方式。

1679 年，东印度公司在英国伦敦举办了世界上第一次茶叶拍卖。由于英国本国不产茶叶，难以采用成本加利润的方式确定茶叶的价格，同时从远东运来的茶叶每一批其品质都有差异，从而也很难确定统一的价格，因此通过拍卖交易就成为买卖双方都认为公平的方式。当时东印度公司规定每一批运到英国的茶叶都必须进行拍卖后进入分销流程，每一个在欧洲销售的茶叶箱都必须进行估值、分级和拍卖。在以后的 300 多年里，拍卖也成为国际茶叶市场最主要的交易方式。

由于茶叶交易量的不断增加，18 世纪 50 年代中期以后东印度公司在其伦敦总部（East India House）开始举行季度性拍卖，拍卖由东印度公司的经纪人主持。1833 年以后，英属东印度公司不再垄断茶叶贸易，1834 年成为茶叶贸易史上具有里程碑意义的一年，当年 10 月 8 日在伦敦举行了"自由茶叶贸易"政策下的第一次拍卖，拍卖周期也变为一周一次。当时进口到英国的茶叶会运到东印度公司位于伦敦的印度商品仓库，并在东印度公司的伦敦总部进行拍卖。

1837 年，世界上第一个茶叶拍卖中心——伦敦茶叶拍卖市场成立。伦敦茶叶拍卖中心在其漫长的发展过程中见证着世界茶业的扩展，它在早期主要拍卖来自中国的茶叶。1842 年伦敦市场首次拍卖来自世界上第一家茶叶生产公司阿萨姆公司的产品，1873 年斯里兰卡的茶叶第一次进入英国拍卖市场，1928年第一批非洲肯尼亚茶叶进入英国拍卖市场。20世纪后期，由于世界茶叶贸易已经在印度、斯里兰卡、肯尼亚等产茶国进行拍卖交易，不再需要通过伦敦拍卖中心，同时电话销售、电子邮件、互联网销售等自由贸易方式正在大量增加，因此1998年6月26日（星期一），伦敦茶叶拍卖中心在明辛街（Mincing Lane）宣告停拍，从而结束了300多年的拍卖历史。

后期世界茶叶主产国都先后成立了茶叶拍卖市场：

1861年，印度加尔各答茶叶拍卖市场成立。后期印度还成立了科钦（1947年）、库奴尔（1963年）、高合第（1970年）、西里古里（1976年）、哥依巴特（1980年）等拍卖市场。

1883年，锡兰（斯里兰卡）科伦坡茶叶拍卖市场成立。

1956年，肯尼亚内罗毕拍卖中心成立，这也是非洲最早成立的拍卖市场。后期蒙马萨（1969年）等均成立了茶叶拍卖市场。

孟加拉国的吉大港拍卖市场（1947年）、马拉维的林贝拍卖市场（1970年）、印度尼西亚的雅加达茶叶拍卖市场（1972年）、新加坡茶叶拍卖市场（1981年）、阿联酋迪拜国际茶叶贸易中心（2005）等也在世界茶业的兴起过程中先后成立。

英国工业革命·《国富论》

1688年英国资产阶级革命结束，次年英国通过《权利法案》确立了君主立宪制。《权利法案》的主要内容包括：（1）国王不得侵犯议会的征税权；（2）国王无权废止议会通过的法律；（3）不经议会同意，国王不得组织常备军队；（4）人民有请愿权；（5）国王不得干涉议会的言论自由，不得因政治行为拘禁议员；（6）必须定期召开议会。1701年，英国议会又通过《王位继承法》作为《权利法案》的补充，规定国王的法令必须由有关大臣的签署才能生效，所有大臣必须执行议会的决议，不同意议会的决议，大臣必须辞职。这个法案确定了大臣对议会负责而不对国王负责，英国国王从政体上变成了名义上的君主，国家政权由资产阶级控制的议会所掌控的制度。

英国资产阶级革命以后，国内外市场迅速扩大，社会财富的增长不仅表现为货币的积累，也表现为生产和再生产的扩张。工业资产阶级对国家干预经济生活提出了反对主张，资产阶级利益重心从流通领域转向生产领域，重商主义学说信徒渐趋减少，新的资产阶级古典政治经济学说登上了历史舞台。1776年，英格兰经济学家亚当·斯密出版了他的百科全书式的经济学著作——《国民财富的性质和原因的研究》（简称《国富论》），这是资产阶级政治经济学的第一部系统而完整的著作，它对工业革命的蓬勃展开起到了支持和鼓励作用，推动了工业革命的发展。

🍃 驿站　《国富论》

《国富论》是一本值得认真读的书。它是影响人类历史进程的划时代巨著之一，是经济学的百科全书，也是经济金融从业者的必读书籍。《国富论》是1776年英格兰古典政治经济学家亚当·斯密（Adam Smith，1723—1790年）历时十年写成的经济学著作，它奠定了资本主义自由经济的理论基础，它的出版标志着古典政治经济学理论体系的建立，经济学由此形成为了一门独立的学科。亚当·斯密是英国经济学家、哲学家和伦理学家，英国古典政治经济学体系的奠基人，被后人称为"现代经济学之父"。

《国富论》作为第一部系统的伟大经济学著作，集成了当时人类已经建树的经济理论、经济史、经济思想史、财政学、经济政策等方面的广泛知识，深入浅出的论述内容涵盖了历史、伦理、经济、政治、社会行为等各个领域。亚当·斯密在《国富论》中所确立的研究方向和方法对后世影响深远，他富有预见性的洞察和诸多实用的见解至今依然引发人们的思考。美国著名经济学家熊彼特认为《国富论》不仅是最为成功的经济学著作，而且是除了达尔文的《物种起源》外迄今出版的最为成功的科学著作。

英国工业革命始于18世纪60年代，棉纺织业的技术革新为其开端，瓦特改良蒸汽机以后大机器生产的广泛应用和替代手工业为枢纽，带动英国乃至整个资本主义世界的经济跃上了新的台阶。英国资产阶级政权的建立促进了资本主义生产的发展，殖民主义扩张为资本主义的发展积累了大量资本，圈地运动为资本主义的发展提供了大量工业劳动力，英国在18世纪中期以后成为全球最强大的资本主义殖民国家。工业革命推动英国社会结构和生产关系发生重大改变，生产力迅速提高。这次革命从开始到完成，前后经历了一百年时间，影响范围不仅扩展到西欧和北美，推动了法、德、意、美等各国的技术革新和产业升级，而且还扩展到东欧和亚洲地区，俄国和日本也相继出现了工业革命的高潮。

🍃 驿站　英国工业革命

英国工业革命（The British Industrial Revolution）始于18世纪60年代，最早发源于英格兰中部地区，资本主义生产由此实现了从工场手工业向机器大工业的过渡和转变。它是以机器取代人力、以大规模工厂化生产替代个体工场手工生产的一场生产与科技革命，也被称为第一次工业革命。

机器的发明和使用成为英国工业革命时代的标志，历史学家称这个时代为"机器时代"（The Age of Machines）。18世纪中叶，英国人哈格里夫斯发明了珍妮纺纱机，瓦特发明了改良式蒸汽机，此后一系列技术革命引起了从手工劳动向动力机器生产转变的重大飞跃。蒸汽机、煤、铁和钢四大因素促进和加快了工业革命的技术发展。英国是西方最早开始工业革命的国家，随后工业革命向整个欧洲大陆扩展，19世纪传至北美，后来又渐至传播到世界其他国家和地区。

工业革命发生的内在动因是工场手工业的生产已经不能满足市场的需要，市场的巨大需求对工场手工业提出了技术革新的要求。英国最早具备了发生工业革命的基础：（1）政治上英国较早地确立了君主立宪制，资产阶级确立的政治制度为英国资本主义经济的发展提供了相对稳定的环境。（2）农业上英国在17—18世纪已经基本完成了农业革命，表现为轮作制的推广、生产工具的改进、新农作物的耕种以及肥料的使用等。（3）圈地运动使大量失去土地的农民向城镇转移，为工业化准备了大批产业工人。（4）工厂手工劳动积累的经验导致生产技术发生进步，英国城镇手工业者不受地方行会势力的限制，具有更加自由的环境和创新能力。（5）资产阶级政府支持和奖励发明创造，调动了劳动生产者创造发明的积极性。（6）殖民扩张为英国工商业发展提供了巨大的海外市场和原材料来源。（7）英国拥有丰富的煤炭资源，使用机器生产所消耗的能源成本大幅低于手工生产成本，有利于先进生产技术的推广。

工业革命是资本主义发展史上的一个重要阶段，实现了从传统农业社会转向现代工业社会的重要转变。生产技术方面它使机器代替了手工劳动，机器工厂代替了手工工场。工业革命创造了巨大的生产力，使社会关系发生了深刻变革，资产阶级和无产阶级成为社会的主要力量。工业革命使西方资本主义国家的生产方式发生了重大变革，生产力和生产效率大幅提高，在经济、技术等方面领先世界。工业化和城市化也引发了新的社会问题，包括贫富分化、城市人口膨胀、住房拥挤、环境污染等。

由技术革新和资本主义新生产方式带动的全球化市场的形成使世界各地的资源被逐步纳入全球化配置的范畴，各个国家和地区因其禀赋和生产能力的差异而产生比较优势并进行国际和地区间的贸易交换。茶叶作为民生物资和大宗商品，在传入欧洲后由欧洲殖民者传播到世界各地，同时茶叶的生产制造在资本主义生产体系中得以扩展。荷兰人1826年以后开始在现属印度尼西亚的爪哇岛和苏门答腊岛种植茶叶。英国人在1830年代在英属印度殖民地阿萨姆、大吉岭和锡兰（今斯里兰卡）等地开辟茶业种植园，大量种植和生产茶叶，到19世纪末期印度和锡兰出口欧洲的茶叶占到欧洲进口量的90%以上，替代了价格高昂且对英国人而言可控性低的中国茶叶。1903年，英国人又将印度阿萨姆的茶种栽植到了肯尼亚，在非洲开辟了大量茶业种植园，经过100多年发展肯尼亚在21世纪成为全球第三大茶叶生产国和第一大茶叶出口国。

鸦片战争·茶贸巨额逆差与鸦片倾销

英国工业革命以后，国内资本主义的迅速发展令它产生了在全球范围内寻找原材料和商品市场的巨大动力。英国在美洲、非洲、亚洲的殖民地为其带来了源源不断的工业化所需的各种原料，同时也成为其工业制成品的重要市场。当时的中国正好非常符合作为英国商品倾销市场的条件，英国政府也积极寻求与中国的贸易通商，不断地派遣商船来华进行贸易。中国出产的丝绸、茶叶、瓷器等商品在欧洲市场特别是在上层社会中大受欢迎，在自己的庄园或家中和朋友一起喝一杯来自遥远中国的午后红茶，成为当时英国贵族和上流社会的时髦活动。然而令英国商人们沮丧的是英国出口的羊毛织品、呢绒等工业制成品在中国却不受青睐，于是英国商人只能花费大量的白银购买中国的商品输入欧洲，进口商品中茶叶占了较大份额，最高时茶叶价值占比超过90%，英国在与清朝的国际贸易上形成了大量的入超。为了改变进出口的巨额逆差，英国商人从当时的英属殖民地印度走私大量鸦片输入中国，仅1830年就向中国输入印产鸦片1.8万箱，价值250万英镑，超过了当年中国出口茶叶的总价值220万英镑，由此英国不仅改变了与清朝贸易的进出口逆差，并且导致了清朝巨额白银的外流。19世纪的第一个10年英国向中国出口了983吨白银，然而到19世纪40年代中国反向英国流出了366吨白银。根据统计资料显示，1818—1833年，英国共向中国走私了价值超过1亿美元的鸦片，英国商人走私鸦片不仅令清朝白银和财富大量损失，而且戕害国人健康、消弭民众意志，于是清政府派林则徐到广东禁烟、销烟，并宣布全面中止与英国的贸易往来，由此英国政府在议会支持下发动了对中国的侵略战争。

第一次鸦片战争（1840—1842 年）

第一次鸦片战争（First Opium War）是 1840—1842 年英国对中国发动的一场战争，英国称为第一次英中战争（First Anglo-Chinese War）或"通商战争"。

1840 年 1 月 5 日，林则徐奉旨宣布正式封港，永远断绝和英国贸易。此前英国商人走私贩卖鸦片，不仅使中国大量白银外流、耗损清朝国库，而且败坏社会风气、损害国人健康，钦差大臣林则徐奉命到广州开展禁烟，将英国人在华库存鸦片尽数销毁。按照英国人的记载，共有价值 900 万美元的 20 283 箱鸦片被倒进了大海里。禁烟销烟切断了英国人鸦片贸易的财路，英国人认为被禁止入华贸易触及了他们的根本利益。英国国会在进行激烈辩论后最终以 271 票对 262 票通过对华军事行动议案，英国政府派出海军少将懿律（George Elliot）和驻华商务监督义律（Charles Elliott）率领英军舰船 47 艘、陆军 4 000 人组成远征军，于 1840 年 6 月抵达广东珠江口外，第一次鸦片战争爆发。中英两国政府在以后两年中边打边谈、边谈边打，英军一路由南往北陆续攻陷广州、厦门、定海（今浙江舟山）、慈溪、镇江，1842 年 8 月英舰抵达下关江面直逼南京。清政府在英军武力逼迫下与英国议和，签订了中国近代史上第一个不平等条约《南京条约》，除了割让香港、赔款 2 100 万银元之外，承诺开放广州、厦门、福州、宁波、上海五个通商口岸。英国政府强迫清政府订立了《五口通商章程》和《五口通商附粘善后条款》，规定通商口岸的关税税率由中英双方商谈决定。1844 年 7 月中美签订《中美望厦条约》，1844 年 10 月中法签订《黄埔条约》，美国和法国获得了与英国《南京条约》规定的同等待遇。第一次鸦片战争以清政府割地赔款而告终，领土、领海、司法、关税、贸易主权遭到破坏，中国由一个独立自主的国家开始沦为半殖民地半封建国家。

1845 年 11 月 29 日，英国与清政府签订了《上海租地章程》。1854 年 7 月 5 日，英、美、法三国自行公布了三国领事修订的新《上海租地章程》，并胁迫清政府追认同意。由此英、美、法三国的外国人获得了可以在上海的划定区域内，开设洋行、经营贸易并划地建房的权利。五个通商口岸中上海最早划定租界，对外贸易发展快于其他四个口岸，香港、广州的洋行遂陆续向上海迁移，上海逐渐代替广州成为全国对外贸易的中心。

第二次鸦片战争（1856—1860 年）

第一次鸦片战争后清政府在外部武力胁迫下步步退让，西方资本主义列强相继侵入中国，不断要求扩大在华的利益和特权。1854 年，英国要求修订《南京条约》，提出中国全境开放通商，鸦片贸易合法化，进出口货物免交子口税[1]，外国公使常驻北京，法、美两国也提出了类似要求，遭到清政府断然拒绝。于是英、法两国在美、俄支持下，趁中国国内太平天国运动之际，以"亚罗号事件"及"马神甫事件"为借口，联合发动了第二次侵华战争。1856 年 10 月英军开始军事行动，27 日英舰炮轰广州城，29 日英军攻入广州。1856 年 12 月，英法联军五千六百余人在珠江口集结，准备开展大举进攻。此时清政府正集中兵力忙于镇压太平天国和捻军起义，对外采取了"息兵为要"方针。1858 年 4 月，英、法、俄、美四国公使率舰陆续来到大沽口外，以重兵压境、进攻北京作为威胁逼迫清政府议和谈判，天津和谈的结果是清政府分别与俄、英、法、美签订《天津条约》，主要内容包括：外国公使进驻北京；开放牛庄、登州（今山东蓬莱）、台南、淡水（今台湾新北市淡水镇）、潮州、琼州（治今海口市琼山区）、汉口、九江、南京、镇江为通商口岸；外国商船可以自由驶入长江一带的通商口岸；外国人可以到内地游历和经商；外国传教士可以到内地自由传教；中国对英、法两国赔款 600 万两白银。1858 年 5 月，俄国西伯利亚总督穆拉维约夫乘英法联军攻陷大沽口、形势危急之时，用武力胁迫黑龙江将军奕山签订中俄《瑷珲条约》，割占黑龙江以北、外兴安岭以南的 60 多万平方公里土地，把乌苏里江以东约 40 万平方公里中国领土划作两国共管地区。

1860 年 2 月，英、法两国军队再次扩大侵华战争，陆续占领定海

【1】子口税：又称复进子口半税，关税名。清代海关，对进口洋货，除征收正税外，如洋货欲进入内地口岸销售，则须加征进口子口税，税率为正税之半。

228

（今舟山）、大连湾、烟台，封锁渤海湾。8月英法联军18 000人进占天津，向清政府提出增开天津为通商口岸、增加赔款以及带兵进京换约等条件，被拒绝后英法军队从天津进犯北京。10月18日，英法联军占领北京，抢劫、焚毁圆明园。清政府被迫与英法和谈，订立中英《北京条约》、中法《北京条约》作为《天津条约》的补充，续增条款包括：开天津为商埠；割让九龙半岛给英国；准许外国人在中国招聘汉人出洋充当劳工；将已充公的天主教教堂财产发还，法国传教士可以在各省任意租买田地、建造教堂；对英、法两国赔款各增至800万两白银。俄国也乘机逼迫清政府签订中俄《北京条约》，将乌苏里江以东40万平方公里的土地划归俄国，增开喀什噶尔（新疆喀什）为商埠，在喀什噶尔、库伦（今蒙古国乌兰巴托）设领事馆。第二次鸦片战争结束，中国社会的半殖民地化程度进一步加深。

两次鸦片战争的直接导火线是禁烟和销烟，但是其核心是中英双方在国际贸易中形成的巨大利益矛盾的爆发，其源头是工业革命后强悍的英国资本主义对茶叶、丝绸、瓷器等世界资源的争夺，在资源掠夺和商品市场拓展得不到满足的情况下凭借坚船利炮开道而引起的侵略战争。两次鸦片战争被认为是中国近代历史上的百年耻辱，但是中国人民的英勇抵抗也令英国人认识到不可能将中国变成可以为所欲为、全面殖民化的国家。为了获取稳定的茶叶来源，英国人加快了在英属殖民地印度和锡兰的茶叶种植，在19世纪末期英国从印度、锡兰（今斯里兰卡）进口的茶叶大部分替代了以前购自中国的茶叶，并在20世纪初又在肯尼亚等非洲殖民地国家开辟了新的茶叶种植园。

英国殖民者将茶传播至南亚地区

中国的茶和饮茶习惯传向南亚地区最早可以追溯至唐朝时期，不仅因为当时天竺（古印度的别称）和大唐之间的宗教文化交流十分频繁，而且唐代时西南地区将茶运销往藏区吐蕃的茶马古道向南延伸到了南亚地区，北方通往西域的丝绸之路的一条分支也通到了新德里。

宋代以后南方的海上丝绸之路渐渐兴起取代了北方的陆上丝绸之路，从泉州、明州（今宁波）、广州出发的商船将丝绸、茶叶、陶瓷、铜铁器等输往东南亚诸国、僧伽罗、天竺，远至北非及土耳其等地。

印度北部虽然有野生乔木型茶树的发现，也有当地人食用野生茶树叶的零星记载，但是印度种植人工驯化茶树、开展茶叶生产制作则要到 19 世纪 30 年代英国人将中国茶籽、茶苗引入阿萨姆栽种以后才真正实现。1780 年，当时的英属殖民地印度曾经尝试种茶，但是一直未获得成功。1788 年英国探险家和植物学家约瑟夫·班克斯爵士给英国东印度公司写了一份报告，探索在印度种植茶叶的可行性，当时东印度公司的巨额利润主要来源于对华贸易，因此报告并未引起重视而被束之高阁。然而 1833 年情况发生了变化，英国东印度公司失去了远东贸易的垄断权，其他公司也可以与中国开展茶叶等自由贸易。

出于开辟新的生意和利源需要，英国东印度公司于 1834 年成立了茶叶委员会，主要任务是编撰在印度栽植茶树和制造茶叶的计划书，并派遣委员会秘书戈登（G.J. Gordon）到中国购买茶籽、茶苗和制茶工具，同时招募茶农、茶工和茶园管理人员。

阿萨姆

1836 年戈登从中国购得的茶籽被种植在加尔各答皇家植物园，成功培育出了四万株茶树苗。两万株茶树苗被送往印度北部阿萨姆邦的萨地亚，交由茶艺主管查尔斯·布鲁士进行培育栽植，另外两万株茶树苗送往喜马拉雅西麓的库马恩和德拉敦栽种。在阿萨姆培植的中国茶苗顺利长成了茶树丛，摘取的茶叶经雇佣的中国茶工炒制后送往加尔各答进行品评，专家认为茶叶质量属于上乘。1838 年，"加尔各答"号远洋轮上开设了阿萨姆茶叶专用舱，第一批阿萨姆茶叶运往伦敦。

1839 年 1 月 10 日，第一批产自印度阿萨姆的茶叶在明辛街的伦敦商业销售大厅拍卖成功，引起了伦敦商界的轰动。英国人认为在印度种茶成功具有历史性的意义，而且是一项十分具有前景的生意。在一个多月时间里，伦敦的商人快速筹资五十万英镑成立了阿萨姆茶叶公司，10 000 股股票几天内被抢购一空。新成立的公司承租了东印度公司在阿萨姆三分之二的茶园，招募大量中国茶农开荒种茶，同时投入资源改良茶园、提高产量，改善阿萨姆地区的交通和通信状况。在阿萨姆采摘制作好的茶叶装箱铅封后装上竹筏，沿着迪库河进入布拉马普特拉河，运到古瓦哈蒂和加尔各答，再装上远洋轮船运往欧洲。

大吉岭

1841 年，印度医疗服务中心的坎贝尔医生从库马恩带来了中国茶籽，将其播种在大吉岭的丘陵上。大吉岭没有本地原生的茶树，但耐寒的中国小叶茶树适应了大吉岭的寒冷气候生存下来，而且长得枝繁叶茂、郁郁葱葱。大吉岭茶叶公司在每年 3 月采摘第一茬新茶，在 6 月采摘当年第二茬茶叶。

阿萨姆茶叶公司和大吉岭茶叶公司的成功吸引了大批欧洲的淘金者蜂拥而至。退伍军官、医生、船长、药剂师、店铺管家、文员、退役警察等都想在阿萨姆拥有一片或几片茶园，他们梦想着一夜暴富。于是 1860 年以后阿萨姆的新茶园如雨后春笋般建成，据记载当时有超过 10 万劳工进入阿萨姆各茶叶种植园劳作，以产业化规模经营的印度茶叶种植园发明使用了制茶机械——揉捻机和烘干机。投资者的狂热也带来了经济泡沫，已建成的茶园可以高于市价几倍的价格转让，甚至产量很低、品质很差的茶园经过包装以后也可以卖给远在万里以外的伦敦急于购入茶园的投机客。茶园投资泡沫破灭后，1865 年时出现了投资者大量抛售茶园股份的现象。

由于印度输往英国的茶叶享受免税待遇，因此阿萨姆等茶区的茶叶产量飞速增长，英国的消费市场上印度产的茶叶正逐步替代来自中国的茶叶。1889 年是历史性的一年，印度对英国的茶叶出口量首次超过了中国。

锡兰

印度东南部的岛国锡兰，现在国名为斯里兰卡，中国古代称之为狮子国、僧伽罗。这个国家盛产宝石，红宝石、蓝宝石、猫眼最为出名，1869 年以前全岛种植咖啡。然而 1869 年发生的一场蔓延全岛的咖啡锈病霉菌灾难改变了这个岛国农业产出的主产品，大量的咖啡园被毁弃，代之而起的是以阿萨姆茶籽培育的大片茶园。由于锡兰气候宜人、雨量充沛，交通和环境较北方的印度更好，于是茶树种植很快就遍及全岛。锡兰高地产出的茶叶质优味醇，其中的"金色芽尖"在茶叶拍卖市场上曾经受到狂热追捧，在 1891 年 8 月 25 日伦敦茶叶拍卖会上，托马斯·立顿（Lipton）的一款新芽卖出了前所未有的每磅 36 英镑 15 先令的高价。锡兰的茶叶产量快速增长，1889 年锡兰对英国的茶叶出口达到了 2 800 万磅，1900 年时有超过 30 万人在锡兰的茶园里工作。现在的斯里兰卡是全世界第四大茶叶生产国，锡兰红茶已经成为与祁门红茶、阿萨姆红茶、大吉岭红茶并称的全球四大红茶而名扬世界。

🍃 驿站　印度的饮茶文化

阿萨姆地区是印度茶的摇篮。1837 年由英国殖民者建立的印度第一个茶叶种植园就诞生在阿萨姆。1840 年，英国人经营的阿萨姆茶叶公司开始了茶叶的商业化生产。经过半个世纪的发展，到 19 世纪末期，阿萨姆已经成为世界上茶叶的主产区之一。阿萨姆茶和大吉岭茶都成为印度品牌茶的重要标志。

印度的阿萨姆、大吉岭等地区虽然在 19 世纪下半期以后盛产茶叶，但是大量生产的茶叶主要用于出口，印度当地喝茶的群体主要是英国殖民者和富裕的上层社会，许多中下层民众由于经济状况或出于对英国殖民者的排斥而不欢迎饮茶。1948 年印度独立，特别是 1960 年代以后 CTC（Crush，Tear，Curl）茶的出现和推广，茶叶价格大幅降低，成为印度普通民众消费得起的民生商品，印度的茶叶消费量出现了大幅增长，目前印度是世界上第二大产茶国。

印度在英国殖民统治时期，茶被看作是"（英）帝国饮料"。当时在印度饮茶的主要是英国殖民者，茶叶和饮茶是"帝国"财富、权力和地位的象征。印度本土的权贵和新富阶层也逐渐模仿在印度的英国人，开始形成饮茶的风习。驻印度的英国殖民者和印度本土富裕阶层在饮茶方式上极力仿效英国伦敦的下午茶，穿戴正式华美的服装参加饮茶聚会，茶室装饰和布置十分考究，使用的茶具茶器精美昂贵，饮茶的程序相当繁复，有的还使用沙漏计时以精准计量泡茶的时间。殖民者和贵族们对此乐此不疲，将参加茶会视为高雅的上层社交活动。

19世纪末20世纪初期，印度本土还有很多人反对喝茶。反对喝茶的原因多种多样，有的出于民族主义情结，反对茶叶种植园主对劳工的压迫而主动放弃喝茶。有些人认为殖民者让印度人饮茶是英国人为了打开印度本地销售市场的阴谋。其他还有些人认为喝茶有害健康，认为茶里的刺激性成分会对大脑产生不好的影响而反对喝茶。

为了培养印度人的饮茶习惯，印度茶叶委员会组织发起了茶叶推广运动。鼓励的举措包括：工厂企业为员工提供吃茶点的休息时间，组织茶摊贩在集市、车站、商店等地开展各种饮茶展示活动和免费派送，立顿公司专门为富裕顾客推出了便于携带的袋装茶叶，布鲁克·邦德公司推出了锡罐包装的茶叶。20世纪40年代以后，茶在印度开始作为国民饮料得到推广，许多茶叶公司在做茶文化推广时，淡化与"（英）帝国"有关的元素，将茶叶与甘地领导的自产运动和民族主义运动关联起来，将茶叶看作印度国家财富的重要来源。印度独立后，茶饮日益成为普通民众的日常饮料，茶叶更多地与物美价廉的商品、美满幸福的家庭、轻松愉快的节日、季节的传音使者、艺术家创作的灵感来源等美好的意象广泛联系起来。

印度在饮茶方式方面变化很大，不同时期、不同地区、不同阶层甚至不同种姓之间的饮茶方式不尽相同。1853年时，印度茶叶委员会主张在茶里加盐，偶尔也会提倡加奶和糖。第一次世界大战以后，印度官方推行英式的饮茶方式，建议在茶中添加少量牛奶和糖，不支持茶摊贩向茶里加香料的做法。20世纪30年代，有印度专家根据茶汤的口味、颜色和使用的香料等要素，对茶饮进行了详尽分类，使用了极具印度本土文化特色的命名方法：比如 janasadharan bhogya cha（一种在味道和品质方面适合普通人喝的茶），baishnav bhogya cha（甜香和无害的奶茶，适合给毗湿奴神的信徒喝）、hanuman bhogya cha（浓烈的茶汤适合神猴哈奴曼的信徒喝，喝了以后可以跨越海洋）。

20 世纪 40 年代，印度有些地方还采用类似中国古代的煮茶法。在古吉拉特邦的安佳尔人会把茶叶、羊奶、糖加在一起煮，煮好后倒掉汤水，将茶叶当小吃食用。在东北部的有些地区，茶叶被放在大米里经过一个晚上的发酵以后食用，当地人还将茶与圣罗勒（tulsi）、蜂蜜和姜汁混合在一起饮用，用于治疗咳嗽和感冒。北部印度的有些地区会把茶叶和月桂叶、小豆蔻、牛奶、糖等放在一起熬煮后食用。

现在印度人饮用的主要是"香料茶"（masala chai），香料的混合物称为"卡拉"（karha）。印度人通常会把牛奶、水、茶叶和香料放在一起煮，饮用的时候把残渣过滤掉。香料茶里所加香料除了姜和豆蔻以外，还有胡椒、肉豆蔻、丁香、肉桂、八角、茴香、小茴香、红辣椒、玫瑰香精和甘草等等。虽然不同人群所使用的香料会有差异，但牛奶、糖、小豆蔻和姜是四种基本成分。印度西部的人们避免使用丁香和黑胡椒，他们会加入扁桃仁、豆蔻、肉桂、丁香、藏红花等；印度中部的博帕尔地区的人们还会在茶里加一些盐进行调味。

对于印度人来说没有什么茶道，饮茶就是他们的一种生活方式。遍布于印度大街小巷的卖茶人是印度人饮茶生活方式的最好见证者。印度人制作茶饮时会先在锅里煮上红茶叶，然后再加入牛奶和糖，有的还要加入丁香、小豆蔻等香料，熬上一会儿后把里面的茶叶和香料过滤掉，倒入细小的玻璃杯里趁热饮用，能够起到很好的提神解乏功效。

印度具有深厚的民族传统，同时又受到殖民文化的长期熏染。英属印度殖民地时期的富裕阶层在饮茶上比较"西化"，他们喜欢到高档优雅的场所去喝茶，养成了跟驻印英国人一样的喝下午茶的习惯，并搭配各种小食，这种传统在一些权贵家族和富裕阶层得到了延续。对于大部分普通民众而言，在 CTC 制成的香料茶普及以后，相较于英式的"红茶＋牛奶＋糖"的组合，他们还是更喜欢独具印度传统与风味的香料茶。印度人将香料茶称为"祖母茶"，显示其历史的悠久与文化传承，印度香料茶中所用的各种香料对治疗感冒、促进消化、治疗肺部疾病和其他各种疾病都有益处，当家庭成员中有人生发疾病时，家里年长的女性便会煮一锅植物根茎叶或种子的汤给大家喝，用以预防和治愈疾病，这种汤的配方由祖母传给妈妈再传给女儿，汤与茶的结合更好地推动了茶在印度的普及，茶迅速成为印度的"国民饮料"。

欲了解印度文化，茶是一扇很好的窗户。

资本主义生产方式和市场化资源配置导致了成本降低、效率提高和财富增长，但是在国际贸易过程中产生的摩擦和冲突无法调和时战争就成为最后的选项。很多人并不知道历史上著名的两次鸦片战争起因之一是英国与中国因茶叶贸易形成的巨额国际收支逆差，并因此向中国大量倾销鸦片，虎门销烟后，英国便以商务受阻为借口发动了针对中国的侵略战争。

非洲殖民地的茶叶种植·肯尼亚

19世纪末期，英国人开始尝试在英属非洲殖民地种植茶叶，在尼亚萨兰（马拉维）、坦噶尼喀（坦桑尼亚）、乌干达等地的试种都没有真正成功。1903年，英国人将阿萨姆茶种引入肯尼亚试种获得了成功，后来在1922年和1925年两家英国公司布鲁克·邦德和詹姆士·芬利先后进入肯尼亚开展茶叶种植和经营，推动肯尼亚的茶叶种植园面积得到快速扩大。特别是印度和锡兰分别在1947年和1948年脱离英国独立，布鲁克·邦德和詹姆士·芬利两家公司大幅增加了在肯尼亚的茶叶种植面积。20世纪60年代，世界银行在肯尼亚实施了一个扶贫项目，帮助当地农民种植管理不到1英亩的小茶园，这些小茶园集合起来的茶叶产出在1988年超过了英国公司在肯尼亚的大种植园的产量，这个项目也被评为世界银行最成功的一个发展项目。非洲的马拉维、坦桑尼亚、乌干达、莫桑比克、塞内加尔等国也先后发展了茶叶种植业。

肯尼亚

肯尼亚的茶叶产量增长很快，90%以上的茶叶用于出口。2018年肯尼亚年生产茶叶50万吨，成为世界第三大产茶国，其中47.5万吨茶叶用于出口，成为全球第一大茶叶出口国，肯尼亚的红碎茶在国际茶叶市场上具有很高的知名度。非洲尤其是东非国家，在气候、土壤方面都适宜种茶，肯尼亚的经验为其他非洲国家发展茶业提供了借鉴。

马拉维

马拉维1964年独立前系英国殖民地，是非洲继肯尼亚之后第二重要茶叶生产国，它的茶区主要集中分布于尼亚萨湖东南部和山坡地带的米兰热、松巴、高罗、布兰太尔等地。马拉维98%的茶叶出口国外，是重要的出口创汇商品，对GDP的贡献率为7%，全国大约150万人从事茶叶相关产业。马拉维主要产印度种红茶，采用茶叶拼配的制作方法，茶叶品质属中上等，分级方法和锡兰茶、印度茶相同。

乌干达

茶叶是乌干达主要经济作物之一。乌干达的茶区主要分布在西部和西南部的托罗、安科利、布里奥罗、基盖齐、穆本迪、乌萨卡等地区。乌干达采取各种优惠措施鼓励茶农扩大生产，政府制定了较为公平合理的出口竞争机制，同时放宽出口许可限制，实行出口产品多样化政策。作为一个新兴的产茶国，乌干达鼓励更多的公司参与茶叶生产和出口，扩大投资的同时也吸引外资。乌干达主要以生产红茶为主，口味偏浓厚，配牛奶或姜汁饮用的方式在当地广受欢迎。

坦桑尼亚

坦桑尼亚1926年以后开始红茶的商业化生产，现在红茶是坦桑尼亚传统的出口商品之一。由于四季皆适宜茶树生长，因此坦桑尼亚几乎全年产茶，制法以 CTC 为主。坦桑尼亚的红茶产区主要分布在南部、东北部以及西北部，集中在维多利亚湖沿岸的布科巴等地区。

莫桑比克

莫桑比克的茶区主要集中在南谋里和姆兰杰山区。在莫桑比克，81% 的劳动力集中于农业，其中茶叶是非常重要的现金作物，因而制茶也成为该国重要的加工业。

塞内加尔

塞内加尔是面向大西洋、与加勒比海的古巴遥遥对望的一个西非国家。塞内加尔当地人酷爱饮茶，喝茶的习惯与摩洛哥人相似，对绿茶情有独钟。早、中、晚三餐之后饮茶三杯，已经成了塞内加尔人的习惯。塞内加尔人喜欢喝清凉解渴的薄荷糖茶，这种茶十分适合炎热干燥、沙漠气候条件下的人们饮用。

第九辑

全球茶叶分布与著名产区

茶树是一种喜温常绿植物，主要分布在亚热带和热带地区。从茶树上采摘的鲜叶必须在短时间内进入晒青、萎凋、揉捻等制作工艺程序，因此全世界茶叶产出的分布与茶树种植地区的分布基本一致。全球茶树种植和茶叶产出的分布区域中，亚洲是最重点区域，亚洲区域内中国、印度、斯里兰卡是重点产茶国。中国是全球最大产茶国，长江流域是其主要产茶区。印度的阿萨姆邦、西孟加拉邦[1]以及斯里兰卡是全球重要茶叶产区。非洲的肯尼亚是全球新兴茶叶生产大国，茶叶出口量全球第一。

【1】西孟加拉邦：出产世界名茶之一大吉岭红茶的大吉岭即位于西孟加拉邦。

世界茶叶地理分布

摊开一张世界地图，除了北美洲和南极洲以外，亚洲、非洲、欧洲、南美洲、大洋洲五大洲都有茶叶产出，其中亚洲和非洲是主要产茶区域。

亚洲

亚洲茶叶产区又分为东亚、南亚、东南亚和西亚四个茶区。

东亚　东亚茶区主产国包括中国、日本和韩国。中国是世界茶的发源地，目前是全球茶叶产量最高的国家，有西南、华南、江南、江北四大茶业产区，生产白茶、绿茶、黄茶、青茶、红茶和黑茶六大类茶叶。日本的茶叶主要分布在本州、四国和九州，本州静冈县的茶叶产量占日本茶叶总产量的45%，日本生产的茶主要是绿茶，分成玉露、抹茶、煎茶、番茶等品种。韩国最大的茶叶产区位于全罗南道的宝城，产量占韩国茶叶总产量的40%，生产的主要也是绿茶。

南亚　南亚茶区产茶国包括印度、斯里兰卡和孟加拉国三国。印度是目前全球茶叶产量第二的国家，印度的茶叶主要分布在东北部的阿萨姆邦和西孟加拉邦，印度50%以上的茶叶产自阿萨姆地区。斯里兰卡是地处印度半岛东南的一个热带岛国，1972年由锡兰改称为斯里兰卡，目前是全球茶叶产量第四的国家，其茶园集中在中部山区的康提、纳佛拉、爱里、巴杜拉和拉脱那浦拉。孟加拉国位于恒河下游，地处印度阿萨姆邦和西孟加拉邦之间，茶叶产地主要分布在东北部的锡尔赫特、东南角的吉大港以及中间的帖比拉。

东南亚　东南亚茶区位于中国以南、印度以东，主要产茶国有印度尼西亚、越南、缅甸、马来西亚、泰国、老挝、柬埔寨、菲律宾，茶叶产量约占全世界总产量的8%。印度尼西亚是东南亚茶区中产量最高的国家，越南、缅甸次之，马来西亚较少，其他几个国家产量则很少。印度尼西亚的茶区主要分布在爪哇岛和苏门答腊岛。越南地处热带，气温高、湿度大，茶区主要分布在北部和中部。马来西亚靠近赤道，属热带雨林气候，茶区主要分布在加米隆高地。越南、老挝、缅甸、泰国、柬埔寨的茶叶产区主要位于内陆河谷地区。

西亚　西亚茶区的产茶国主要有土耳其、伊朗、格鲁吉亚、阿塞拜疆等。土耳其的茶叶产区主要分布在北部的里泽省。伊朗的茶叶产区主要分布在里海沿岸的吉兰省和马赞达兰省，其中巴列维和戈尔甘为主要产地。格鲁吉亚的茶叶种植最早可追溯到1848年，20世纪80年代其茶叶产量曾一度跃至全球第四，90年代以后由于苏联解体和国内经济衰退等原因，茶叶种植面积急剧减少、产量大幅下降，主要生产散装红茶、散装绿茶、绿砖茶和袋泡茶。阿塞拜疆种植茶叶始于1931年，茶叶产区主要处于里海地区。

非洲

非洲茶区的产茶国主要有东部和南部的肯尼亚、乌干达、坦桑尼亚、莫桑比克马拉维、津巴布韦、南非，中部的刚果（金）、布隆迪卢旺达，西部的喀麦隆、塞内加尔，以及东部的岛国毛里求斯等。肯尼亚是世界红茶生产和贸易大国，全球最大的茶叶出口国，主要的茶区分布在肯尼亚山的南坡、内罗毕地区西部和尼安萨区。马拉维的茶叶产区主要集中分布于尼亚萨湖东南部和山坡地带，主产印度种红茶。乌干达的茶叶产区主要分布在西部和西南部的托罗、安科利、布里奥罗、基盖齐、穆本迪、乌萨卡地区。坦桑尼亚的茶叶产区主要分布在南部、东北部以及西北部，其中南部高原地区占全国总产量的 70%。莫桑比克的茶叶产区主要集中在南谋里和姆兰杰山区。

欧洲

欧洲茶区主要产茶国有葡萄牙、俄罗斯。葡萄牙的圣米格尔岛是除俄罗斯以外欧洲唯一的茶叶种植产区，1883 年中国澳门的茶叶专家来这里帮助葡萄牙人开展茶叶种植。俄罗斯的契索茶区是全世界最北的产茶区。

南美洲

南美洲茶区的产茶国有阿根廷、巴西、玻利维亚、秘鲁、厄瓜多尔、哥伦比亚，六国茶叶产量仅占世界茶叶总产量的 1.8%。1812—1825 年，葡萄牙人先后从澳门招募几批中国茶农茶工到巴西种茶、制茶，1824 年阿根廷引入中国茶籽开始茶叶种植，随后茶叶在南美洲其他国家得以栽种与传播。南美洲是世界咖啡的主产地，另外南美洲还盛产一种"非茶之茶"——马黛茶。

大洋洲

大洋洲的澳大利亚、斐济、新西兰、巴布亚新几内亚都有茶园种植和茶叶产出。澳大利亚的茶叶产区以北部的达尔文和伊莎山周边为主。

全球茶叶产量分布

国际茶叶委员会公布的统计数据显示，世界各国的茶园种植面积排在前列的国家有中国、印度、斯里兰卡、肯尼亚、越南、印度尼西亚、缅甸、土耳其。2018年全球各国茶叶产量位居前10的是中国、印度、肯尼亚、斯里兰卡、土耳其、越南、印度尼西亚、孟加拉国、阿根廷和日本。在20世纪70年代中期以前，全球茶叶产量排名前三的是印度、斯里兰卡和中国，1974年中国超过斯里兰卡成为全球第二大茶叶生产国，2004年中国又超越印度成为全球第一大茶叶生产国，肯尼亚则在2005年超越斯里兰卡成为全球第三大茶叶生产国。2018年全球茶叶总产量突破585万吨，比2017年增加15.8万吨，年增长2.78%（表9-1）。

表9-1 2018年世界各国茶叶产量排名前10名

排名	国　家	产量（单位：吨）	占比（%）
1	中国	2 616 000	44.7%
2	印度	1 311 630	22.4%
3	肯尼亚	492 999	8.4%
4	斯里兰卡	303 843	5.2%
5	土耳其	252 000	4.3%
6	越南	168 000	2.9%
7	印尼	131 000	2.2%
8	孟加拉国	82 134	1.4%
9	阿根廷	80 000	1.4%
10	日本	79 000	1.3%
	全球	5 856 414	100%

2018年非洲茶叶生产国茶叶产量明显增长，对全球茶叶总产量增加贡献上升。其中肯尼亚2018年产茶49.3万吨，比2017年增加5.3万吨，同比增长12%；乌干达产茶5.6万吨，比2017年增加2113吨，同比增长4%；马拉维5万吨，比2017年增长5 000吨，同比增长11%；坦桑尼亚3.5万吨，比2017年增加3 300吨，同比增长11%。

全球茶叶进出口分布

1903 年英国人将茶种引进肯尼亚栽植的时候，可能只是想在印度和锡兰以外增加一个茶叶供应的储备产地，也或者是某个英国生意人发现了一个新的商业机会而在非洲开始了他的茶叶种植园事业。当年引茶入非的英国人或许并不会想到一百年以后的 2005 年肯尼亚会超越斯里兰卡成为全球第三大茶叶生产国，并且在 2018 年全球茶叶出口国排名中名列第一，出口量占到全世界茶叶出口总量的 25%。

根据国际茶叶委员会的统计，2018 年全球茶叶总出口量 185 万吨，比 2017 年增加 6 万吨，年增长率 3.43%；全球茶叶总进口量 173 万吨，比 2017 年增加 1 万吨，年增长率 0.61%（表 9-2）。

表 9-2　2018 年世界各国茶叶出口量前 10 名

排名	国　家	出口量（吨）	占比（%）
1	肯尼亚	474 862	25.6%
2	中国	364 700	19.7%
3	斯里兰卡	271 777	14.7%
4	印度	245 100	13.2%
5	越南	136 000	7.3%
6	阿根廷	78 000	4.2%
7	乌干达	50 000	2.7%
8	印尼	49 030	2.6%
9	马拉维	34 816	1.9%
10	坦桑尼亚	26 700	1.4%
	全球	1 852 510	100%

2018 年非洲国家茶叶出口 65.5 万吨，比 2017 年增加 6.8 万吨，

同比上升11.58%；非洲茶叶出口量占全球茶叶出口总量的35%，比2017年上升3个百分点。其中，肯尼亚出口茶叶47.5万吨，同比上升14.23%；乌干达出口茶叶5万吨，同比上升6.37%；马拉维出口茶叶3.5万吨，同比上升18.87%。

肯尼亚2018年全年茶叶产量49.3万吨，其中47.5万吨用于出口，占比96.3%，出口量比2017年增长6万吨，年增幅达14%。巴基斯坦是肯尼亚最大茶叶出口市场，2018年进口肯尼亚茶叶17.8万吨，占肯尼亚出口总量的38%。2018年肯尼亚茶叶的其他出口市场分别为：埃及7.4万吨、英国4.7万吨、阿联酋3.5万吨、苏丹2.2万吨、俄罗斯1.8万吨、也门1.4万吨、阿富汗1万吨。

2018年斯里兰卡和印度茶叶出口量小幅下降。斯里兰卡出口茶叶27.2万吨，比2017年减少6 400吨，同比下降3%。斯里兰卡茶叶主要出口亚洲国家和俄罗斯，2018年出口市场包括：伊拉克3.8万吨，土耳其3.5万吨，俄罗斯3万吨，伊朗2.3万吨，利比亚1.3万吨，阿联酋1万吨。

2018年，印度茶叶出口总量24.9万吨，比2017年减少2 800吨，同比下降2%。印度茶叶主要出口亚洲国家和独联体，2018年出口市场包括：独联体6.1万吨，伊朗3.1万吨，阿联酋2.1万吨，巴基斯坦1.6万吨，英国1.5万吨，埃及1.1万吨，美国1万吨，中国1万吨。

目前巴基斯坦已成为全球最大的茶叶进口国，主要进口红茶，2018年巴基斯坦进口茶叶19.2万吨，比2017年增长1.7万吨，同比增长9.6%。

2018年英美俄等主要茶叶进口国进口数量均出现下降。俄罗斯是世界第二大茶叶进口国，2018年进口茶叶15.3万吨，比2017年减少1万吨，同比下降6%。美国是世界第三大茶叶进口国，2018年进口茶叶13.9万吨，比2017年减少71 52吨，同比下降4.9%。英国是全球第四大茶叶进口国，2018年进口茶叶12.6万吨，比2017年减少1 200吨，同比下降1%（表9-3）。

表 9-3　2018 年世界各国（地区）茶叶进口量前 10 名

排名	国家（地区）	进口量（吨）	占比（%）
1	巴基斯坦	191 773	11.0%
2	俄罗斯	153 000	8.8%
3	美国	139 030	8.0%
4	英国	107 862	6.2%
5	独联体（不含俄罗斯）	90 000	5.2%
6	埃及	82 000	4.7%
7	摩洛哥	73 000	4.2%
8	伊朗	63 600	3.7%
9	阿联酋	63 000	3.6%
10	伊拉克	40 600	2.3%
	全球	1 738 000	100%

全球茶叶人均消费分布

2018 年国际茶叶委员会披露的数据显示，全球人均消费茶叶量最高的国家是土耳其，英国排第三，日本排第五，中国排第八（表 9-4）。人均茶叶消费量与一个国家的饮茶历史、文化传统、经济状况、消费能力以及当地在某一时期的饮品偏好都有不同程度的关系。

表 9-4　2018 年世界各国人均茶叶消费量前 10 名

排名	国　家	人均消费量（克）
1	土耳其	3 157
2	爱尔兰	2 191
3	英国	1 942
4	俄罗斯	1 384

排名	国　家	人均消费量（克）
5	日本	968
6	澳大利亚	748
7	德国	691
8	中国	607
9	加拿大	508
10	马来西亚	479

世界著名茶区·中国

中国的主要产茶区域被分为西南、华南、江南、江北4大茶区。

西南茶区

西南茶区是中国最古老的茶区，包括云南省、贵州省、四川省、西藏自治区东南部，也是世界茶树原产地的中心之一。这个茶叶产区大部分地区处于亚热带季风气候区，山壑交错、地形复杂，是绿茶、红茶、黑茶的主要产地。著名的普洱茶产区、都匀毛尖产区、滇红产区、蒙顶甘露产区都位于西南茶区。

华南茶区

华南茶区包括广东省、广西壮族自治区、福建省、台湾省、海南省。这个地区常年气温较高、降水丰沛，茶树一年当中的生长期达到10个月以上，茶树品种丰富，有乔木、小乔木、灌木等各种类型，主要生产红茶、乌龙茶、白茶和黑茶。著名的武夷岩茶产区、安溪铁观音产区、冻顶乌龙产区、凤凰水仙产区都位于华南茶区。特别是武夷山茶叶产区，这里生产的正山小种红茶曾经风靡19世纪的英国，世界著名的印度阿萨姆红茶、大吉岭红茶、锡兰红茶等都被考证源于武夷正山小种红茶。

江南茶区

江南茶区位于长江中下游南部,包含浙江省、湖南省、江西省和安徽、江苏、湖北三省南部地区,茶叶年产量占全国总产量的三分之二,是中国主要的茶叶产地。这个地区气候四季分明、雨水丰沛,地形多丘陵地带,适宜茶树种植和生长,主要生产绿茶、红茶、黄茶和黑茶。著名的狮峰龙井产区、洞庭碧螺春产区、安吉白茶产区、黄山毛峰产区、安化黑茶产区、青砖茶产区都位于江南茶区。

江北茶区

江北茶区位于长江中下游北部,包含河南省、陕西省、甘肃省、山东省和安徽、江苏、湖北三省北部地区。这个茶区降水量相对较少,容易受旱,主要生产绿茶和黄茶。著名的信阳毛尖产区、六安瓜片产区、霍山黄芽产区都位于江北茶区。

另外按照地区地形,也有把我国茶叶产地分为 10 大茶区的。一是江南丘陵茶区,包括祁红、宁红、湘红、杭湖、平水、屯溪、羊楼洞老青茶区;二是秦巴淮阳茶区,包括江苏、安徽黄山以北、鄂东、川东川北、陕西紫阳、河南信阳茶区;三是岭南茶区,包括闽南、广东、广西茶区;四是浙闽山地茶区,包括温州、闽东、闽北茶区;五是黔鄂山地茶区,包括宜红、贵州、滇东北茶;六是川西南茶区,包括川南、南路、西路边茶区;八是滇西南茶区,包括滇西和滇南两个茶区;九是山东茶区,包括鲁东南沿海茶区、胶东半岛茶区、鲁中南茶区;十是台湾茶区。

世界著名茶区·印度

阿萨姆和大吉岭是印度两大著名茶叶产区,阿萨姆红茶和大吉岭红茶在 19 世纪末期曾经风靡欧洲。19 世纪中期,英国人将中国茶苗、茶籽引入当时是英属殖民地的印度和锡兰(今斯里兰卡),在阿萨姆、大吉岭、锡兰高地等地区开辟了茶业种植园。那个时候,英国意图通过鸦片贸易从中国获取大量茶叶及其他物产的行为受到中国清朝政府和民众的阻击，虽然英国在两次鸦片战争中获得胜利并取得了战争赔款、租借香港、增加通商口岸等利益，但是显然英国无法将中国变成像印度那样可以自由获取原料资源和倾销工业品的殖民地，而当时英国上层社会对于中国茶的喜爱、偏好甚至依赖，使得英国人产生了将中国的茶树、茶籽引入世界上其他适合种植茶树的地区进行栽植并进行茶叶的生产制作的强烈意愿。印度北部的阿萨姆和大吉岭作为与中国西南茶区邻近、气候环境与土壤十分相似的地区，成为当时英国人开辟新茶园的首选地区。虽然当时英国人在阿萨姆和大吉岭地区也发现了当地的野生茶树，但是他们在比较后认为中国茶树经过上千年的驯化优选和人工培植，在产量和品质方面更易形成所需的规模和质量要求。当时英国政府派往中国进行贸易洽谈和商务考察的代表，或经过清朝政府官方允许，或通过私自装船夹带，将中国的茶苗和茶籽运往欧洲和印度进行栽培种植，在经历了许多次的失败后，终于在加尔各答皇家植物园育种成功，在印度的阿萨姆、大吉岭和锡兰大量种植并逐渐形成规模化的茶叶种植园。19 世纪末期，印度和锡兰替代中国成为英国以及欧洲茶叶市场的主要供应产地。

阿萨姆

阿萨姆（Assam）是印度东北部邦国，当地气候温和，全年雨量充沛，植被繁茂，盛产名扬世界的阿萨姆红茶。阿萨姆是傣族的别称，最早见于玄奘编著的《大唐西域记》，被称为"迦摩缕波国"，13 世纪时傣族在此建立了阿豪姆王国。1826 年，英国殖民者进入阿萨姆地区，第一次英缅战争后迫使缅甸签订《杨达波条约》，将阿萨姆割让给英国，阿萨姆成为英属印度的一个省，1947 年印度独立后成为阿萨姆邦。

阿萨姆邦面积 7.8 万平方公里，有 27 个县，人口 3 200 万，地处印度的东北部。西部同孟加拉国接壤，南部与梅加拉亚邦、特里普拉邦、米佐拉姆邦为界，北部与中国、不丹相邻，东部同缅甸接壤。阿萨姆邦的茶叶在当地经济中占据十分重要的地位，全境有 800 多个大中型茶叶种植园，还有 20 多万个小型茶园，每年产出茶叶超过 50 万吨，是世界著名红茶产区。1970 年阿萨姆邦政府在古瓦哈蒂市创建了茶叶拍卖中心，该中心曾是世界上最大的 CTC 红茶拍卖中心和第二大茶叶拍卖中心。每年在此拍卖的茶叶总量为 15 万吨，价值超过 55 亿卢比。

大吉岭

大吉岭因出产世界四大红茶之一的大吉岭红茶而驰名世界。大吉岭位于喜马拉雅山麓的西瓦利克山脉，平均海拔为 2 134 米，面积 12.77 平方公里，当地人口 10.9 万。大吉岭又被称为"金刚之洲"，是印度西孟加拉邦的一座小城，因其雨量充沛、昼夜温差大，属于高地多雾气候，特别适合茶叶的种植，出产的大吉岭红茶与中国的祁门红茶、印度的阿萨姆红茶、锡兰的乌瓦红茶被并称为世界四大红茶，在英联邦国家大吉岭红茶是上好红茶的代表，有"红茶中的香槟"之美誉。19 世纪中期茶叶的出现改变了大吉岭的命运，如果没有大量的茶业种植园出产优质的大吉岭红茶，大吉岭只是喜马拉雅山麓的一个普通山区。

1841 年，英国人在大吉岭建立了茶叶实验种植园，从中国引入茶种栽植成功后，19 世纪后半叶茶园遍布大吉岭附近各处，而且该地区的茶叶种植园培育出了独特的红茶杂交品种，发展并完善了红茶的发酵技术。1947 年印度独立后，大吉岭被并入西孟加拉邦。大吉岭喜马拉雅铁路是印度少数还在使用的蒸汽机车铁路之一，1999 年被联合国教科文组织宣布为世界遗产。

世界著名茶区·锡兰

斯里兰卡，旧称锡兰，1972 年改称斯里兰卡民主社会主义共和国，是一个位于印度洋上的热带岛国，英联邦成员国之一。中国古代曾经称其为狮子国、僧伽罗。斯里兰卡是世界前五名的宝石生产国，被誉为"宝石岛"。每年的宝石出口值达到 5 亿美元，尤以红宝石、蓝宝石及猫眼最为出名。斯里兰卡有"印度洋上的明珠"的美称，曾被马可·波罗认为是世界上最美丽的岛屿。

斯里兰卡目前是全球第四大茶叶生产国和第三大茶叶出口国，每年生产约 30 万吨茶叶。锡兰红茶的产区位于岛国的中央高地和南部低地，所生产的茶叶按生长的海拔高度不同分为高地茶、中地茶和低地茶三类。锡兰红茶主要有 6 个产区，包括乌瓦茶（UVA）、乌达普沙拉瓦（Uda Pussellawa）、努瓦纳艾利（Nuwara Eliya）、卢哈纳（Ruhuna）、坎迪（Kandy）和迪不拉（Dimbula），各个产地因海拔高度、气温、湿度的不同，所生产的茶叶各有不同特色，其中最具知名度的是乌瓦茶（UVA），锡兰乌瓦红茶和中国的祁门红茶、印度的阿萨姆红茶及大吉岭红茶，并称世界四大红茶。

斯里兰卡政府为了规范和促进锡兰红茶的出口，确保锡兰茶叶的品质和品牌，茶叶出口主管机构统一颁发锡兰茶质量标志——"持剑狮王标志"，该长方形标志上半部为一右前爪持剑的雄狮，下半部则是上下两排英文，上排为 Ceylontea 字样，即标注为"锡兰茶"，下排为 symbol of quality 字样，可译为"品质标志"的意思。拥有此"持剑狮王标志"的锡兰红茶，被认为是经过斯里兰卡官方认证的纯正锡兰红茶。

世界著名茶区·日本

日本是一个太平洋西岸的岛国，领土由北海道、本州、四国、九州四个大岛及 6 800 多个小岛组成，总面积约 37.8 万平方公里，总人口约 1.26 亿。日本与中国、朝鲜、韩国等隔海相望，属温带海洋性季风气候，终年温和湿润。作为高度发达的资本主义国家，日本是世界第三大经济体，具有东京都市圈、大阪都市圈和名古屋都市圈三大都市圈。日本至今较为完整地保留着茶道、花道、书道、剑道等传统文化。

除了北海道和本州北部因为气候寒冷，日本的其他地区基本都有产茶，产量最高的是静冈县，产量约占日本全国的三分之一。日本第二茶叶高产区是九州的鹿儿岛县，那里是日本宇治茶和狭山茶的重要产地。日本产茶排名第三的是三重县，此外日本的产茶区还有宫崎县、京都府、奈良县、福冈县、佐贺县等。

宇治市（日语：うじし）位于日本京都府南部，北与京都市伏见区接壤，自古以来就是连接奈良和京都的通路，也是宇治川的渡口，由于地处交通要冲位置，宇治一直以来十分繁华。宇治以抹茶闻名于世，著名的世界遗产寺庙平等院和上神社也坐落于此，它还是《源氏物语》故事的主要舞台。宇治有许多有名的节日，像春天的"樱花节"，夏天的"烟花大会"，秋天的"观月茶会""茶节"等。茶是宇治的重要名片，宇治茶有着悠久的历史和不凡的传统，最为著名的茶是玉露与抹茶。

世界著名茶区·肯尼亚

肯尼亚是人类发源地之一，境内曾出土约 250 万年前的人类头盖骨化石。它地处东非高原，赤道东西横贯全国，东非大裂谷纵向贯穿南北，东部与索马里相接，南部与坦桑尼亚接壤，西部和乌干达相连，北与埃塞俄比亚、南苏丹共和国相邻。全国国土面积约 58 万平方公里，总人口约 4 800 万，东南濒临印度洋，海岸线长 536 公里，位于热带季风区域，大部分地区属热带草原气候，沿海地区湿热，高原气候温和。

1903 年英国人凯纳（G.W.L Caine）最早将茶种引进肯尼亚。由于肯尼亚距海较近，雨量充沛，加上海拔较高，常年光照充足，气候温暖、温差小，河湖众多、灌溉便利，广布的火山形成的略酸性火山灰土壤十分肥沃，非常适宜茶树的种植和生长。这些得天独厚的自然条件赋予了肯尼亚发展茶叶种植业的良好条件，南迪山和号称"茶都"的科瑞秋地区都位于大裂谷西部边缘地带，是肯尼亚最著名的茶叶产地。肯尼亚作为一个新兴的产茶国，经过一百多年发展一跃成为世界第三大产茶国和第一大茶叶出口国。肯尼亚茶业的快速发展很大程度上归功于选育了一大批优良的茶树品种，肯尼亚茶叶研究基金会研发并推广了50多个高产优质的国家级茶树品种。肯尼亚传统上主要生产红茶，近年来为了适应市场需求的多样性，肯尼亚出口的茶叶开始出现绿茶和白茶。

肯尼亚红茶大多采用人工采摘，采摘的鲜叶在最短的时间内送往附近的茶叶加工厂，经过检查质量合格的茶叶进入加工程序。清洗后的茶叶通过红茶加工工艺CTC（crush-tear-curl，即压碎-撕裂-卷曲）的过程使茶叶充分氧化发酵，嫩绿的鲜茶叶变成棕黑色，发酵好的茶叶通过机器烘干，就做成了肯尼亚红茶。1931年威廉·麦乐文发明了CTC茶叶制作工艺，肯尼亚学习传承了这项制茶工艺并沿用至今，形成了具有独特口感的肯尼亚红茶。

世界四大红茶

祁门红茶、阿萨姆红茶、锡兰红茶、大吉岭红茶被誉为世界四大红茶。然而若论及红茶，必须先说一下被奉为红茶之祖的武夷山"正山小种"茶。红茶之所以享誉世界，与18—19世纪英国人对红茶全民式的喜爱和风靡密不可分，时至今日英国人在饮用下午茶时，喝的大多是来自印度和斯里兰卡的拼配红茶，然而许多英国人对于200多年前来自遥远东方武夷山的"正山小种"红茶仍然具有奢侈品信仰式的怀旧。

正山小种

历史进程很多时候由于偶然事件的发生而出现了拐点或基因突变式的跃进。传说中"正山小种"红茶的发明也缘于偶然事件。明朝后期，一支政府军队于行军途中在武夷山桐木村驻扎了一晚。由于害怕遭到劫掠或抓壮丁，当地村民见到官兵后暂时走避到了山里，当时急于躲避的茶农在慌乱中丢下了已经采摘但还没来得及加工的茶青。几天以后当茶农回来时，发现这些茶青已经因为发酵而变成了红褐色，认为茶叶已经变质的茶农为了挽回和减少损失，马上用当地马尾松的干树枝进行烘焙干燥，出人意料的是这些经过烘焙后做成的茶色泽褐红、香气优雅，冲泡后茶汤金黄澄亮，受到了茶客的喜爱与茶商的欢迎。此后整个村子都在制茶工艺中增加了发酵环节，生产的"正山小种"红茶名声远播，武夷山桐木村也成为世界红茶的发源地。18—19世纪英国商船运往欧洲的茶叶中大量都是产自武夷山的茶叶，世界红茶四百年的传奇被认为始于武夷山的"正山小种"，祁门红茶、阿萨姆红茶、大吉岭红茶、锡兰红茶，都以"正山小种"为祖源。

金骏眉

"正山小种"以武夷山桐木村所产红茶最为正宗。2005年当地茶人创新研发制成了"金骏眉"，手工采摘当年头春全芽，经过萎凋、摇青、发酵、揉捻、烘焙制作，每500克成品茶须由数万颗鲜叶芽头焙制，茶叶形如长眉，外形细小而紧秀，色为金、黄、黑相间，每一根条索皆紧结、纤细、匀整，冲泡后汤色金黄、带甜透香，具有其他茶叶所没有的独特香味和品质，被誉为红茶中的极品，其中尤以"正山堂"所产的金骏眉最为昂贵。当地茶农和茶商一般将按此工艺制作的单芽红茶称为"金骏眉"，采一芽一叶制作成的红茶称为"银骏眉"，采一芽两叶制成的红茶统称为"正山小种"。

祁门红茶

祁门红茶简称祁红，指原产于中国安徽省祁门县境内，以槠叶树种生长的茶树芽、叶、嫩茎为原料，经过采摘、萎凋、揉捻、发酵、干燥等工艺制成毛茶，再经过十二道精制工序制作而成的红茶。1875年安徽人余干臣从福建辞官回乡，将福建武夷山红茶制法工艺引进祁门而创祁门工夫红茶。祁门红茶因产于安徽省祁门县而因地获名，目前主产区包括安徽省的祁门、东至、池州、石台、黟县，以及江西的浮梁一带。祁门红茶主产区地处黄山支脉，红黄土壤十分肥沃，气候温和、雨水充沛、日照适度，当地茶叶的鲜叶柔嫩且富含各种水溶性养分。制成的祁门红茶条索紧细匀整，锋苗秀丽，色泽乌润，散发蜜糖香味，上品茶更蕴含有兰花香，馥郁持久，汤色澄净明亮，入口甘鲜醇厚。祁门红茶在国内外均享有盛誉，被誉为"群芳最""红茶皇后"。祁门红茶声名远播至英国，曾是英国女王和王室的御用饮品。有诗赞曰"祁红特绝群芳最，清誉高香不二门。"

祁门红茶的采制工艺十分精细，分为采摘、初制和精制三段流程。

采摘：祁红为现采现制，目的在于保持鲜叶的有效成分和茶叶的高质品相，采摘标准十分严格，高档茶以一芽一叶、一芽二叶为原料，每年分春夏两季采摘。

初制：将采摘的鲜叶通过萎凋、揉捻、发酵、烘干等工序制成毛茶。发酵是红茶制作的独特阶段，也是决定祁门红茶品质的关键，发酵室温宜控制在30度以下，经过萎凋、揉捻、发酵后的芽叶由绿色变成紫铜红色，茶身成条形，香气透发，再用文火烘干。

精制：做成的毛茶还须进行精制，精制工序十分复杂且费工夫，须分清长短、粗细、轻重并剔除杂质，包含毛筛、抖筛、分筛、紧门、撩筛、切断、风选、拣剔、补火、清风、拼和、装箱等十多道工序。

精制后的祁门红茶被称为"工夫茶"，外形条索紧结、细小如眉，苗秀显毫，色泽乌润。茶叶香气清香持久，似果香又似兰花香，国际茶市上誉之为"祁门香"。祁门红茶汤色和叶底颜色红艳明亮，口感鲜醇酣厚，与牛奶和糖调饮香味更加馥郁。根据原料、外形和内质，祁门红茶被分为礼茶、特茗、特级、一级、二级、三级、四级、五级、六级、七级共十级。

阿萨姆红茶

阿萨姆红茶产于印度东北阿萨姆邦喜马拉雅山麓的阿萨姆溪谷一带。19世纪初前往印度探险的英国人曾在当地发现了不少乔木型野生茶树，但是当时还没有大量栽种人工驯化茶树的茶园。19世纪30年代英国殖民者获取了中国武夷山的茶籽，在加尔各答皇家植物园培育成茶苗后引种至当时的英属殖民地阿萨姆。由于当地日照充足、雨量充沛，非常适宜茶树的生长，因此阿萨姆的茶树引种获得了成功。茶树在阿萨姆的种植成功鼓励英国殖民者和商人在当地开辟了大量的茶叶种植园，并将茶叶运销往伦敦，因其成本和价格低于从中国采购的武夷山红茶而产销量大幅增长，到19世纪末输入英国的红茶大量源于阿萨姆地区。

阿萨姆红茶外形细扁，色泽呈深褐色，汤色深红偏褐，带有麦芽香和玫瑰香，茶味浓烈，属于烈茶，是冬季饮茶的最佳选择。阿萨姆红茶茶叶中含量很高的生物碱——咖啡碱（咖啡因）具有兴奋作用，能够使头脑思维活动迅速活跃而清晰，消除睡意和肌肉疲劳，具有使感觉更加敏锐和提高运动技能的作用。研究表明阿萨姆红茶的这种兴奋作用具有周期性，在饮用较多阿萨姆红茶后，中枢神经兴奋过后会转为抑制，所以有失眠症状的人可以在早起时饮用阿萨姆红茶，使神经系统高度兴奋后转为高度抑制，可以减轻当夜失眠症状，连续几天就能起到明显的效果。

大吉岭红茶

大吉岭红茶产于印度西孟加拉邦北部喜马拉雅山麓南端的大吉岭一带。盛产大吉岭红茶的大吉岭镇，地处高原地带，茶叶主产区在海拔1 800米以上的山区，这里被200平方公里的茶树林所覆盖，在晴朗的天气里可以遥望珠穆朗玛峰。当地年均气温15℃左右，白天日照充足、气温较高，晚间温度则陡然降低，日夜温差较大，常年云雾弥漫、气候潮润，独特的地形、土壤和空气，使大吉岭茶具有清雅的葡萄酒风味和奇异的花果香。87个大吉岭茶叶庄园分布于青藏高原南部山麓的不同海拔高度的溪谷里，由于不同茶园之间的海拔高度有所差异，不同茶园出产的茶叶品质和茶味也呈现多样化的特征。这里的茶叶工厂许多是英属殖民地时期留下来的，已有100多年的历史。

大吉岭红茶外形条索紧细，白毫明显，香气比较持久，滋味甘甜柔和，被称为麝香葡萄香味茶，其汤色橙黄红艳、清澈明亮，令人赏心悦目，被世人誉为"茶中的香槟"。大吉岭红茶适合清饮，因为茶叶较大，泡制时间需要稍久，以使茶叶舒展，茶味更加浓郁。

大吉岭红茶的产量较低，在印度茶叶总量中只占 2%。茶叶分四季采摘，3—4 月为初摘茶，5—6 月为次摘茶，7—8 月是雨季茶，9—10 月为秋季茶。初摘茶类似中国的明前茶，被视为珍品；次摘茶香气好、滋味更显著，这两种茶都很受茶商和爱茶者的青睐。

印度的茶叶生产和销售受到政府高度重视和控制，印度政府把大吉岭、阿萨姆、尼尔吉里红茶三大类茶作为国家的茶叶商标在国际上注册，以独特的标志在世界范围内流通，茶叶商标得到很好的保护。凡种植经营这三种茶叶的企业要向国家政府部门申请备案，获得资格许可证后产品才能上市和出口。100 多年来，大吉岭红茶作为享誉世界的名茶之一，深受英国贵族的喜爱，它的茶种源自中国福建武夷山的正山小种茶。

锡兰红茶

锡兰是斯里兰卡的旧称。锡兰红茶是一种统称，又称为"西冷红茶"或"惜兰红茶"，源于锡兰的英文 Ceylon 的发音音译而来。锡兰高地红茶的主要品种有乌沃茶、汀布拉茶和努沃勒埃利耶茶等。其中乌沃茶最为著名，产于锡兰山岳地带东侧，这里常年云雾弥漫，以7—9 月采制的茶品质最优。产于山岳地带西侧的汀布拉茶和努沃勒埃利耶茶，以 1—3 月收获的茶叶属于最好的优质茶。

斯里兰卡每年生产约 25 万吨茶叶，茶叶种植园主要分布于岛国的中央高地和南部低地，茶叶按生长的海拔高度不同分为三类，即高地茶、中地茶和低地茶。锡兰红茶的六个主产区包括乌瓦（UVA）、乌达普沙拉瓦（Uda Pussellawa）、努瓦纳艾利（Nuwara Eliya）、卢哈纳（Ruhuna）、坎迪（Kandy）、迪不拉（Dimbula），各个产地因海拔高度、气温、湿度不同，产出的茶叶具有不同特色。

锡兰的高地茶通常制作成红碎茶，色泽呈赤褐色。其中乌沃茶的汤色橙红明亮，上品茶的汤面环有金黄色的光圈，其茶味透出薄荷、铃兰的芳香，滋味醇厚而回味甘甜。汀布拉茶的汤色呈鲜红色，滋味柔和、带有花香。努沃勒埃利耶茶在色、香、味方面相对较淡，汤色橙黄，香味清芬，口感近于绿茶。锡兰红茶的钠含量低，对于有高血压、需要少摄取钠的人来说是理想的饮品。

国际茶叶市场将红茶分为七个等级：

OP：Orange Pekoe，通常指的是叶片较长而完整的茶叶。

BOP：Broken Orange Pekoe，顾名思义指较细碎的OP，其滋味较浓重，适合用来冲泡奶茶。

FOP：Flowery Orange Pekoe，含有较多芽叶的红茶。

TGFOP：Tippy Golden Flowery Orange Pekoe，含有较多金黄芽叶的红茶，滋味更清香悠扬。

FTGFOP：Fine Tippy Golden Flowery Orange Pekoe，经过精制、品质更好，含有较多金黄芽叶的红茶。

SFTGFOP：Super Fine Tippy Golden Flowery Orange Pekoe，多了"Super"前缀，显示品质更高。

CTC：Crush Tear Curl，在经过萎凋、揉捻后，利用制茶机器将茶叶碾碎（Crush）、撕裂（Tear）、卷曲（Curl），使之成为极小的颗粒状，便于快捷地冲泡出茶汁，常常用作制造茶包使用。

锡兰红茶主要做OP，BOP和FOP，其分级没有印度红茶等级划分那么严格，选择锡兰红茶时等级仅作为参考指标。

锡兰红茶根据口味可以分为原味红茶和调味红茶。红茶在基茶中添加各种天然或者人工香料，如苹果、柠檬等风味香料，以便适应不同人群的口味需求。锡兰红茶又有拼配茶和非拼配茶之分，如英国的早餐茶往往是由阿萨姆茶（取其浓度）、锡兰茶（取其滋味）、肯尼亚茶（取其色泽）依一定比例加以拼配而成，目的在于将不同红茶的特性进行取长补短，配制出色、香、味更好的茶品。

中国十大名茶

　　中国是世界第一大产茶国，全国西南、华南、江南、江北四大茶区生产白茶、绿茶、黄茶、青茶、红茶和黑茶六大类茶叶，共计 2 000多个品种。按照茶叶采制季度的不同，人们将不同季度上市的茶叶称为春茶、夏茶、秋茶和冬茶，又将当年采制上市的茶称为新茶。在平时的茶饮中人们还按照茶叶的优劣、用途、产地等不同对茶叶进行区分，比如绿茶中清明以前采摘制作的茶叶为上品，称为"明前茶"，古代被皇家选中用于进贡的茶被称为"贡茶"，武夷岩茶中产于"三坑两涧"（慧苑坑、牛栏坑、倒水坑、流香涧、悟源涧）的茶被称为"正岩茶"，区别于半岩茶和洲茶，"正岩茶"的岩韵更加醇正，品质更为上乘。

　　中国十大名茶是一个定义宽泛的概念。巴拿马万国博览会、中国国际茶叶博览会、中国"十大名茶"评比会等大会以及一些媒体报纸都曾评出过"中国十大名茶"，其中 1959 年中国举办"十大名茶"评比会将西湖龙井茶、洞庭碧螺春、黄山毛峰、庐山云雾茶、六安瓜片、君山银针、信阳毛尖、武夷岩茶、安溪铁观音、祁门红茶列为中国十大名茶，是迄今认同度相对较高的一个版本。事实上排序只有在量化前提下才能得到公认，比如销量前 10 的茶叶、出口量前 10 的茶叶、某项活动网上点击量前 10 的茶叶，或者国家权威部门或组织发布的排名也容易为公众所采信。这里论述的目的是把我国出产的主要好茶作一番介绍，因此并不聚焦关注于排名的先后，或者计较于第十名或第十一名，而是把各个时期、各种组织所评比或发布的"中国十大名茶"入选率高的好茶作一番归纳性阐释。

西湖龙井 · 西子湖畔茶叶香

　　西湖龙井属绿茶类，因产于浙江省杭州市西湖龙井村周围群山而得名。西湖龙井茶历史久远，最早可追溯至中国唐代，茶圣陆羽在他所撰写的《茶经》中就有杭州天竺寺、灵隐寺产茶的记载。西湖龙井茶得名始于宋代，元朝时声名渐起，到明清时逐渐成为名闻九州的天下名茶。

北宋时龙井茶区已经初具规模，当时灵隐下天竺香林洞的"香林茶"，上天竺白云峰产的"白云茶"以及葛岭宝云山产的"宝云茶"已被列为贡品。北宋高僧辩才法师归隐故里，与苏轼等文人雅士聚于龙井狮峰山脚下的寿圣寺烹茶品茗、吟诗作赋，苏轼曾写下"白云峰下两旗新，[1] 腻绿长鲜谷雨春"[2] 之句赞美龙井茶，并手书"老龙井"匾额存于寿圣寺。南宋定都杭州，龙井茶更成为当时皇家与达官贵人的钟爱之物。元代虞伯生作茶诗《游龙井》："徘徊龙井上，云气起晴画。澄公爱客至，取水挹幽窦。坐我詹卜中，余香不闻嗅。但见瓢中清，翠影落碧岫。烹煎黄金芽，不取谷雨后，同来二三子，三咽不忍漱。"到了明朝，西湖龙井茶逐渐名声远播，嘉靖年间的《浙江通志》记载："杭郡诸茶，总不及龙井之产，而雨前细芽，取其一旗一枪，尤为珍品，所产不多，宜其矜贵也。"万历年间的《杭州府志》载有"老龙井，其地产茶，为两山绝品"之说，当时的《钱塘县志》又记载"茶出龙井者，作豆花香，色清味甘，与他山异。"到了清代，乾隆皇帝六下江南，五题龙井茶诗，四次亲到西湖龙井茶区视察茶叶采制，将胡公庙前的十八棵茶树敕封为"御茶"。从此西湖龙井茶声名更盛、驰名中外，问茶者络绎不绝。徐珂《清稗（bài）类钞》称："各省所产之绿茶，鲜有作深碧色者，唯吾杭之龙井，色深碧。茶之他处皆蜷曲而圆，唯杭之龙井扁且直。"

西湖龙井茶向以"狮（峰）、龙（井）、云（栖）、虎（跑）、梅（家坞）"依次排列品第。龙井茶外形扁平挺直、俊秀光滑，色泽绿中间黄。冲泡后汤色碧绿明亮，品之颊齿流芳生香，香馥若兰、沁人心脾，叶底嫩绿且复展如芽、栩栩如生。清明前采制的龙井茶称为"明前龙井"，茶市中犹以"明前狮峰龙井"为极品，有诗赞曰："院外风荷西子笑，明前龙井女儿红。"

安溪铁观音·清香雅韵出闽南

铁观音属于半发酵的青茶类，盛产于福建泉州安溪县，创制于

【1】白云峰下两旗新：《咸淳临安志》（卷58）载："东坡诗云，'白云峰下两枪新。'"
【2】白云峰下两旗新，腻绿长鲜谷雨春，一说为宋代诗人林逋所作，详见《林和靖诗集》（卷3）《尝茶次寄越僧灵皎》："白云峰下两枪亲，腻绿长鲜谷雨春。"

1730 年前后。《清上明制茶法》记载："福建安溪于清雍正年间（1723—1735 年）创制发明青茶，首先传入闽北，后传入台湾省。"安溪铁观音冲泡之后量重如铁、形如观音，故名"铁观音"。关于铁观音的得名，民间还有观音托梦和乾隆赐名两个传说。

福建安溪西坪群山环抱、峰峦绵延、土层深厚、大部分为酸性红壤，气候湿润、云雾缭绕，特别适宜铁观音茶树生长。铁观音条索肥壮、卷曲紧结，独具天然的清香雅韵，冲泡后散发兰花香，香气馥郁持久，有"七泡有余香"的美誉。铁观音含有较高的氨基酸、维生素、矿物质、茶多酚和生物碱，被认为沐日月之精，收山峦之气，得烟霞之华，食之能治百病。铁观音的汤色金黄明亮，品之滋味浓郁、醇厚甘鲜，入口齿颊留香、回味甘甜。铁观音因其品质优异、香味独特，曾引致各地竞相仿制。

铁观音依发酵程度和制作工艺，分为清香型、浓香型、陈香型三种类型。清香型铁观音颜色翠青，茶汤清澈而香气馥郁，新茶性略寒，饮用宜适量，忌空腹或夜间清饮，避免伤胃、失眠。浓香型铁观音色泽乌亮，将传统工艺炒制的茶叶经烘焙而成，冲泡后汤色金黄、香气醇厚，品饮回味厚重，具有"香、浓、醇、甘"的明显特点，性温而有止渴生津、健脾暖胃的功效。陈香型铁观音又称老茶或熟茶，由浓香型或清香型铁观音经长时间储存后再加工而成，具有"厚、醇、润、软"的特点，茶汤浓郁、绵甜甘醇，口味近于普洱及黑茶。

碧螺春 · 花香果味相间之

碧螺春属绿茶类，色泽碧绿、形似螺旋，主产区为江苏太湖的东洞庭山、西洞庭山，故又称"洞庭碧螺春"。碧螺春已有一千多年历史，唐朝时碧螺春已被列为贡品。

碧螺春以形美、色艳、香浓、味醇闻名中外。成品茶条索紧结、卷曲如螺、白毫显露、银绿隐翠，冲泡时茶叶上下翻腾、徐徐舒展，茶水银澄碧绿、香气袭人，口味清甜而鲜爽生津。据传当地茶农早先依方言将碧螺春叫作"吓煞人香"，清代王应奎《柳南随笔》记载：康熙皇帝于康熙三十八年（1699年）春巡视太湖时，品饮了此茶后倍加赞赏，问其名后觉得不雅，因观其汤色碧绿而茶形卷曲如螺，于是赐名"碧螺春"。从此碧螺春闻名天下，成为清宫贡茶。

洞庭碧螺春茶区具有茶、果间作的显著特点，茶树和桃、李、杏、梅、柿、桔、白果、石榴等果树混杂种植。茶树与果树枝桠相邻、根脉交错，春夏时节茶吸果香、花窨茶味，熏陶成洞庭碧螺春特有的天然花香果味品质。明代罗廪《茶解》中提到："茶园不宜杂以恶木，唯桂、梅、辛夷、玉兰、玫瑰、苍松、翠竹之类与之间植，足以蔽覆霜雪、掩映秋阳。"碧螺春冲泡后汤色碧绿清澈，叶底柔匀，饮之鲜爽生津，回甘悠长，有茶客赞为"铜丝条，螺旋形，浑身毛，花香果味，鲜爽生津"。

武夷岩茶·肉桂水仙大红袍

"武夷岩茶"是产于闽北武夷山岩上的茶之总称，属于青茶类，具有岩骨花香的品质特征。武夷岩茶属半发酵的乌龙茶，兼有绿茶之清香、红茶之甘醇，制作方法介于绿茶与红茶之间。武夷岩茶按其产地不同，分为正岩茶、半岩茶和洲茶，正岩茶的岩韵品质和售价为最高。武夷岩茶品种十分丰富，较为有名的有大红袍、铁罗汉、白鸡冠、水金龟、水仙、肉桂、瓜子金、金钥匙、半天妖、雀舌等，其中尤以"大红袍"最为著名。

武夷山坐落在福建武夷山脉北段东南麓，群峰相连、峡谷纵横，九曲溪萦回其间，气候温和、冬暖夏凉，有"奇秀甲于东南"之誉。武夷山的中心地带盘卧着一条高低起伏的深长峡谷，两侧九座山峰分南北对峙骈列，谷中松柏成林、竹海连绵，谷底成行成列的茶树连缀成茶园。这里属于典型的丹霞地貌，岩石风化后形成酸性土壤，茶农利用岩凹、石隙、石缝，沿边砌筑石岸种茶，茶树倚山岩栽植，因而称为岩茶。武夷山东至崇阳溪、南至南星公路、西至高星公路、北至黄柏溪的景区范围，被称为正岩产区。

武夷岩茶历史悠久。唐代孙樵《送茶与焦刑部书》中提到的"晚甘侯"是武夷岩茶最早的文字记载。宋代时武夷岩茶被作为北苑贡茶的一部分，到元代武夷岩茶被正式列为贡茶，明洪武二十四年（1391年）朱元璋诏令禁止蒸青团茶而改制芽茶。清康熙年间，武夷岩茶开始远销西欧、北美和南洋诸国。武夷岩茶品质独特，未经窨花而茶汤有浓郁的花香，饮时甘馨可口、回甘迅捷、韵味悠长。18世纪传入欧洲后，倍受欧洲人喜爱而有"百病之药"之美誉，当时欧洲的诗歌中曾将"武夷"作为中国茶的代称。

1995年，武夷山茶叶研究所对大红袍经过十多年的反复实验，在保持茶王大红袍特性基础上，无性繁育获得成功。2002年武夷岩茶被国家确认为"原产地域保护产品"，国家质检总局、国家标准化管理委员会发布的《武夷岩茶》（GB/T 18745—2006）标准将武夷岩茶按茶树品种分为名枞、传统品种两类，按产品分为大红袍、名枞、肉桂、水仙、奇种五类。

信阳毛尖·五云两潭一寨茶

信阳毛尖又称豫毛峰，属于绿茶类。信阳毛尖主产地位于河南信阳市浉河区"五云两潭一寨"——车云山、集云山、云雾山、天云山、连云山、黑龙潭、白龙潭、何家寨。"毛尖"一词最早出现在清末，当地人根据采制季节、形态等不同特点将毛尖分为针尖、贡针、白毫、跑山尖等，民国初年信阳茶区产出的品质上乘的本山毛尖茶被正式命名为"信阳毛尖"。

信阳毛尖具有"细、圆、光、直、多白毫、香高、味浓、汤色绿"的独特风格，饮之提神醒脑、清心明目、生津解渴、去腻消食。信阳毛尖的色、香、味、形均有独特个性，颜色鲜润、香气清新高雅，茶汤味道鲜爽、醇香，有明显回甘。从外形上看茶叶匀整、鲜绿有光泽、白毫明显，色泽翠绿，冲泡后汤色嫩绿、黄绿或明亮，味道清香扑鼻，且高香持久，滋味浓醇，回甘生津。

信阳毛尖根据生长季节和鲜叶采摘期为标准，分为春茶、夏茶和秋茶。春茶指当年5月底之前采制的茶叶，全年品质最好，按生长期又分为明前茶、雨前茶和春尾茶。明前茶是清明节前采制的茶叶、级别最高，雨前茶是清明后、谷雨前采制的茶，品级次于明前茶。春尾茶是春季末期采制的茶，品质虽不及明前茶和雨前茶但也耐泡好喝。夏茶指 6 月至 7 月底采制的茶叶，茶味重而微苦涩，香气不如春茶但是叶宽耐泡。秋茶则是 8 月以后采制的茶，也称为白露茶，具有独特甘醇的香味。

云南普洱茶 · 生熟普洱陈茶香

普洱茶属于黑茶类，主要产于云南省的西双版纳、临沧、普洱等地区。普洱茶分为古树茶、野放茶和台地茶，以茶树进化类型又分为野生型、栽培型、过渡型。普洱茶在制作上分为普洱散茶和普洱紧茶两大类，紧茶又有饼茶、沱茶、砖茶、金瓜贡茶、香菇紧茶、柱茶等，普洱散茶的传统品类为毛尖、粗叶，现在已发展为普洱白茶、普洱绿茶、普洱黄茶、普洱青茶、普洱红茶、普洱黑茶 6 个品类。

按照加工工艺及品质特征，普洱茶也分为生茶和熟茶两种类型。普洱生茶以云南大叶种茶树鲜叶为原料，经杀青、揉捻、干燥、蒸压成型制成。普洱生茶在鲜叶采摘后以自然方式陈放，没有经过渥堆发酵处理，因此茶性相对较烈，新制或陈放不久的生茶带有苦味，汤色较浅或黄绿。普洱熟茶的制作采用渥堆的后发酵加工工艺制成，经过人工加水提温，促进细菌繁殖，加速茶叶熟化，去除生茶苦涩。熟茶的茶性趋向温和，茶汤柔顺醇香，熟普的香味也会随着陈化时间延长而变得越来越柔顺和浓郁。

普洱茶历史悠久，唐代樊绰《蛮书》（卷七）是最早记载采烹普洱茶的历史文献："茶出银生城界诸山，散收无采造法。蒙舍蛮以椒姜桂和烹而饮之。"据考证银生城的茶是云南大叶茶种，也即普洱茶种。宋代李石《续博物志》记载："茶出银生诸山，采无时，杂菽姜烹而饮之。"明代谢肇淛《滇略》中首次提到"普茶"（即普洱茶）："士庶所用，皆普茶也，蒸而成团"。明代李时珍《本草纲目》中亦有"普洱茶出云南普洱"的记载。清代阮福《普洱茶记》："普洱古属银生府。则西蕃之用普洱，已自唐时。"清道光《普洱府志》记载，1 700 多年前的三国时期，普洱府境内就已种茶。

普洱茶的香气因产地、树种、工艺、贮藏时间等不同而有变化，大致可以分为清香型、花香型、果香型、甜香型、陈香型、烟香型六种。普洱茶讲究冲泡技巧和品饮艺术，其饮用方法丰富，既可清饮，也可混饮。普洱茶茶汤橙黄浓厚，香型独特而香气持久，滋味浓醇、经久耐泡。普洱茶因为越陈越香，可以长时间贮藏，因而被认为具有收藏和保值、增值功能。

黄山毛峰·茶在云雾缥缈间

黄山毛峰属于绿茶，产于安徽省黄山一带，故又称徽茶。每年清明谷雨时节，选摘"黄山种""黄山大叶种"等茶树嫩芽炒制而成黄山毛峰，其外形看似雀舌，茶叶绿中间黄，银毫显露。以沸水冲泡，茶汤清碧微黄，叶底呈黄绿色，饮之滋味醇甘，香气如兰、韵味悠长。特级黄山毛峰有所谓"鱼叶金黄"和"色似象牙"两大特征。

《徽州府志》记载："黄山产茶始于宋之嘉佑，兴于明之隆庆。"《黄山志》称："莲花庵旁就石隙养茶，多清香冷韵，袭人断腭，谓之黄山云雾茶"，黄山云雾茶就是黄山毛峰的前身。《徽州商会资料》记载，"黄山毛峰"起源于清光绪年间，当时的"谢裕泰"茶行在清明谷雨前后，到黄山充川、汤口等高山名园选采肥嫩芽叶，经过精心炒焙，创制出一款风味俱佳的绿茶。该茶白毫披身，芽尖似峰，取材自黄山，故名为"黄山毛峰"。

黄山地区山高土肥，气候温润、云雾缥缈，晴天时早晚遍地雾，阴雨天则满山云，环境非常适合茶树生长。黄山毛峰生长在北纬30°的位置，这个区域的地质地貌、矿藏物种、水文气候等十分多样丰富，又位于亚热带和温带的过渡地带，常年降水丰沛、植物茂盛。黄山风景区和毗邻的汤口、充川、岗村、芳村、杨村、长潭一带盛产黄山毛峰，其中紫云峰、桃花峰、松谷庵、云谷寺、吊桥庵、慈光阁一带所产的黄山毛峰品质尤为上乘。黄山毛峰的采茶时节正值黄山遍地兰花烂漫，花香熏染令黄山毛峰茶风味独具、格外清香。

六安瓜片 · 世间唯我单叶

六安瓜片，简称瓜片、片茶，产自安徽省六安市大别山一带，唐宋时称为"庐州六安茶"，明代始称"六安瓜片"，清代被列为朝廷贡茶。六安瓜片属绿茶类，在世界所有茶叶中，六安瓜片是唯一无芽无梗的茶叶，由单片生叶制成，在茶界可谓独树一帜。六安瓜片每逢谷雨前后十天之内采摘，采摘时对鲜叶的选择求"壮"不求"嫩"。

《六安史志》和袁枚《随园食单》均对清代名茶有所记载，六安瓜片于清代中叶从六安茶中的"齐山云雾"演变而来。六安瓜片产于六安市裕安区以及金寨、霍山两县之毗邻山区和低山丘陵，分内山瓜片和外山瓜片两个产区。内山瓜片产地包括金寨县的齐山村、响洪甸、鲜花岭、龚店，裕安区的独山、双峰、龙门冲、石婆店镇三岔村、沙家湾村，以及霍山县的诸佛庵一带。外山瓜片产地包括六安市裕安区的石板冲、石婆店街半径 5 公里范围、狮子岗、骆家庵一带。

六安瓜片的外形大小匀整，似瓜子形的单片，茶叶自然平展而叶缘微翘，不含芽尖、茶梗，冲泡后汤色清澈透亮，叶底绿嫩明亮，清香高爽持久，滋味鲜醇带回甘。根据不同的采制季节，六安瓜片主要分成三个品种：谷雨前优选采制的称为"提片"，品质最优；谷雨后大量采制的称为"瓜片"；进入梅雨季节后采制的则称为"梅片"。

都匀毛尖 · 三绿三黄

都匀毛尖属绿茶类，产于贵州黔南布依族苗族自治州都匀市，是贵州三大名茶之一。都匀毛尖茶外形条索紧结，卷曲似螺形，色泽绿润，具有发芽早、芽肥叶壮、茸毛细密的特征。都匀毛尖素以干茶绿中带黄、汤色绿中透黄、叶底绿中显黄的"三绿三黄"而著称，茶叶披毫而色翠，品质润秀、香气清鲜，滋味醇厚而回味甘甜，叶底嫩绿匀整明亮。

《都匀县志稿》记载："茶，四乡多产之，产小菁者尤佳，以有密林防护之。"明代时毛尖茶中的鱼钩茶、雀舌茶即已名列皇家贡品，清乾隆年间开始行销海外。据说 1956 年贵州省曾经优选品质最好的都匀茶送往北京，毛泽东在品尝后给都匀县干部乡亲回信："茶叶很好，今后可在山坡上多种茶，茶叶可叫毛尖茶。"

都匀市位于贵州省南部，属亚热带湿润季风气候，四季分明而降雨充沛，属国内较少的冬日温煦、夏季凉爽的度假型气候。都匀毛尖的主产区团山、哨脚、大槽一带海拔千米，山谷连绵起伏、云雾笼罩，林木苍郁而溪流潺潺，酸性土层深厚，土壤疏松湿润，含有大量铁和磷酸盐，非常适宜茶树生长，因而形成了都匀毛尖的独特风格。

君山银针·慈禧爱喝的茶

君山银针属于黄茶类，产于湖南岳阳洞庭湖中的君山，因其形细如针，故名君山银针。君山银针芽头苗壮，长短大小均匀，茶芽内面呈金黄色，外层白毫显露，包裹紧实的茶芽外形象一根根银针，被誉为"金镶玉"，有诗赞曰："金镶玉色尘心去，川迥洞庭好月来。"据传慈禧太后爱喝的奶茶中选用的是上品君山银针茶。

君山银针采制最早始于唐朝，清代时被列为"贡茶"。据《巴陵县志》记载："君山，产茶嫩绿似莲心。""君山贡茶自清始。""谷雨前知县邀山僧采制一旗一枪，白毛茸然，俗称白毛茶。"《湖南省新通志》记载："君山茶色味似龙井，叶微宽而绿过之。"

君山银针选摘未展开的肥嫩芽头精制而成，成品茶的芽头苗壮，长短大小均匀，芽身金黄发亮而外覆白毫如羽。冲泡时芽尖直冲水面，悬空竖立，随后徐徐下沉杯底，再升再沉、三起三落，在玻璃杯中形似群笋出土，又如银刀根根直立，其汤色金黄澄亮，香气清高而滋味甘醇甜爽，叶底肥厚匀亮，久置茶味不变。

祁门红茶·蜚声世界的祁红

祁门红茶简称祁红，主产区位于安徽省祁门县，创制于清代光绪年间。祁门红茶的制作工艺十分精湛，以槠叶种茶树的芽、叶、嫩茎为原料，经过萎凋、揉捻、发酵、干燥等工艺制成初制茶后，再经过三个流程十二道工序精制、分级拼配而成。它声名远播、蜚声国际，在欧洲乃至世界享有盛誉，名列世界四大红茶之一。西方人将祁门红茶与牛奶、糖调饮，茶香更加馥郁。

祁门红茶外形条索紧结、细小如眉，苗秀显毫、色泽乌润，茶叶清香持久，似果香又似兰花香，国际茶市上把这种茶的香气专门称为"祁门香"。祁门红茶冲泡后汤色红艳明亮，口感鲜醇酣厚，被誉为"群芳最"和"红茶皇后"。有诗赞曰："祁红特绝群芳最，清誉高香不二门。"

祁门产茶的历史记载最早可追溯至唐朝，陆羽《茶经》中记载"湖州上，常州次，歙（shè）州下"，祁门在当时隶属歙州。祁门红茶的主产区在现在的安徽省祁门、东至、池州、石台、黟县以及江西的浮梁一带。祁门红茶的自然品质以祁门县历口古溪、闪里、平里一带为最优，当地气候温和、降雨充沛、日照适度，茶树栽植于肥沃的红黄土壤中，高产而质优。

安化黑茶·茶马古道驼铃声

安化黑茶属于黑茶类，为后发酵茶。安化黑茶主要品种包括"三尖三专一卷"，"三尖"即天尖、贡尖、生尖，"三砖"指茯砖、黑砖和花砖，"一卷"指花卷茶，也称安化千两茶。

"三尖茶"又称湘尖茶，采用谷雨时节的鲜叶加工而成，以安化县境内黑毛茶为主要原料。根据采摘鲜叶原料等级的不同，又区分为天尖茶、贡尖茶和生尖茶三个等级。"三尖茶"为安化黑茶中的上品，古时曾经是西北地区贵族的饮品，清道光年间天尖和贡尖被列为贡品，专供皇室饮用。"三尖茶"采用篾篓散装，是现存最古老的茶叶包装方式。

"三砖茶"以安化黑毛茶为原料，经过筛分整理、拼堆、渥堆、计量、蒸茶、压制定型和发花干燥等工艺生产制成，成品呈块状砖茶，按照品质分为特制和普通两个等级。茯砖茶主要在伏天制作，砖型厚度相对较薄，茯砖茶内的"金花"学名为冠突散囊菌，嗅闻有黄花清香。花砖由花卷茶演变而来，砖面四周印有花纹，"花卷"改制成为长方形砖茶，砖面色泽黑褐，内质香气纯正，冲泡后汤色红黄，叶底老嫩匀称。黑砖茶以黑毛茶为原料，成品块状如砖、色泽黑润，砖面平整光滑而棱角分明，茶品香气纯正，滋味较浓醇。

"花卷茶"又称安化千两茶，是以安化黑毛茶为主要原料，经过筛分整理、拼堆、计量、汽蒸、装篓、滚压定型和自然干燥等工艺加工制成。安化千两茶的包装材料极为考究，选用蓼叶、棕叶衬内，外套花格篾篓捆压而成，外形呈长圆柱体状，规格有千两茶、五百两茶、三百两茶、百两茶和十两茶等。

唐代杨晔《膳夫经手录》记载的"渠江薄片茶"是关于安化茶的最早史籍记录。宋熙宁五年（1072年）设置安化县，隶属潭州。五代毛文锡《茶谱》记载："潭邵之间有渠江，中有茶，而多毒蛇猛兽……其色如铁，烹之无滓也"，"渠江薄片，一斤八十枚，其色如铁"。

明洪武二十四年（1391年），安化茶被列为贡茶，每年以"芽茶"上贡。嘉靖三年（1524年），御史陈讲奏疏："商茶低伪，悉征黑茶……"《安化县志》载："乡民大半以茶为业，邑土产推此第一。"这是"黑茶"首次见诸文字，被认为是"安化黑茶"得名之由来。万历年间（1573—1620年）安化黑茶被定为官茶，大量销往山西、陕西、甘肃、宁夏、新疆、西藏等地，部分加工制压成砖茶外销沙俄。

福鼎白茶 · 宋徽宗论述过的茶

福鼎白茶属于白茶类，主要产于福建省福鼎、政和、建阳、松溪一带。白茶因茶树品种、鲜叶采摘的标准不同，分为白毫银针、白牡丹、贡眉及寿眉。按照制作工艺和成品形态，白茶可分为散茶和饼茶，散茶是鲜叶经自然晾晒、萎凋和干燥而来，白茶的外观形态自然而形美，茶叶白毫覆身，冲泡后茶汤口感清润而香气宜人；饼茶则是在散茶的基础上蒸制、揉捻、压制、干燥而成。福鼎白茶有"一年茶、三年药、七年宝"的说法，可长期贮藏且越陈越香，商家宣传与普洱茶一样具有收藏和保值、增值功能。

陆羽《茶经》中曾引用隋代的《永嘉图经》："永嘉县东三百里有白茶山。"宋徽宗《大观茶论》中有一篇专论白茶："白茶，自为一种，与常茶不同。"这里说的白茶指早期产于北苑御焙茶山上的野生白茶。公元 1115 年关棣县向宋徽宗进贡白毫银针,"喜动龙颜,获赐年号,遂改县名关棣为政和"。白茶鲜叶大多采摘自福鼎大白茶、泉城红、泉城绿、福鼎大毫茶、政和大白茶及福安大白茶等茶树。白毫银针以大白茶或水仙茶树品种的单芽为原料制成,白牡丹以大白茶或水仙茶树一芽一叶或两叶为原料制成,贡眉以群体种茶树的嫩梢为原料制成,寿眉则以大白茶、水仙或群体种茶树的嫩梢或叶片为原料制成。

明代田艺蘅《煮泉小品》记载:"茶者以火作者为次,生晒者为上,亦近自然,且断火气耳。况作人手器不洁,火候失宜,皆能损其香色也。生晒茶沦于瓯中,则旗枪舒展,清翠鲜明,尤为可爱。"书中所述的正是白毫银针散茶的制法——生晒。白毫银针泡在瓯中,条条银针直立,汤色鲜明而微甜。

恩施玉露·蒸青古法

恩施玉露属绿茶类,产于湖北恩施,选用叶色浓绿的一芽一叶或一芽二叶鲜叶经蒸汽杀青制作而成。恩施玉露对采制的要求十分严格,芽叶须细嫩、匀齐,成品茶条索紧细匀整、光滑,色泽鲜绿明亮,茶形纤细挺直、状如松针、白毫显露、茶身色泽苍翠。以沸水冲泡,芽叶复展宛如重生、赏心悦目,初时婷婷悬浮于杯中,继而渐次沉至杯底,汤色清透明亮,香气清高持久,滋味鲜爽甘醇、沁人心脾,叶底嫩匀。恩施玉露具有显著的"三绿"特征:茶绿、汤绿、叶底绿。

恩施位于湖北省西南部,地处武陵山区腹地,境内多属低山或二高山区,土壤肥沃、植被丰富,冬无严寒、夏无酷暑,终年云雾缭绕,非常适宜茶树生长。唐代时有"施南方茶"的记述,明黄一正《事物绀珠》记载:"茶类今茶名……崇阳茶、蒲圻茶、荆州茶、施州茶、南木茶。"陈宗懋(mào)《中国茶经》认为恩施玉露创制于清康熙年间,由兰姓茶商垒灶研制,所制成品茶叶外形匀整、紧圆、挺直、色绿,毫锋银白如玉,曾被称为"玉绿",后因其茶味鲜爽、毫白如玉且格外显露的特点而改名"玉露"。20 世纪末期,恩施利用无性系繁殖技术,大面积推广玉露优质茶种植，根据典籍的记载恢复了失传已久的蒸青工艺。

日本自唐代从中国传入茶籽栽植及制茶方法后，至今仍主要采用蒸青方法制作绿茶。日本玉露作为品质最上乘的日本茶，其制法与恩施玉露制作的方法十分相近，两款玉露茶的品质各有特色。

蒙顶甘露 · 茶中故旧

蒙顶甘露属绿茶类，主要产于地跨四川省名山、雅安两地的蒙山山顶，故被称作"蒙顶茶"。梵语中甘露是"念祖"之意，甘露采摘制作工艺十分精湛，茶形美观、叶嫩芽壮，条索紧卷多毫、浅绿油润，香气馥郁芬芳，汤色黄中透绿、清澈明亮，饮之味醇甘鲜、齿颊留香，叶底匀整嫩绿。

蒙顶甘露源自历史上的蒙顶茶，是最早出现的卷曲型绿茶。蒙顶名茶种类繁多，有甘露、上清、菱角、蒙顶黄芽、石花、玉叶长春、万春银针等，其中甘露品质最佳。宋代文彦博《和公仪湖上烹蒙顶新茶作》赞曰："蒙顶露芽春味美，湖头月馆夜吟清。烦醒涤尽冲襟爽[1]，暂适萧然物外情。"唐代白居易《琴茶》诗中写道："琴里知闻惟《渌水》，茶中故旧是蒙山。"宋代文同《谢人寄蒙顶新茶》："蜀土茶称圣，蒙山味独珍。"明代朱权《茶谱》记述："茶之产于天下多矣。剑南有蒙顶石花，湖州有顾渚紫笋，峡州有时涧明月……其名皆著。品第之，则石花最上，紫笋次之……"。

四川蒙顶山上清峰上留有中华茶祖吴理真道人于汉代时手植的七株仙茶遗址。四川素有"剑阁天下险、峨眉天下秀、青城天下幽"之称，蒙山位于邛崃山脉中段，东有峨眉山，南有大相岭，西靠夹金山，北临成都盆地，青衣江从山脚下绕过，地跨名山、雅安两县，山顶有上清、菱角、毗罗、井泉和甘露五峰，状如莲花。山上古木参天、寺院林立，山势巍峨、峰峦挺秀、云雾弥漫，所谓蒙山之巅多秀岭，恶草不生生淑茗。蒙顶甘露是中国最古老的名茶，被尊为茶中故旧、名茶先驱。

唐代李肇《唐国史补》中将蒙顶黄芽列为黄茶之首。唐朝诗人亦

【1】烦醒（chéng）：形容内心烦燥或激动，有如酒醉。

写了很多赞美蒙顶茶的诗篇。五代毛文锡《茶谱》记载："蒙山有五峰，环状如指掌曰上清，曰玉女，曰井泉，曰菱角，曰甘露，仙茶植于中心蟠根石上，每岁采仙茶七株为正贡"。蒙顶茶作为贡茶，一直延续到清朝，历时达千年之久。

茉莉花茶 · 花香茶韵总相宜

茉莉花茶（Jasmine Tea），又称茉莉香片，以绿茶为基茶，用茉莉花窨制，已有一千多年历史。茉莉花茶的发源地为福建福州，其茶香与茉莉花香交互融合，有"窨得茉莉无上味，列作人间第一香"的美誉。高品茉莉花茶采用的鲜叶常为一芽一叶、一芽二叶，嫩芽多而芽毫显露。茉莉花茶汤色黄绿明亮，滋味醇厚鲜爽，叶底嫩匀柔软。泡出的茶汤从翠绿逐渐变黄亮，滋味逐渐转为花茶的甘醇，常饮具有安神、解抑、健脾的功效。

福州茉莉花茶最早源于汉代，清朝时茉莉花茶被列为贡品。宋朝时中医局方学派对香气和茶的药疗与保健作用加以充分研究和认识，引发了香茶热潮，诞生了数十种香茶。茉莉花茶将绿茶和茉莉鲜花进行拼和、窨制，使茶叶充分吸收花香，香气鲜灵持久。窨花拼和的技术十分讲究，配花量、花开放度、温度、水分、厚度、时间等均会影响效果，茉莉鲜花在酶、水分、氧气等作用下分解出芬香物质，茶胚吸附花香和水分并在湿热作用下发生更为复杂的化学作用。

茉莉花茶主要产于福建、浙江、江苏、四川。龙团珠茉莉花茶是福州茉莉花茶中的传统名品，政和茉莉银针产于福建政和县。浙江金华的茉莉花茶、江苏苏州的茉莉花茶都广受茶客的喜爱。四川茉莉花茶则以峨眉山、蒙山、宜宾等地所产川青为基茶，用茉莉花窨制成碧潭飘雪、林湖飘雪等名茶。

庐山云雾茶 · 东林寺慧远始作

庐山云雾茶也称江西云雾茶，属于绿茶类，宋代被列为"贡茶"，因产自江西庐山而得名。东晋时东林寺名僧慧远将庐山云雾茶从野生茶改造为家生茶，以条索粗壮、青翠多毫、汤色明亮、叶嫩匀齐、香凛持久、醇厚味甘的"六绝"特色闻名遐迩。庐山云雾茶受庐山凉爽多雾的气候及日光直射时间短等因素影响，形成了叶厚毫多、醇甘耐泡的独特特点。

明《庐山志》记载，东汉时佛教传入中国，庐山梵宫寺院一时多达300余座，僧侣云集。这些僧侣拜佛参禅之余攀危崖、汲清泉、采野茶，在白云深处劈崖填峪、栽种茶树，采茶制茶。东晋时名僧慧远在山上居住三十余年，一边讲授佛学一边种茶、制茶、饮茶。唐朝时庐山茶已经非常出名，白居易游庐山时写下"长松树下小溪头，斑鹿胎巾白布裘，药圃茶园为产业，野麋林鹤是交游"的茶诗，宋黄庭坚则留下了"我家江南摘云腴，落铠霏霏雪不如"的诗句。明《庐山志》中出现了"庐山云雾茶"的名称。民国时成立了庐山植物园，植物园中开辟了云雾茶的种茶园，50年代以后茶园增至5 000余亩，茶园遍布整个庐山景区，其中尤以五老峰与汉阳峰所产的茶叶品质最为上乘。

第十辑

风雅颂·茶诗茶词

茶曲茶文化

茶诗·茶词·茶曲

自古文人骚客，有才情者皆多癖好，或饮酒喝茶，或游山乐水，或红袖添香，或炼丹访仙。茶之为物，自神农以降，喜爱者日众，尤得文雅之士青睐。盖于古时非有钱有闲者，汲汲然忙于温饱，而无暇煮水慢饮茶。至若烹茗煮芽，以茶会友宴客，吸啜品评间谈古论今，继而吟诗作对，意向所指皆出尘出世、雅致脱俗，或颂茗茶，或咏其志，或叙友情，或蕴哲理，遂成有闲阶层之风雅盛事。

自李唐来，茶事渐兴。宋人尤爱茶，诏武夷建瓯设御茶园，宋徽宗作《大观茶论》传世。明茶贸于北方部族，首辅欲饬北境私茶，蒙古各部因茶起事，遂有清河堡一役。及至清末，英商来华贸易，吾国之茶远渡入欧，受英贵族与上流人士钟爱，后竟因茶与烟而致与夷邦开战。唐、宋、元、明、清五朝历经一千三百年，期间以茶为题，赋诗、填词、写曲者不计其数，凡李白、杜甫、白居易、李商隐、欧阳修、苏轼、陆游、曾巩、朱熹、唐寅、曹雪芹等皆有涉茶佳作，乾隆、嘉庆亦有御笔留于后世，茶诗、茶词、茶曲卷帙[1]浩繁、多不胜数。于此辑录部分名家佳作，唯期窥斑见豹之效。

娇女诗

晋·左思

吾家有娇女，皎皎颇白皙。小字为纨素，口齿自清历。
鬓发覆广额，双耳似连璧。明朝弄梳台，黛眉类扫迹。
浓朱衍丹唇，黄吻烂漫赤。娇语若连琐，忿速乃明懀[2]。

【1】卷帙（zhì）：①篇章；书籍。苏辙《次韵子瞻病中赠提刑段绎》："怜我久别离，卷帙为舒散。"②书籍的篇幅。王明清《挥麈（zhǔ）尘录》（卷1）："使修群书，广其卷帙。"

【2】明懀（huà）：急躁，易怒。

握笔利彤管，篆刻未期益。执书爱绨素，诵习矜所获。

其姊字惠芳，面目粲如画。轻妆喜楼边，临镜忘纺绩。

举觯（zhì）拟京兆[1]，立的成复易[2]。玩弄眉颊间，剧兼机杼役。

从容好赵舞，延袖象飞翮（hé）。上下弦柱际，文史辄卷襞（bì）。

顾眄（miǎn）屏风书，如见已指摛[3]。丹青日尘暗，明义为隐赜（zé）。

驰骛翔园林，果下皆生摘。红葩缀紫蒂，萍实骤柢掷。

贪华风雨中，眴忽数百适。务蹑霜雪戏，重綦（qí）常累积。

并心注肴馔，端坐理盘槅（gé）。翰墨戢闲案，相与数离逖（tì）。

动为垆钲屈，屦履任之适。止为茶荈据，吹嘘对鼎钖（lì）。

脂腻漫白袖，烟熏染阿锡[4]。衣被皆重地，难与沉水碧。

任其孺子意，羞受长者责。瞥闻当与杖，掩泪俱向壁。

【1】京兆：指汉宣帝时的京兆尹张敞，曾为妻子画眉。
【2】的：古代女子用朱色点在面部的装饰。
【3】指摛（tī）：挑出缺点错误。
【4】阿锡：精致的丝织品和细布。

出　歌
晋·孙楚

茱萸出芳树颠。鲤鱼出洛水泉。白盐出河东。美豉出鲁渊。

姜桂茶荈出巴蜀。椒橘木兰出高山。蓼苏出沟渠。精稗（bài）出中田。

登成都白菟楼
晋·张载

【5】峣巘（niè）：高大的檗树。
【6】嵯峨（cuó é）：山高峻貌。
【7】蹲鸱（chī）：大芋。因形如蹲伏的大鸱，故称。
【8】原隰（xí）：广平与低湿之地。
【9】龙醢（hǎi）：醢，肉酱。龙醢，极美味的食物。
【10】蟹蝑（xū）：蟹酱。蝑，应作"胥"，《说文》："胥，蟹醢也。"

重城结曲阿，飞宇起层楼。累栋出云表，峣巘临太虚[5]。

高轩启朱扉，回望畅八隅。西瞻岷山岭，嵯峨似荆巫[6]。

蹲鸱蔽地生[7]，原隰殖嘉蔬[8]。虽遇尧汤世，民食恒有余。

郁郁小城中，岌岌百族居。街术纷绮错，高甍（méng）夹长衢。

借问杨子宅，想见长卿庐。程卓累千金，骄侈拟五侯。

门有连骑客，翠带腰吴钩。鼎食随时进，百和妙且殊。

披林采秋橘，临江钓春鱼。黑子过龙醢[9]，果馔逾蟹蝑[10]。

芳茶冠六清，溢味播九区。人生苟安乐，兹土聊可娱。

278

杂　诗

南朝宋·王微

桑妾独何怀，倾筐未盈把。

自言悲苦多，排却不肯舍。

妾悲巨陈诉，填尤不销冶。

寒雁归所从，半途失凭假。

壮情抃驱驰，猛气捍朝社。

常怀云汉惭，常欲复周雅。

重名好铭勒，轻躯愿图写。

万里度沙漠，悬师蹈朔野。

传闻兵失利，不见来归者。

奚处埋旌麾，何处丧车马。

拊心悼恭人，零泪覆面下。

徒谓久别季，不见长孤寡。

寂寂掩高阁，寥寥空广厦。

待君竟不归，收颜今就槚。

一字至七字诗·茶

唐·元稹

茶

香叶，嫩芽。

慕诗客，爱僧家。

碾雕白玉，罗织红纱。

铫前黄蕊色，碗转曲尘花。

夜后邀陪明月，晨前命对朝霞。

洗尽古今人不倦，将知醉后岂堪夸！

中唐诗人元稹所作的这首宝塔诗可谓别开生面，把文人雅士相聚，待以香茗好茶，辅以上等茶具器皿，通宵达旦吟诗作对，俯仰天地、纵论古今、思察人生，人物、场景、茗香及诗词曲赋皆跃然纸上，描写得栩栩如生、淋漓尽致。

六羡歌

唐·陆羽

不羡黄金罍[1]，不羡白玉杯，不羡朝人省，不羡暮人台，千羡万羡西江水，曾向竟陵城下来。

【1】罍（léi）：古代盛酒的器具，形状像壶。

会稽东小山

唐·陆羽

月色寒潮入剡溪，青猿叫断绿林西。
昔人已逐东流去，空见年年江草齐。

答族侄僧中孚赠玉泉仙人掌茶（并序）

唐·李白

余闻荆州玉泉寺近清溪诸山，山洞往往有乳窟，窟中多玉泉交流，其中有白蝙蝠，大如鸦。按《仙经》，蝙蝠一名仙鼠，千岁之后，体白如雪，栖则倒悬，盖饮乳水而长生也。其水边处处有茗草罗生，枝叶如碧玉。惟玉泉真公常采而饮之，年八十余岁，颜色如桃李。而此茗清香滑熟，异于他者，所以能还童振枯，扶人寿也。余游金陵，见宗僧中孚，示余茶数十片，拳然重叠，其状如手，号为"仙人掌茶"。盖新出乎玉泉之山，旷古未觌[1]。因持之见遗[2]，兼赠诗，要余答之，遂有此作。后之高僧大隐，知仙人掌茶发

【1】觌（dí）：见。
【2】见遗（wèi）：别人赠物于己。

乎中孚禅子及青莲居士李白也。

常闻玉泉山，山洞多乳窟。

仙鼠如白鸦，倒悬清溪月。

茗生此中石，玉泉流不歇。

根柯洒芳津，采服润肌骨。

丛老卷绿叶，枝枝相接连。

曝成仙人掌，似拍洪崖肩。

举世未见之，其名定谁传。

宗英乃禅伯，投赠有佳篇。

清镜烛无盐，顾惭西子妍。

朝坐有余兴，长吟播诸天。

重过何氏五首之三

唐·杜甫

落日平台上，春风啜茗时。

石阑斜点笔，桐叶坐题诗。

翡翠鸣衣桁，蜻蜓立钓丝。

自今幽兴熟，来往亦无期。

走笔谢孟谏议寄新茶

唐·卢仝

日高丈五睡正浓，军将打门惊周公。口云谏议送书信，白绢斜封三道印。开缄宛见谏议面，手阅月团三百片。闻道新年入山里，蛰虫惊动春风起。天子须尝阳羡茶，百草不敢先开花。仁风暗结珠琲瓃，先春抽出黄金芽。摘鲜焙芳旋封裹，至精至好且不奢。至尊之余合王公，何事便到山人家。

柴门反关无俗客，纱帽笼头自煎吃。碧云引风吹不断，白花浮光凝碗面。一碗喉吻润，两碗破孤闷。三碗搜枯肠，唯有文字五千卷。四碗发轻汗，平生不平事，尽向毛孔散。五碗肌骨清，六碗通仙灵。七碗吃不得也，唯觉两腋习习清风生。蓬莱山，在何处。玉川子，乘此清风欲归去。山上群仙司下土，地位清高隔风雨。安得知百万亿苍生命，堕在巅崖受辛苦。便为谏议问苍生，到头还得苏息否。

夜闻贾常州、崔湖州茶山境会亭欢宴

唐·白居易

遥闻境会茶山夜，珠翠歌钟俱绕身。
盘下中分两州界，灯前各作一家春。
青娥递舞应争妙，紫笋齐尝各斗新。
自叹花时北窗下，蒲黄酒对病眠人。

两碗茶

唐·白居易

食罢一觉睡，起来两碗茶；举头看日影，已复西南斜；乐人惜日促，忧人厌年赊；无忧无乐者，长短任生涯。

山泉煎茶有怀

唐·白居易

坐酌泠泠水，看煎瑟瑟尘。
无由持一碗，寄与爱茶人。

巽（xùn）上人以竹间自采新茶见赠，酬之以诗

唐·柳宗元

芳丛翳湘竹[1]，零露凝清华。

复此雪山客，晨朝掇灵芽。

蒸烟俯石濑，咫尺凌丹崖。

圆方丽奇色，圭璧无纤瑕。

呼儿爨金鼎[2]，馀馥延幽遐。

涤虑发真照，还源荡昏邪。

犹同甘露饭，佛事薰毗耶。

咄此蓬瀛侣，无乃贵流霞。

【1】翳（yì）：遮蔽。

【2】爨（cuàn）：烧，烹煮。

夏昼偶作

唐·柳宗元

南州溽暑醉如酒[3]，隐几熟眠开北牖（yǒu）。

日午独觉无余声，山童隔竹敲茶臼。

【3】溽（rù）：湿润。

饮茶歌诮崔石使君

唐·僧皎然

越人遗我剡溪茗[4]，采得金牙爨金鼎[5]。素瓷雪色缥沫香，何似诸仙琼蕊浆。一饮涤昏寐，情来朗爽满天地。再饮清我神，忽如飞雨洒轻尘。三饮便得道，何须苦心破烦恼。此物清高世莫知，世人饮酒多自欺。愁看毕卓瓮间夜，笑向陶潜篱下时。崔侯啜之意不已，狂歌一曲惊人耳。孰知茶道全尔真，唯有丹丘得如此。

【4】剡:（shàn）溪：古水名。在今浙江嵊州，即曹娥江上游。

【5】爨（cuàn）：烧，烹煮。

陆鸿渐上饶新辟茶山

唐·孟郊

惊彼武陵状，移居此岩边。
开亭如贮云，凿石先得泉。
啸竹引轻吹，吟花成新篇。
乃知高洁情，摆脱区中缘。

与赵莒茶宴

唐·钱起

竹下忘言对紫茶，全胜羽客醉流霞。
尘心洗尽兴难尽，一树蝉声片影斜。

西陵道士茶歌

唐·温庭筠

乳窦溅溅通石脉，绿尘悉草春江色。
涧花入井水味香，山月当人松影直。
仙翁白扇霜乌翎，拂坛夜读《黄庭经》。
疏香皓齿有馀味，更觉鹤心通杳冥。

谢中上人寄茶

唐·齐已

春山谷雨前，并手摘芳烟。
绿嫩难盈笼，清和易晚天。
且招邻院客，试煮落花泉。
地远劳相寄，无来又隔年。

喜园中茶生

唐·韦应物

洁性不可污，为饮涤尘烦。

此物信灵味，本自出山原。

聊因理郡余，率尔植荒园。

喜随众草长，得与幽人言。

春日茶山病不饮酒，因呈宾客

唐·杜牧

笙歌登画船，十日清明前。

山秀白云腻，溪光红粉鲜。

欲开未开花，半阴半晴天。

谁知病太守，犹得作茶仙。

即 目

唐·李商隐

小鼎煎茶面曲池，白须道士竹间棋。

何人书破蒲葵扇，记著南塘移树时。

尝 茶

唐·刘禹锡

生拍芳丛鹰觜芽，老郎封寄谪仙家。

今宵更有湘江月，照出菲菲满碗花。

采茶歌

唐·秦韬玉

天柱香芽露香发，烂研瑟瑟穿荻篾。
太守怜才寄野人，山童碾破团团月。
倚云便酌泉声煮，兽炭潜然虹珠吐。
看著晴天早日明，鼎中飒飒筛风雨。
老翠看尘下才熟，搅时绕箸天云绿，
耽书病酒两多情，坐对闽瓯睡先足。
洗我胸中幽思清，鬼神应愁歌欲成。

题禅院

唐·杜牧

觥船一棹百分空，十载青春不负公。
今日鬓丝禅榻畔，茶烟轻飏落花风。

五言月夜啜茶联句

唐·颜真卿等[1]

泛花邀坐客，代饮引情言。
醒酒宜华席，留僧想独园。
不须攀月桂，何假树庭萱。
御史秋风劲，尚书北斗尊。
流华净肌骨，疏瀹涤心原。[2]
不似春醪醉，何辞绿菽繁。[3]
素瓷传静夜，芳气清闲轩。

【1】此诗由颜真卿、陆士修、张荐、李萼、崔万、皎然六人共作。

【2】疏瀹（yuè）：烹茗。

【3】春醪（láo）：酒。唐人多称酒为春。醪，为浊酒。

286

尚书惠蜡面茶

唐·徐夤（yín）

武夷春暖月初圆，采摘新芽献地仙。

飞鹊印成香蜡片，啼猿溪走木兰船。

金槽和碾沉香末，冰碗轻涵翠缕烟。

分赠恩深知最异，晚铛宜煮北山泉[1]。

茶

宋·秦观

茶实嘉木英，其香乃天育。

芳不愧杜蘅，清堪掩椒菊。

上客集堂葵，圆月探奁盝。

玉鼎注漫流，金碾响丈竹。

侵寻发美鬯[2]，猗狔生乳粟。

经时不销歇，衣袂带纷郁。

幸蒙巾笥藏，苦厌龙兰续。

愿君斥异类，使我全芬馥。

满庭芳·咏茶

宋·秦观

雅燕飞觞，清谈挥麈，使君高会群贤。密云双凤，初破缕金团。窗外炉烟自动，开瓶试、一品香泉。轻涛起，香生玉乳，雪溅紫瓯圆。

娇鬟，宜美盼，双擎翠袖，稳步红莲。座中客翻愁，酒醒歌阑。点上纱笼画烛，花骢弄、月影当轩。频相顾，余欢未尽，欲去且留连。

月兔茶

宋·苏轼

环非环，块非块，中有迷离玉兔儿。

一似佳人裙上月，月圆还缺缺还圆，此月一缺圆何年。

君不见斗茶公子不忍斗小团，上有双衔绶带双飞鸾。

次韵曹辅寄壑源试焙新芽

宋·苏轼

仙山灵草湿行云，洗遍香肌粉未匀。

明月来投玉川子，清风吹破武林春。

要知冰雪心肠好，不是膏油首面新。

戏作小诗君一笑，从来佳茗似佳人。

马子约送茶作六言谢之

宋·苏轼

珍重绣衣直指，远烦白绢斜封。

惊破卢仝幽梦，北窗起看云龙。

鸠坑茶

宋·范仲淹

潇洒桐庐郡，春山半是茶。

新雷还好事，惊起雨前芽。

鹧鸪天·寒日萧萧上琐窗

宋·李清照

寒日萧萧上锁窗。梧桐应恨夜来霜。
酒阑更喜团茶苦，梦断偏宜瑞脑香。
秋已尽，日犹长。仲宣怀远更凄凉。
不如随分尊前醉，莫负东篱菊蕊黄。

满江红·和范先之雪

宋·辛弃疾

天上飞琼，毕竟向、人间情薄。还又跨、玉龙归去，万
花摇落。云破林梢添远岫，月临屋角分层阁。记少年、骏马
走韩卢，掀东郭。

吟冻雁，嘲饥鹊。人已老，欢犹昨。对琼瑶满地，与君
酬酢。最爱霏霏迷远近，却收扰扰还寥廓。待羔儿、酒罢又
烹茶，扬州鹤。

七宝茶

宋·梅尧臣

七物甘香杂蕊茶，浮花泛绿乱于霞。
啜之始觉君恩重，休作寻常一等夸。

茶　坂

宋·朱熹

武夷高处是蓬莱，采取灵芽余自栽。
地僻芳菲镇长在，谷寒蝶蝶未全来。

红裳似欲留人醉，锦幛何妨为客开。

咀罢醒心何处所，近山重叠翠成堆。

幽居初夏

宋·陆游

湖山胜处放翁家，槐柳阴中野径斜。

水满有时观下鹭，草深无处不鸣蛙。

箨龙已过头番笋[1]，木笔犹开第一花。

叹息老来交旧尽，睡来谁共午瓯茶。

啜茶示儿辈

宋·陆游

围坐团栾且勿哗，饭余共举此瓯茶。

粗知道义死无憾，已迫耄期生有涯。

小圃花光还满眼，高城漏鼓不停挝。

闲人一笑真当勉，小榼何妨问酒家。

戏书燕几

宋·陆游

平生成事付天公，白道山林不厌穷。

一枕鸟声残梦里，半窗花影独吟中。

柴荆日晚犹深闭，烟火年来只仅通。

水品茶经常在手，前生疑是竟陵翁。

【1】箨（tuò）龙：竹笋的异名。唐代卢仝《寄男抱孙》："箨龙正称冤，莫杀入汝口。"

北岩采茶用《忘怀录》中法煎饮，欣然忘病之未去也

宋·陆游

槐火初钻燧，松风自候汤。

携篮苔径远，落爪雪芽长。

细啜襟灵爽，微吟齿颊香。

归时更清绝，竹影踏斜阳。

以六一泉煮双井茶

宋·杨万里

鹰爪新茶蟹眼汤，松风鸣雪兔毫霜。

细参六一泉中味，故有涪翁句子香。

日铸建溪当退舍，落霞秋水梦还乡。

何时归上滕王阁，自看风炉自煮尝。

澹庵坐上观显上人分茶

宋·杨万里

分茶何似煎茶好，煎茶不似分茶巧。蒸水老禅弄泉手，
隆兴元春新玉爪。

二者相遭兔瓯面，怪怪奇奇真善幻。纷如擘絮行太空，
影落寒江能万变。

银瓶首下仍尻高，注汤作字势嫖姚。不须更师屋漏法，
只问此瓶当响答。

紫微仙人乌角巾，唤我起看清风生。京尘满袖思一洗，
病眼生花得再明。

叹鼎难调要公理，策动茗碗非公事。不如回施与寒儒，
归续茶经傅衲子。

送龙茶与许道人

宋·欧阳修

颖阳道士青霞客，来似浮云去无迹。
夜朝北斗太清坛，不道姓名人不识。
我有龙团古苍璧，九龙泉深一百尺。
凭君汲井试烹之，不是人间香味色。

尝新茶

宋·曾巩

麦粒收来品绝伦，葵花制出样争新。
一杯永日醒双眼，草木英华信有神。

和子瞻煎茶

宋·苏辙

年来病懒百不堪，未废饮食求芳甘。煎茶旧法出西蜀，水声火候尤能谙。相传煎茶只煎水，茶性仍存偏有味。君不见，闽中茶品天下高，倾身事茶不知劳。又不见，北方茗饮无不有，盐酪椒姜夸满口。我今倦游思故乡。不学南方与北方。铜铛（chēng）得火蚯蚓叫，匙脚旋转秋萤光。何时茅檐归去炙背读文字，遣儿折取枯竹女煎汤。

北苑十咏·造茶

宋·蔡襄

屑玉寸阴间，抟金新范里。
规呈月正圆，势动龙初起。

焙出香色全，争夸火候是。

茶 歌
宋·葛长庚

柳眼偷看梅花飞，百花头上东风吹。壑源春到不知时，霹雳一声惊晓枝。

枝头未敢展枪旗，吐玉缀金先献奇。雀舌含春不解语，只有晓露晨烟知。

带露和烟摘归去，蒸来细捣几千杵。捏作月团三百片，火候调匀文与武。

碾边飞絮卷玉尘，磨下落珠散金缕。首山黄铜铸小铛，活火新泉自烹煮。

蟹眼已没鱼眼浮，垚垚松声送风雨。定州红玉琢花瓷，瑞雪满瓯浮白乳。

绿云入口生香风，满口兰芷香无穷。两腋飕飕毛窍通，洗尽枯肠万事空。

君不见孟谏议，送茶惊起卢仝睡。又不见白居易，馈茶唤醒禹锡醉。

陆羽作茶经，曹晖作茶铭。文天范公对茶笑，纱帽龙头煎石铫。

素虚见雨如丹砂，点作满盏菖蒲花。东坡深得煎水法，酒阑往往觅一呷。

赵州梦里见南泉，爱结焚香瀹（yuè）茗缘。吾侪烹茶有滋味，华池神水先调试。

丹田一亩自栽培，金翁姹女采归来。天炉地鼎依时节，炼作黄芽烹白雪。

味如甘露胜醍醐，服之顿觉沉疴苏。身轻便欲登天衢，不知天上有茶无。

寄新茶与南禅师

宋·黄庭坚

筠焙熟香茶，能医病眼花。
因甘野夫食，聊寄法王家。
石钵收云液，铜瓶煮露华。
一瓯资舌本，吾欲问三车。

满庭芳·茶

宋·黄庭坚

北苑春风，方圭圆璧，万里名动京关。碎身粉骨，功合
上凌烟。尊俎风流战胜，降春睡、开拓愁边。纤纤捧，研膏
浅乳，金缕鹧鸪斑。

相如，虽病渴，一觞一咏，宾有群贤。为扶起灯前，醉
玉颓山。搜搅胸中万卷，还倾动、三峡词源。归来晚，文君
未寐，相对小窗前。

田园四时杂兴

宋·范成大

蝴蝶双双入菜花，日长无客到田家。
鸡飞过篱犬吠窦，知有行商来买茶。

菩萨蛮·湖心寺席上赋茶词

宋·舒亶

金船满引人微醉，红绡笼烛催归骑，香泛雪盈杯。云
龙疑梦回。不辞风满腋。旧是仙家客。坐得夜无眠。南窗

衾枕寒。

望江南·茶
宋·吴文英

松风远，莺燕静幽坊。妆退宫梅人倦绣，梦回春草日初长。瓷碗试新汤。

笙歌断，情与絮悠扬。石乳飞时离凤怨，玉纤分处露花香。人去月侵廊。

采茶行
宋·郑樵

春山晓露洗新碧，宿鸟倦飞啼石壁。
手携桃杖歌行役，鸟道纡回惬所适。
千树朦胧半含白，峰峦高低如几席。
我生偃蹇耽幽僻，拔草驱烟频蹑屐。
采采前山慎所择，紫芽嫩绿敢轻掷。
龙团佳制自往昔，我今未酌神行怿。
安得龟蒙地百尺，前种武夷后郑宅。
逢春吸露枝润泽，大招二陆栖魂魄。

忆秦娥·游人绝
宋·刘克庄

游人绝，绿阴满野芳菲歇。芳菲歇，养蚕天气，采茶时节。枝头杜宇啼成血。

陌头杨柳吹成雪。吹成雪，淡烟微雨，江南三月。

雪煎茶

元·谢宗可

夜扫寒英煮绿尘，松风入鼎更清新。
月圆影落银河水，云脚香融玉树春。
陆井有泉应近俗，陶家无酒未为贫。
诗脾夺尽丰年瑞，分付蓬莱顶上人。

游龙井

元·虞伯生

徘徊龙井上，云气起晴画。
澄公爱客至，取水挹幽窦。
坐我檐莆中，余香不闻嗅，
但见飘中清，翠影落碧岫。
烹煮黄金芽，不取谷雨后。
同来二三子，三咽不忍漱。

西域从王君玉乞茶，因其韵七首之一

元·耶律楚材

积年不啜建溪茶，心窍黄尘塞五车。
碧玉瓯中思雪浪，黄金碾畔忆雷芽。
卢仝七碗诗难得，谂老三瓯梦亦赊。
敢乞君侯分数饼，暂教清兴绕烟霞。

西域从王君玉乞茶，因其韵七首之五

元·耶律楚材

长笑刘伶不识茶，胡为买锸漫随车。

萧萧暮雨云千顷，隐隐春雷玉一芽。

建郡深瓯吴地运，金山佳水楚江赊。

红炉石鼎烹团月，一碗和香吸碧霞。

西域从王君玉乞茶，因其韵七首之七

元·耶律楚材

啜罢江南一碗茶，枯肠历历走雷车。

黄金小碾飞琼雪，碧玉深瓯点雪芽。

笔阵陈兵诗思勇，睡魔卷甲梦魂赊。

精神爽逸无余事，卧看残阳补断霞。

喜春来·赠茶肆　小令十首：

元·李德载

一

茶烟一缕轻轻扬，搅动兰膏四座香，烹煎妙手赛维扬。
非是谎，下马试来尝。

二

黄金碾畔香尘细，碧玉瓯中白雪飞，扫醒破闷和脾胃。
风韵美，唤醒睡希夷。

三

蒙山顶上春光早，扬子江心水味高，陶家学士更风骚。
应笑倒，销金帐饮羊羔。

四

龙团香满三江水，石鼎诗成七步才，襄王无梦到阳台。
归去来，随处是蓬莱。

五

一瓯佳味侵诗梦，七碗清香胜碧简，竹炉汤沸火初红。

两腋风，人在广寒宫。

六

木瓜香带千林杏，金橘寒生万壑冰，一瓯甘露更驰名。恰二更，梦断酒初醒。

七

兔毫盏内新尝罢，留得余香在齿牙，一瓶雪水最清佳。风韵煞，到底属陶家。

八

龙须喷雪浮瓯面，凤髓和云泛盏弦，劝君休惜杖头钱。学玉川，平地便升仙。

九

金樽满劝羊羔酒，不似灵芽泛玉瓯，声名喧满岳阳楼。夸妙手，博士便风流。

十

金芽嫩采枝头露，雪乳香浮塞上酥，我家奇品世间无。君听取，声价彻皇都。

偶 成

元·吴激

蟹汤兔盏斗旗枪，
风雨山中枕簟凉。
学道穷年何所得，
只工扫地与焚香。

游虎丘

元·郭麟孙

海峰何从来？平地涌高岭。去城不七里，幻此幽绝境。

芳游坐迟暮，无物惜余景。树暗云岩深，花落春寺静。野草
时有香，风絮淡无影。山行纷游人，金翠竞驰聘。

朝来有爽气，此意独谁领？我来极登览，妙灵应自省。

遥看青数尖，俯视绿万顷。逃禅问点石，试茗汲憨井。

意行忘步滑，野坐怯衣冷。聊为无事饮，颇觉清昼永。
藉草方醉眠，松风忽吹醒。

茶具诗
茶筅

元·谢宗可

此君一节莹无暇，夜听松风漱玉华。

万缕引风归蟹眼，半瓶飞雪起龙芽。

香凝翠发云生脚，湿满苍髯浪卷花。

到手纤毫皆尽力，多因不负玉川家。

山　院

元·韩奕

山院频来即是家，邻房几处共烟霞。

石池水碧连朝雨，金粟秋开满树花。

入社陶公宁止酒，品泉陆子解煎茶。

扁舟百里行非远，黄发应堪老岁华。

采茶诗
集庆寺

元·仇远

平生三宿此招提，眼底交游更有谁。

顾恺漫留金粟影，杜陵忍赋玉华诗。

旋烹紫笋犹含箨，自摘青茶未展旗。

听彻洞箫清不寐，月明正照古松枝。

游龙井

元·虞集

徘徊龙井上，云气起晴画。

澄公爱客至，取水挹幽窦。

坐我薝葡中，余香不闻嗅。

但见瓢中清，翠影落群岫。

烹煎黄金芽，不取谷雨后。

同来二三子，三咽不忍嗽。

试　茶

明·陈继儒

绮阴攒盖，灵草试奇。

竹炉幽讨，松火怒飞。

水交以淡，茗战而肥。

绿香满路，永日忘归。

饮茶诗
试虎丘茶

明·王世贞

洪都鹤岭太麓生，北苑凤团先一鸣。虎丘晚出谷雨候，百草斗品皆为轻。惠水不肯甘第二，拟借春芽冠春意。陆郎为我手自煎茶，松飙泻出真珠泉。君不见蒙顶空劳荐巴蜀，定红输却宣瓷玉。毡根麦粉填调饥,碧纱捧出双蛾眉。筝炙管且未要,隐囊筇榻须相随。最宜纤指就一吸,半醉倦读《离骚》时。

解语花·题美人捧茶

明·王世贞

中泠乍汲,谷雨初收,宝鼎松声细。柳腰娇倚。薰笼畔、斗把碧旗碾试。兰芽玉蕊。勾引出、清风一缕。颦翠蛾、斜捧金瓯,暗送春山意。

微袅露鬟云髻。瑞龙涎犹自,沾恋纤指。流莺新脆。低低道、卯酒可醒还起。双鬟小婢。越显得、那人清丽。临饮时、须索先尝,添取樱桃味。

竹枝词
西湖竹枝词

明·王稚登

山田香土赤如泥,上种梅花下种茶。
茶绿采芽不采叶,梅多论子不论花。

煎 茶

明·文徵明

嫩汤自候鱼眼生,新茗还夸翠展旗。
谷雨江南佳节近,惠山泉下小船归。
山人纱帽笼头处,禅榻风花绕鬓飞。
酒客不通尘梦醒,卧看春日下松扉。

饮玉泉

明·吴宽

龙唇喷薄净无腥，纯浸西南万叠青。
地底洞名疑小有，江南名泉类中泠。
御厨络绎驰银瓮，僧寺分明枕玉屏。
曾是宣皇临幸处，游人谁复上高亭。
垂虹名在壮神都，玄酒为池不用沽。
终日无云成雾雨，下流随地作江湖。
坐临且脱登山屐，汲饮重修调水符。
尘渴正须清泠好，寺僧犹自置茶炉。

龙井茶歌

明·于若瀛

西湖之西开龙井，烟霞近接南峰岭。
飞流蜜汩写幽壑，石磴纤曲片云冷。
拄杖寻源到上方，松枝半落澄潭静。
铜瓶试取烹新茶，涛起龙团沸谷芽。
中顶无须忧兽迹，湖州岂惧涸金沙。
漫道白芽双井嫩，未必红泥方印嘉。
世人品茶未尝见，但说天池与阳羡。
岂知新茗煮新泉，团黄分沏浮瓯面。
二枪浪白附三篇，一串应输钱五万。

采茶词

明·高启

雷过溪山碧云暖，幽丛半吐枪旗短。

302

银钗女儿相应歌，筐中摘得谁最多？
归来清香犹在手，高品先将呈太守。
竹炉新焙未得尝，笼盛贩与湖南商。
山家不解种禾黍，衣食年年在春雨。

宫词　崇祯宫词
明·金嗣孙

雉尾乘云启凤楼，特宣命妇拜长秋。
赐来谷雨新茶白，景泰盘承宣德瓯。

浣溪沙·谁念西风独自凉
清·纳兰性德

谁念西风独自凉？萧萧黄叶闭疏窗。沉思往事立残阳。
被酒莫惊春睡重，赌书消得泼茶香。当时只道是寻常。

西江月
清·郑板桥

微雨晓风初歇，纱窗旭日才温，绣帏香梦半朦腾，窗外鹦哥未醒。蟹眼茶声静悄，虾须帘影轻明。梅花老去杏花匀，夜夜胭脂怯冷。

竹枝词
清·郑板桥

溢江江口是奴家，郎若闲时来吃茶。
黄土筑墙茅盖屋，门前一树紫荆花。

山　茶

清·林鹤年

千里贱栽花，千村学种茶。

根难除蔓草，地本厚桑麻。

谷雨抽香荚，花风绽玉芽。

如何龙凤碾，出自相公家？

坐龙井上烹茶偶成

清·乾隆

龙井新茶龙井泉，一家风味称烹煎。

寸芽出自烂石上，时节焙成谷雨前。

何必凤团夸御茗，聊因雀舌润心莲。

呼之欲出辩才在，笑我依然文字禅。

荷露烹茶

清·乾隆

秋荷叶上露珠流，柄柄倾来盏盏收。

白帝精灵青女气，惠山竹鼎越窑瓯。

学仙笑彼金盘妄[1]，宜咏欣兹玉乳浮。

李相若曾经识此，底须置驿远驰求。[2]

再游龙井

清·乾隆

清跸重听龙井泉，明将归銮启华游。

问山得路宜晴后，汲水烹茶正雨前。

【1】学仙笑彼金盘妄：汉武帝刘彻为了成仙，降旨铸造铜人捧盘承接露水，供他引用。

【2】李相若曾经识此，底须置驿远驰求：唐武宗时宰相李德裕烹茶特别讲究用水。他居住在京都，却特地通过驿道从无锡惠将"第二泉"运到长安烹茶。

入目光景真迅尔，向人花木似依然。
斯诚佳矣予无梦，天姥那希李谪仙。

观采茶作歌

清·乾隆

前日采茶我不喜，率缘供览官经理；
今日采茶我爱观，吴民生计勤自然。
云栖取近跂山路，都非吏备清跸处，
无事回避出采茶，相将男妇实劳劬。
嫩荚新芽细拨挑，趁忙谷雨临明朝；
雨前价贵雨后贱，民艰触目陈鸣镳。
由来贵诚不贵伪，嗟哉老幼赴时意；
敝衣粝食曾不敷，龙团凤饼真无味。

煮 茗

清·嘉庆

佳茗头纲贡，浇诗必月团。
竹炉添活火，石铫沸惊湍。
鱼蟹眼徐扬，旗枪影细攒。
一瓯清兴足，春盎避清寒。

回头诗

清·曹雪芹

一局输赢料不真，香销茶尽尚逡巡。
欲知目下兴衰兆，须问冷眼旁观人。

茶

清·高鹗

瓦铫煮春雪，淡香生古瓷。

晴窗分乳后，寒夜客来时。

漱齿浓消酒，浇胸清入诗。

樵青与孤鹤，风味尔偏宜。

咏茶金句

——清·王安国：春烟寺院敲茶鼓，夕照楼台卓酒旗。

——宋·陆　游：茶映盏毫新乳上，琴横荐石细泉鸣。

——宋·范仲淹：黄金碾畔绿尘飞，碧玉瓯中翠涛起。

——宋·陆　游：寒涧挹泉供试墨，堕巢篝火吹煎茶。

——宋·陆　游：更作茶瓯清绝梦，小窗横幅画江南。

——宋·苏　轼：银瓶泻油浮蚁酒，紫碗铺粟盘龙茶。

——宋·梅尧臣：小石冷泉留早味，紫泥新品泛春华。

——清·郑板桥：汲来江水烹新茗，买尽青山当画屏。

——清·何绍基：花笺茗碗香千载，云影波光一楼。

——唐·崔道融：一瓯解却山中醉，便觉身轻欲上天。

——明·文征明：寒灯新茗月同煎，浅瓯吹雪试新茶。

——明·浦　瑾：草堂幽事许谁分，石鼎茶烟隔户闻。

——明·潘允哲：济入茶水行方便；悟道庵门洗俗尘。

——元·韩　奕：玉杵和云春素月，金刀带雨剪黄芽。

——宋·范仲淹：溪边奇茗冠天下，武夷仙人从古栽。

——元·林锡翁：武夷真是神仙境，已产灵芝又产茶。

——清·陆廷灿：桑苎家传旧有经，弹琴喜傍武夷君。

——清·周亮工：御茶园里筑高台，惊蛰鸣金礼数该。

——宋·文　同：蜀土茶称圣，蒙山味独珍。

306

——宋·陆　游：青灯耿窗户，设茗听雪落。

——宋·梅尧臣：样叠鱼鳞碎，香分雀舌鲜。

——元·张可久：舌底朝朝茶味，眼前处处诗题。

——叶元璋：庭有余闲竹露松风蕉雨，家无长物茶烟琴韵书声。

——佚名：国不可一日无君，君不可一日无茶。

——佚名：青青翠竹尽是法身，郁郁黄花无非般若。

——佚名：半壁山房待明月，一盏清茗酬知音。

——佚名：吟诗不厌捣香茗，乘兴偏宜听雅弹。

——佚名：心随流水去，身与风云闲。

——佚名：吟诗不厌捣香茗，乘兴偏宜听雅弹。

——佚名：茶鼎夜烹千古雪，花影晨动九天风。

唐朝的诗、宋代的词均达到了艺术的巅峰，元、明、清除了有茶诗、茶词之外，还增加了以茶为题的曲，尤其以元曲最为盛行。元、明、清在诗词的造诣上总体未能达到唐、宋的高度，然亦有曲及小说等为补充。有关茶的诗词体裁概有古诗、律诗、绝句、竹枝词、宫词、茶词、元曲等，另外还有寓言诗、回文诗、宝塔诗、联句诗、唱和诗等少见的体裁，所涉及的内容有名茶、茶圣、栽茶、采茶、造茶、煎茶、饮茶、名泉、茶功、送茶、答谢等。

唐诗名冠天下、余响不绝。李白、杜甫、白居易、杜牧、李商隐、韦应物、温庭筠、柳宗元、孟郊、陆羽、元稹、刘禹锡、秦韬玉、颜真卿、秦观等著名诗人均有涉茶佳作传世。宋词或豪放或婉约，长短句流芳百世。欧阳修、范仲淹、苏轼、曾巩、黄庭坚、李清照、辛弃疾、梅尧臣、范成大、吴文英、杨万里、陆游、米芾、蔡襄、郑樵、朱熹等名家都曾写茶入词。

比之唐宋，元代的咏茶诗人较少，主要有耶律楚材、虞集、洪希文、谢宗可、刘秉忠、张翥、袁桷、黄庚、萨都剌、倪瓒、李谦亨、马臻、李德载、仇远、李俊民、郭麟孙等。明代写过咏茶诗词的诗人主要有谢应芳、陈继儒、徐渭、文徵明、于若瀛、黄宗羲、陆容、高启、袁宏道、徐祯卿、徐贲、唐寅等。清代写过咏茶诗词的诗人主要有郑燮、金田、陆延灿、周亮工、陈章、曹廷栋、张日熙等，乾隆皇帝六下江南，曾五次专为杭州西湖龙井御笔题诗。

以上所录均为名家之茶诗、茶词、茶曲。本拟略作注释或译解，然而居然心颤笔怯，欲落笔而又止，宛如一幅浑然天成的名画，如若添上几笔意境不及的题注，反倒煞了风景、累及原作。所谓其景象横看成岭侧成峰、远近高低各不同，其情怀如人饮水、冷暖自知，宜各自观赏、各自体味。这正如一泡好茶，唯有引清泉冲饮之，添一物为多；于上乘之佳作，只需读者的心境观照之，增一笔为赘。

于是仅以头尾作简述，免陷于画蛇添足之嫌，唯做读者与古之圣贤神交之桥梁而已。

大隐于书·中国四大古典名著中的茶元素

《红楼梦》《水浒传》《三国演义》《西游记》被并称为中国四大古典长篇小说名著。这四部小说有着极高的文学水平和艺术成就，以其精妙的构思、细致的刻画和所蕴含的深刻思想受到人们的喜爱甚至膜拜。它们所描述的故事、场景、人物已经深深地影响了中国民众的思想观念和价值取向，它们既是中国文学史上的经典巅峰作品，也是世界文学宝库中的宝贵文化遗产。或许是由于饮茶自李唐以来已然渗透并普及至中国人的饮食起居，亦或许是由于茶文化潜移默化入了中国几乎所有的文化场景，四大古典名著中每一部都在不同的章回和场景中描绘到了茶。

《红楼梦》·官宦人家的茶

曹雪琴所著《红楼梦》被列为中国四大古典名著之首，被誉为中国长篇小说创作的巅峰之作，研究《红楼梦》的学问被称为"红学"，蔡元培、王国维、胡适、俞平伯等大家都撰写过研究《红楼梦》的文章或专著。《红楼梦》塑造了诸多鲜活的人物形象，贾宝玉、林黛玉、薛宝钗、妙玉、王熙凤、贾母、贾政、晴雯、袭人、刘姥姥等人物均栩栩如生、跃然纸上。

《红楼梦》以一个虚构朝代的封建家族——贾府，由富贵鼎盛走向没落衰败为故事主线，以贾宝玉、林黛玉、薛宝钗三人之间的感情纠葛为核心内容，生动细致地描绘了贾府大观园中金陵十二钗等众女子的爱恨情仇。《红楼梦》是一部百科全书式的文学巨著，有人从中看到了爱情的忠贞不渝，有人看到了利益关系中人性的丑陋，也有人看到了人事代谢、盛衰转换的必然，不同的阅读者从政治、经济、文化、宗教、感情、建筑、诗词等不同维度看到了它不同的侧面，不同层面和能级的《红楼梦》阅读者都从中产生了阅读获得感，从而昭示出这部小说蕴含的巨大魅力和能量。

作者曹雪芹见多识广、才华横溢，琴棋书画诗词曲赋无所不精。《红楼梦》的内容涉及社会、经济、民俗、建筑、园林、人物、服饰、饮食、诗词、戏剧、医药、养生等各个方面，整部小说不遗巨细、生动真实地再现了中国封建社会末期上层贵族社会的全部生活。据红学专家的研究考证，《红楼梦》一百二十回中写到茶的地方多达 279 处，吟咏茶的诗词楹联有 23 处，与"茶"相关的字词出现 1 520 次，内容涵盖茶俗、茶礼、茶诗词、茶叶、茶具、泡茶用水、泡茶方法、品茶环境、茶疗方剂、饮茶禁忌等，这在中国文学史的其他经典作品中无出其右，也显示出茶在中国古代钟鸣鼎食、诗礼簪缨之家日常生活和艺术活动中不可或缺的重要位置。

《红楼梦》中出现的名茶有六种。其一为贾母所言"我不吃六安茶"，六安瓜片为我国十大名茶之一，唯一无芽无梗以单片制成的绿茶，清代时为贡茶。其二为妙玉奉给贾母的"老君眉"，有人认为此茶是湖南君山的白毫银针，有人认为是武夷山的名丛，也有人认为是福鼎的老白茶极品贡眉，湖北红安县则直接在国家权威部门申请了"老君眉茶"地理标志产品保护。其三为林黛玉让紫鹃给贾宝玉沏的龙井茶，此茶为乾隆所爱，以西湖龙井为上品，以狮峰龙井为珍品，以明前狮峰龙井为极品。其四为晴雯所说的女儿茶，这是普洱茶的一种，与今天泰山的女儿茶不是一种茶。其五为贾宝玉所谓枫露茶，史料中无记载，有人解为取香枫之嫩叶，蒸取其露，滴入茶汤而成为枫露点茶。其六为王熙凤送给宝、黛、钗三人的暹罗（泰国的古称）茶，以蒸青古法制成的绿茶，为暹罗国向清朝进贡的茶。

《红楼梦》第四十一回写"六安茶"的场景：贾母来到栊翠庵，妙玉亲自捧了一个海棠花式雕漆填金云龙献寿小茶盘，里面放一个成窑五彩小盖盅，奉于贾母面前。贾母道："我不吃六安茶"。贾母并不知所奉何茶便说不喝六安茶，可见六安茶在贾府只是一种日常的待客茶，又或者六安茶的色、香、味不符合贾母的喜好。

《红楼梦》第四十一回写到了"老君眉"：贾母既说不吃六安茶，妙玉说："这是老君眉。"老君眉茶用精选的嫩芽制成，香气高爽、形如长眉，故名老君眉。妙玉用旧年的雨水泡老君眉，贾母吃了半盏赞不绝口。"老君眉"给慈眉高寿的贾母饮用，显然再合适不过，妙玉对老祖宗的上心和机灵可见一斑。

《红楼梦》第八十二回写到了"龙井茶"：贾宝玉从学堂回来，到了潇湘馆，林黛玉便对丫鬟紫鹃说："把我的龙井茶给二爷沏一碗，二爷如今念书了，比不得头里。"这里透漏了林黛玉日常喝的茶是龙井茶。林黛玉本乃是江南女子，天生丽质、才貌双全，为人淡雅如兰，想来只有喝这清新淡雅的龙井茶，才配得上她高雅脱俗的气质。

《红楼梦》第六十三回写到了"女儿茶"。林之孝家的关照给宝玉喝普洱茶消食，袭人、晴雯忙笑说："沏了一盏女儿茶。"这里说的"女儿茶"应是普洱茶的一种，系盛行在清代宫廷和官宦人家的名贵贡茶，有消食解腻的功效。此茶配给贾宝玉，亦可算是人茶相宜。

《红楼梦》第八回写到了"枫露茶"：宝玉吃了半碗茶，忽又想起早起的茶来，便问道："早起沏一碗枫露茶，我说过，那茶是三四次后出色的，这会子怎么又沏了这个茶来？"贾宝玉出身贵族公子，不喜读四书五经，看不上儒家的迂腐，讨厌官场的虚伪造作，喜爱与不受世俗感染的清净女儿为伍，所以此处书中给宝玉沏的茶名为"枫露茶"，格调雅致而略带点儿脂粉气。

《红楼梦》第二十五回写到了"暹罗茶"：王熙凤差丫鬟把暹罗茶

分送给贾宝玉、林黛玉、薛宝钗等诸人，原本是因为暹罗茶为外国进
贡的稀罕物，王熙凤想借以讨好众人。结果几位公子小姐喝了以后，
宝玉说："论理可倒罢了，只是我说不大甚好。"宝钗道："味倒轻，只
是颜色不大好些。"于是八面玲珑的王熙凤赶忙说："我尝着也没什么
趣儿，还不如我每日吃的呢。"可见王熙凤是个情商极高的主儿。唯有
林黛玉吃了暹罗茶却直说好，符合她寄居他人家里的地位和肚子里转
弯的性格。

　　《红楼梦》里出现了许多茶诗茶联，显现出作者在诗词方面的造诣
以及对茶的喜爱。例如："烹茶水渐沸，煮酒叶难烧。""宝鼎茶闲烟尚
绿，幽窗棋罢指犹凉。"这些茶诗茶联，以写小说见长的曹雪芹而言，
其水准竟不亚于诸多诗人之作。兹录春夏秋冬四首：

春夜即事

霞绡云幄任铺陈，隔巷蟆更听未真。

枕上轻寒窗外雨，眼前春色梦中人。

盈盈烛泪因谁泣，点点花愁为我嗔。

自是小鬟娇懒惯，拥衾不耐笑言频。

夏夜即事

倦绣佳人幽梦长，金笼鹦鹉唤茶汤。

窗明麝月开宫镜，室霭檀云品御香。

琥珀杯倾荷露滑，玻璃槛纳柳风凉。

水亭处处齐纨动，帘卷朱楼罢晚妆。

秋夜即事

绛芸轩里绝喧哗，桂魄流光浸茜纱。

苔锁石纹容睡鹤，井飘桐露湿栖鸦。

抱衾婢至舒金凤，倚槛人归落翠花。

静夜不眠因酒渴，沉烟重拨索烹茶。

冬夜即事

梅魂竹梦已三更，锦罽鸺衾睡未成。

松影一庭惟见鹤，梨花满地不闻莺。

女儿翠袖诗怀冷，公子金貂酒力轻。

却喜侍儿知试茗，扫将新雪及时烹。

《水浒传》·北宋民间茶

《水浒传》是中国历史上第一部用白话文写成的长篇小说，开创了白话章回体小说的先河，为以诗文为正宗的中国文坛注入了新的体裁。它以宋江起义为主要故事背景，属于英雄传奇式章回体长篇小说，主要描写了北宋末年宋徽宗宣和年间，以宋江为首的一百零八位好汉在梁山泊聚众起义后又被朝廷招安的故事。全书艺术地反映了历史上宋江起义从发生、发展直至烟云散去的全过程，深刻揭示了北宋民怨民变的社会根源，热情讴歌了起义英雄的抗争行为和他们的社会理想，也揭示了起义失败的内在历史原因。

《水浒传》通过每个好汉被逼上梁山的不同经历展现，描写出他们由个体觉醒到走上联合抗争，再到发展为盛大的农民起义的全过程，昭示出封建时代农民起义产生与发展的运动规律，塑造了农民起义领袖的群体形象，深刻反映出北宋末年的政治状况和社会矛盾。作者施耐庵在政治立场上旗帜鲜明地站在被压迫者一边，认为贪官污吏和地方恶霸狼狈为奸、鱼肉百姓，迫使善良而正直的人们被逼铤而走险并奋起反抗。小说肯定了农民起义领袖们劫富济贫、除暴安良的行为，歌颂了他们敢于造反、敢于斗争的革命精神。

《水浒传》脍炙人口，问世后在社会上流传极广并对后世中国小说创作产生了巨大的影响。梁山起义爆发时的北宋末年，正值北宋茶道的鼎盛时期，小说中很必然地出现了诸多饮茶的场景描写。《水浒传》的写作笔法虽然与以往阳春白雪式的诗文体作品不同，但依然也有茶诗入题，比如鲁智深前往五台山出家时，智真长老请喝了一次茶，作者赞道：

玉药金芽真绝品，僧家制造甚工夫。

兔毫盏内香云白，蟹眼汤中细浪铺。

战退睡魔离枕席，增添清气入肌肤。

仙茶自合桃源种，不许移根傍帝都。

　　《水浒传》展现了一幅北宋时期的历史风俗画卷，其间展现了梁山好汉"大碗喝酒、大块吃肉"的江湖豪放生活，也有对高俅等贵族公卿上层社会生活的细致描绘。通过《水浒传》中有关茶及茶文化的内容解读，印证了北宋末年茶文化的兴盛，当时上层社会流行点茶，而在民间茶馆十分普及，茶馆内茶的品种非常丰富，茶文化已经和社会民俗融合在一起。文人雅士将饮茶与日常礼仪结合起来，形成了一套融于日常生活场景的茶礼，宋朝的茶文化呈现出广泛的民间生活基础和丰富的文化底蕴。

　　北宋年间，茶馆、茶坊、茶铺等在民间已十分普遍，在店中负责煎茶、煮茶、沏茶、泡茶的师傅被称呼为"茶博士"。《水浒传》中描写到的茶坊有十多处，其中对阳谷县"王婆茶坊"的描写最典型、最精彩。西门庆为了探寻潘金莲的境况，接连到隔壁的王婆茶坊喝茶，见风使舵的王婆抓住机会给西门庆推荐了四种"民间茶"：茶中放乌梅煎制而成的梅汤，暗示可以"做媒（梅）"；用果仁、蜜饯等甜食调和烹制的合汤，表意可以"说合好事"；用姜片加糖同茶叶一起沸水冲泡的姜茶；宽煎叶儿茶。当然，这些茶都只是民间茶馆的普通待客茶。

　　《水浒传》中出现上层社会人士的饮茶场景不多，这一方面是由于作者施耐庵讴歌和颂扬底层人民对上层统治阶级的反抗，并未对上层社会的生活过多着墨描写，另一方面作者自身所处的元末明初时期，点茶道正步入衰退和式微阶段，朱元璋倡导的芽茶和泡茶道正兴起成为社会主流。小说中描写到的几个中上层人士饮茶的场景用词均十分简练，比如陆虞候来拜访禁军教头林冲，林冲就说："少坐拜茶。"黄文炳去拜见江州知府蔡九，宾主坐下后，即有"左右执事人献茶"。裴如海在报恩寺见潘巧云和潘父同样也是先敬茶，"只见两个侍者，捧出茶来。白雪定器盏内，朱红托子，绝细好茶"。从中依然可以看出，北

313

宋时期在朝野上下都已形成饮茶的风习。

《三国演义》·日常敬客茶

《三国演义》全名为《三国志通俗演义》，是中国第一部长篇章回体历史演义小说。罗贯中在《三国志》的基础上，吸收民间传说和话本、戏曲故事，写成了《三国演义》。现存最早刊本是嘉靖元年（1522年）刊刻的嘉靖本，题"晋平阳侯陈寿史传，后学罗本贯中编次"。《三国演义》采用浅近的文言，笔法富于变化而明快流畅、雅俗共赏，情节波澜曲折、引人入胜，叙事结构宏大、场景开阔，将百年历史间头绪纷繁、错综复杂的事件和人物，通过环环相扣、层层推进和完整缜密的文字组织，有条不紊、前后呼应地叙述成一部浑然一体的历史小说。

《三国演义》呈现了东汉末年，各方诸侯从群雄割据到相互征战，再到魏、蜀、吴三足鼎立，最终司马炎取蜀灭吴，重新统一中国而建立晋朝的故事。全书分为群雄逐鹿、赤壁鏖战、三足鼎立、南征北战、三分归一五个历史篇章，塑造了曹操、曹丕、曹植、刘备、关羽、张飞、诸葛亮、赵云、吕布、黄忠、马超、董卓、庞统、孙权、孙策、周瑜、魏延、司马懿、司马昭、许褚、夏侯惇等一系列性格鲜明的历史人物形象，留下了桃园三结义、煮酒论英雄、温酒斩华雄、千里走单骑、三顾茅庐、舌战群儒、草船借箭、七擒孟获、空城计、挥泪斩马谡等一连串脍炙人口的历史故事。

茶在《三国演义》中也扮演了重要的角色。民间流传一则三国的故事：蜀国大将张飞率领军队前去攻打武陵壶头山的"五溪蛮"，结果在路过乌头时遭遇了瘴气，大量将士病倒，张飞本人也未能幸免。当地山上有一位老人，因为听说过刘关张桃园三结义的故事，敬佩张飞的侠肝义胆，于是下山献上一种神奇秘方，众官兵饮后皆得痊愈。老人用于解除瘴毒的灵丹妙药实际上是当地特有的一种茶饮——擂茶，也称作"三生汤"，以生米、生姜、茶叶为主料煮成，是华南地区的一种祛病养生的茶饮，用于解除瘴毒十分对诊有效。

三国时饮茶在上层社会的日常饮食与待客中已较为常见，但是讲究形式和流程繁复的茶礼尚未形成，因此《三国演义》里面对茶的表述都非常简洁，基本上都是用"茶罢"两个字。第五十二回鲁肃去见孔明，"孔明令大开城门，接肃入衙。讲礼毕，分宾主而坐。茶罢……"第七十五回关羽召华佗刮骨疗毒，"闻有医者至，即召入。礼毕，赐座。茶罢……"第五十四回吕范给刘备说媒，"礼毕坐定，茶罢……"第三十九回孔明见刘琦，"公子邀入后堂。茶罢……"第二十七回关公保护刘备的二位夫人过了汜水关，过镇国寺时遇关羽同乡僧人普净，普净请关羽进去喝茶，关公曰："二位夫人在车上，可先献茶。"

通览《三国演义》全书几乎未见提到具体的茶名或茶器、茶具，只在第八十九回，出现了一种"柏子茶"。蜀军在南征时军队误饮了哑泉水，诸葛亮受当地山神的指引，去拜访万安隐者求解救方法，书中写道："隐者于庵中进柏子茶、松花菜，以待孔明。"或许是由于历史年代靠前，三国时的茶饮刚刚进入官员和富裕阶层的日常饮食与待客，因此书中提到茶的表述相对简洁，而且次数较《红楼梦》《水浒传》《西游记》要少得多。

倒是《三国演义》的这首开篇词《临江仙》，意境开阔而观世练达，常见许多爱饮茶者将之悬于客厅饮茶处上方：

> 滚滚长江东逝水，浪花淘尽英雄。
> 是非成败转头空。
> 青山依旧在，几度夕阳红。
> 白发渔樵江渚上，惯看秋月春风。
> 一壶浊酒喜相逢。
> 古今多少事，都付笑谈中。

《西游记》·僧侣仙魔茶

《西游记》是我国古代第一部浪漫主义章回体长篇神魔小说。小说作者吴承恩以唐代"玄奘取经"这一历史事件为蓝本，在《大唐大慈恩寺三藏法师传》《大唐三藏取经诗话》《唐三藏》《蟠桃会》《唐三藏西天取经》《二郎神锁齐大圣》等前期话本、戏曲和民间传说的基础上，通过艺术再创作加工而著成《西游记》。全书共 100 回，描写了孙悟空横空出世并大闹天宫后被如来佛祖压于五指山下，经唐僧救出戴上金箍儿，与猪八戒、沙僧和白龙马一起护送唐僧西行取经，一路上降妖伏魔，历经九九八十一难，终于到达西天谒见如来佛祖，最终修成正果的故事。《西游记》作为中国神魔小说的经典之作，达到了古代长篇浪漫主义小说的巅峰，与《三国演义》《水浒传》《红楼梦》并称为中国四大古典小说名著。

唐朝时玄奘西行取经是真实历史事件。唐太宗贞观元年（627年），25 岁的唐僧玄奘立志徒步远赴天竺（印度）游学取经。他从长安出发，途经中亚、阿富汗、巴基斯坦，历尽艰难险阻，最后到达了印度。玄奘在天竺学习佛法后，于贞观十九年（645 年）回到长安，并带回了 657 部佛经，一时轰动京城。此后玄奘通过口述西行见闻，讲述了路上所见各国的历史、地理及交通，由弟子辩机辑录成《大唐西域记》十二卷。

唐代饮茶已成社会风俗习惯，寺庙的僧侣在参禅念经修行时辅以茶饮，吴承恩以明代人写唐代僧人取经的故事，自然离不开茶。唐僧师徒四人在西行取经路上，不管化缘到山野人家还是富族大户，都被以茶相待。《西游记》共 100 回，其中有 61 回写到茶，共计 200 余次提到了茶。比如第十六回："有一个小幸童，拿出一个羊脂玉的盘儿，有三个法蓝镶金的茶钟。又一童，提一把白铜壶儿，斟了三杯香茶。"第二十回："只见那老儿引个少年，拿个板盘儿，托着三杯清茶来献。"第五十九回《唐三藏路阻火焰山　孙行者一调芭蕉扇》："近侍女童，即将香茶一壶，沙沙的满斟一碗，冲起茶沫漕漕。行者见了欢喜，嘤的一翅，飞在茶沫之下。那罗刹渴极，接过茶，两三气都喝了。"第六十四回：那女子叫"快献茶来。""又有两个黄衣女童，捧一个红漆丹盘，盘内有六个细磁茶盂，盂内设几品异果，横担着匙儿，提一把白铁嵌黄铜的茶壶，壶内香茶喷鼻。斟了茶，那女子微露春葱，捧磁盂先奉三藏，次奉四老，然后一盏，自取而陪。"

《西游记》中写到最好的茶为"阳羡茶"。阳羡茶经陆羽推荐，唐肃宗时被正式列为贡品。唐代诗人卢仝有诗《走笔谢孟谏议寄新茶》云："天子未尝阳羡茶，百草不敢先开花。"明代学者兼茶人许次纾在《茶疏》中讲："江南之茶，唐人首重阳羡。"《西游记》里玉华王请唐僧喝的就是"阳羡茶"。第八十八回："王子听言，十分欢喜，随命大排筵宴，就于本府正堂摆列。噫！一声旨意，即刻俱完。但见那：结彩飘飖，香烟馥郁。戗金桌子挂绞绡，幌人眼目；彩漆椅儿铺锦绣，添座风光。树果新鲜，茶汤香喷。三五道闲食清甜，一两餐馒头丰洁。蒸酥蜜煎更奇哉，油札糖浇真美矣。有几瓶香糯素酒，斟出来，赛过琼浆；献几番阳羡仙茶，捧到手，香欺丹桂。般般品品皆齐备，色色行行尽出奇。"

有位当代作家说，把《西游记》倒过来读，才是真实的社会人生。有人通过倒读《西游记》领悟了职场潜规则，唐僧师徒西行取经途中所遇到的妖魔鬼怪，凡是有来历的比如什么尊者门下坐骑的都被领走了，凡是没有后台的都被孙悟空打死了。大凡传世之作，具有输给不同时代阅读者以营养的能力，也给不同视角、维度和方式的阅读者以不同的启发和领悟，犹如深空中的恒星兀自燃烧发光，为光线所及的物体和灵魂传输信息与能量。

除了四大古典名著以外，中国古代的诸多其他小说作品中也将茶作为重要的艺术元素。比如明代兰陵笑笑生所著的《金瓶梅》里629处写到了茶，生动再现了民间市井的茶文化。清代吴敬梓所著《儒林外史》全书56回中有45回写到了茶事，共有290处提到了茶。清代蒲松龄所著《聊斋志异》494篇中有35篇提到了茶，"茶"字出现39次，"茗"字出现22次。清代李汝珍所著《镜花缘》中不仅写了茶祭、赠茶等茶俗，而且写到了佛教对茶叶种植、饮茶习俗推广方面的重要作用，还写到了茶坊、茶馆、茶肆中的饮茶场景，并且提到了"茶几"。清代李宝嘉所著《官场现形记》全书60回中有52回写到了茶，显示茶在官场与人际交往中的功能已然不可或缺。

典籍记述历史·茶书墨香

中国作为世界茶的发源地，饮茶文化历史悠久、源远流长。上下五千年的文明史间有关茶事、茶文化的记述自然多不胜数，这些记述有的是专著专文论述，有的是综述中论及了茶。从最早的诗歌总集《诗经》以降，到汉代的《神农本草》、三国的《广雅》、唐代的《茶经》、宋代的《大观茶论》、明代的《茶谱》、清代的《茶史》等，中国茶文化的发展脉络及重要事项跃然呈现于中华历史进程当中，构成华夏文明的重要组成。

李唐之前对茶的记述散见于《诗经》《尔雅》《华阳国志》《三国志》《僮约》《释门自镜录》《神异记》《杂录》《夷陵图经》等各类典籍。西晋杜育撰写的《荈赋》是现存最早的一篇茶文。

> 灵山惟岳，奇产所钟。瞻彼卷阿，实曰夕阳。厥生荈草，弥谷被岗。承丰壤之滋润，受甘霖之霄降。月惟初秋，农功少休，结偶同旅，是采是求。水则岷方之注，挹彼清流。器择陶简，出自东隅；酌之以匏，取式公刘。惟兹初成，沫成华浮，焕如积雪，晔若春敷。若乃淳染真辰，色绩青霜……白黄若虚，倦解慵除。

唐朝（含五代）存世的经典茶书有：陆羽的《茶经》《水品》《顾渚山记》，苏廙（yì）的《十六汤品》，张又新的《煎茶水记》，王敷的《茶酒论》，温庭筠的《采茶录》，斐汶的《茶述》，毛文锡的《茶谱》。此外顾况的《茶赋》、皮日休的《茶经·序》、陆羽的《陆文学自传》、柳宗元的《代武中丞谢新茶表》、崔致远的《谢新茶状》等均是叙写茶事的散文佳作。

宋元时期的现存经典茶书包括：《茗荈录》《茶录》《东溪试茶录》《品茶要录》《大观茶论》《宣和北苑贡茶录》《北苑别录》《茶具图赞》《补茶经》《本朝茶法》《续茶谱》《述煮茶小品》和《斗茶记》。其中《大观茶论》为宋徽宗赵佶所著，陶谷撰写的《荈茗录》共十八条近千字备述茶的故事，分为龙坡山子茶、圣阳花、汤社、缕金耐重儿、乳妖、清人树、玉蝉膏、森伯、水豹囊、不夜侯、鸡苏佛、冷面草、晚甘侯、生成盏、茶百戏、漏影春、甘草癖和苦口师。宋元茶事散文的题材有赋、记、表、序、跋、传、铭、奏、疏等，其中吴淑的《茶赋》、黄庭坚的《煎茶赋》、苏轼的《叶嘉传》是茶文杰作。

译解·苏轼《叶嘉传》

苏轼（1037—1101年），字子瞻，号东坡居士，北宋著名文学家、书法家、画家，唐宋八大家之一，与其父苏洵、弟苏辙并称"三苏"。苏轼在诗、词、散文、书法、绘画等方面皆取得很高成就，在诗方面与黄庭坚并称"苏黄"，在词方面与辛弃疾并称"苏辛"，在散文上与欧阳修并称"欧苏"，在书法方面与黄庭坚、米芾、蔡襄并称"宋四家"，有《赤壁赋》《黄州寒食诗贴》存世，绘画上擅文人画，传下《潇湘竹石图卷》《古木怪石图卷》等。仕途历经宋仁宗、宋英宗、宋神宗、宋哲宗、宋徽宗五朝，官至礼部尚书、翰林学士，曾因"乌台诗案"被贬外放，主政杭州时疏浚西湖而修苏堤，晚年任职惠州、儋州，1101年北还时病逝于常州。

念过东坡的《水调歌头·明月几时有》，走过江南西子湖上的苏堤，尝过酥香美味的东坡红烧肉，即便是隔了千年的时空，对苏老先生的敬意和好感还是不请自来。

明月几时有？把酒问青天。不知天上宫阙，今夕是何年。我欲乘风归去，又恐琼楼玉宇，高处不胜寒。起舞弄清影，何似在人间。

转朱阁，低绮户，照无眠。不应有恨，何事长向别时圆？人有悲欢离合，月有阴晴圆缺，此事古难全。但愿人长久，千里共婵娟。

在烹茶品茗之时，知悉东坡先生居然还为茶写过《叶嘉传》一篇，不免既惊又喜，兹录译解如下：

叶嘉，闽人也，其先处上谷。曾祖茂先，养高不仕，好游名山。至武夷，悦之，遂家焉。至嘉，少植节操。或劝之业武。曰："吾当为天下英武之精，一枪一旗，岂吾事哉！"

因而游见陆先生，先生奇之，为著其行录传于时。方汉帝嗜阅经史时，建安人为谒者侍上，上读其行录而善之，曰："吾独不得与此人同时哉！"曰："臣邑人叶嘉，风味恬淡，清白可爱，颇负其名，有济世之才，虽羽知犹未详也。"上惊，敕建安太守召嘉，给传遣诣京师。

天子见之，曰："吾久饫卿名，但未知其实尔，我其试哉！"因顾谓侍臣曰："视嘉容貌如铁，资质刚劲，难以遽用，必槌提顿挫之乃可。"遂以言恐嘉曰："砧斧在前，鼎镬在后，将以烹子，子视之如何？"嘉勃然吐气，曰："臣山薮猥士，幸惟陛下采择至此，可以利生，虽粉身碎骨，臣不辞也。"少选间，上鼓舌欣然，曰："始吾见嘉未甚好也，久味其言，殊令人爱，朕之精魄，不觉洒然而醒。《书》曰：'启乃心，沃朕心。'嘉之谓也。"于是封嘉为钜合侯，位尚书。曰："尚书，朕喉舌之任也。"由是宠爱日加。

后因侍宴苑中，上饮逾度，嘉辄苦谏。上不悦，曰："卿司朕喉舌，而以苦辞逆我，余岂堪哉！"遂唾之，命左右仆于地。嘉正色曰："陛下必欲甘辞利口然后爱耶？臣言虽苦，久则有效。陛下亦尝试之，岂不知乎！"上因含容之，然亦以是疏嘉。嘉既不得志，退去闽中。上以不见嘉月余。劳于万机，神茶思困，颇思嘉。因命召至，恩遇如故。居一年，嘉告老，上曰："钜合侯，其忠可谓尽矣。"遂得爵其子。

赞曰：今叶氏散居天下，皆不喜城邑，惟乐山居。氏于闽中者，盖嘉之苗裔也。天下叶氏虽夥，然风味德馨为世所贵，皆不及闽。嘉以布衣遇天子，爵彻侯，位八座，可谓荣矣。然其正色苦谏，竭力许国，不为身计，盖有以取之。

译解：

叶嘉，福建人，其先祖居于上谷郡。曾祖父茂先，退隐不求仕途，喜爱游历天下名山。到武夷山后，十分喜爱这里，于是定居下来。到了叶嘉这一代，从小就注重培养气节操守。有人劝叶嘉习武为业，叶嘉说："我应当成为天下英雄中的杰出人物，一支枪一杆旗，哪里是我要做的事呢。"

于是叶嘉游历去拜见了陆羽先生。陆先生认为他很奇特，撰写了记录他言行的文章，并流传于当时。正好当时的皇帝极爱阅读经史时论，侍奉皇上阅读的谒者是建安人，皇上读到了关于叶嘉言行的文章觉得很好，说："可惜我不能和这个人处于同一时代啊。"谒者说："我的同乡叶嘉，气质恬静淡泊，品行高洁、令人敬爱，很有名气，有治理天下的才干，即使陆羽先生也未完全了解他。"皇上大吃一惊，下诏给建安太守召见叶嘉，并用驿站的车马将他送到京城。

皇上见了叶嘉，说："我久仰你的声名，但不知道你的真实情况，我要测试一下。"于是皇上看了看他的大臣们说："看叶嘉的容貌玄黑如铁，资质刚劲，不能马上就用，必须槌打摧折后才可以用。"于是用语言恐吓叶嘉道："砧板斧子在你面前，锅鼎就在你的背后，将要烹煮你，你觉得怎么样？"叶嘉激动地长舒一口气说："我只是住在深山密林的卑微之人，有幸被陛下选用到这里，如果能够造福他人，即使粉身碎骨，我也不会推辞。"过了一会儿，皇上高兴地咂了咂舌头说："我起初看到叶嘉时并不觉得他有多好，慢慢地品味他的话，确实令人珍爱，我的精神不知不觉清爽了。《尚书》说'敞开你的心扉，滋润我的心田'，说的就是叶嘉啊。"于是封叶嘉为钜合侯，位居尚书，并说："这个尚书，是专管我喉舌的官职。"因此对叶嘉的宠爱日益增加。

后来叶嘉在花园中侍奉皇上宴饮，皇上饮酒过度，叶嘉苦苦劝谏，皇上不悦，说："你专管我的喉舌，却用难听的话来忤逆我，让我情何以堪？"于是唾弃叶嘉，并命左右将他打翻在地。叶嘉神色严正地说："陛下必须听到甜言蜜语才会喜爱吗？我的逆耳忠言如良药苦口，时间长了就会看出它的效果来。皇上您也尝试过，难道会不知道吗？"皇上因此宽恕了他，但也因此开始疏远叶嘉。叶嘉于是郁郁不得志，便回到了福建。皇上因为一个多月没有看到叶嘉，劳于国事、日理万机，神情倦怠、困顿，颇想念叶嘉，于是下令把他召来，还像以前一样恩宠他。

过了一年，叶嘉请辞去官职，皇上说："钜合侯，可谓已经尽忠。"于是给叶嘉的子孙封赏了爵位。

有人赞道：现在姓叶的分散在天下各地，他们都不喜欢住在城邑里，只喜欢住在山中。住在福建的，估计都是叶嘉的后代。天下姓叶的虽然很多，可是德行馨香被世人看重的，都比不上福建这一族。叶嘉以平民出身受到皇帝礼遇，受封彻侯爵位，位居尚书之列，可说是相当荣耀了。可是他严肃认真、苦苦劝谏，尽心尽力报效国家，不替自身考虑的品行，应该是值得学习的。

明代的茶书撰述可谓丰盛，现存的尚有 35 种之多（表 10-1）。其中朱权的《茶谱》、张源的《茶录》、许次纾的《茶疏》、罗廪的《茶解》、闻龙的《茶笺》、田艺蘅的《煮泉小品》、黄龙德的《茶说》、熊明遇的《罗岕茶疏》、冯可宾《岕茶笺》具有较高的茶学成就。

表 10-1　明代茶书

	茶　书	作　者		茶　书	作　者
1	《茶谱》	朱　权	9	《茶谱外集》	孙大绶
2	《茶谱》	顾元庆	10	《蒙史》	龙　膺
3	《茶经水辨》	吴　旦	11	《茶笺》	闻　龙
4	《茶经外集》	吴　旦	12	《蔡端明别记》	徐　勃
5	《煮泉小品》	田艺蘅	13	《茗笈》	屠本峻
6	《水品》	徐忠献	14	《茶解》	罗　廪
7	《茶寮记》	陆树声	15	《茶董》	夏树芳
8	《煎茶七类》	徐　渭	16	《茶录》	冯时可

	茶　书	作　者		茶　书	作　者
17	《罗岕茶疏》	熊明遇	27	《茶话》	陈继儒
18	《茶董补》	陈继儒	28	《茶说》	黄龙德
19	《茶考》	陈　师	29	《品茶要录补》	程百二
20	《茗谭》	徐　勃	30	《茶经》	张谦德
21	《阳羡名壶系》	周高起	31	《茗史》	万邦宁
22	《茶录》	张　源	32	《茶疏》	许次纾
23	《茶集》	喻　政	33	《岕茶笺》	冯可宾
24	《洞山岕茶系》	周高起	34	《茶酒争奇》	邓志谟
25	《茶说》	屠　隆	35	《茶录》	程用宾
26	《茶书全集》	喻　政			

　　清代流传下来的茶书约有 10 种，包括陈鉴的《虎丘茶经补注》佚名的《茗笈》、刘源长的《茶史》、余怀的《茶史补》、蔡芳炳的《历史茶榷志》、冒襄的《岕茶汇钞》、陆廷灿的《续茶经》、潘思齐的《续茶经》、醉茶消客的《茶书》、程雨亭的《整饬皖茶文牍》。

　　唐宋以后专业著述茶事、茶文化的茶书茶文种类繁多，部分得以传世，部分已经佚失。历史上综合性的史籍著作中也有不少描述到茶，比如唐朝的《封氏闻见记》，宋代的《梦粱录》《禅院清规》《诸番志》，明朝的《本草纲目》，清代的《清稗类钞·茶肆品茶》等等。茶事的散文小就、茶事书画、茶事歌舞、茶事戏曲等也从另一个侧面反映了唐、宋、元、明、清各个时期茶事、茶文化的兴衰。

世界各国茶文化·诗词茶学

　　茶在世界各地都首先成为王公贵族、文人雅士的喜爱之物，成为上层社会及富裕阶层招待宾客或朋友间分享的风雅物品。茶文化传布所到之处，各国的诗人、学者或艺术家都有吟咏茶的诗词与散文流传于世。

日本

日本淳和天皇（823—833年在位）在继位登基之前，曾经写下了名为《散怀》的咏茶诗：

绕竹环池绝世尘，孤村迥立傍林隈。红薇结实知春去，绿鲜生钱报夏来。

幽径树边香茗沸，碧梧荫下澹琴谐。凤凰遥集消千虑，踯躅归途暮始回。

法国

法国文学家彼德·安冬尼·莫特1712年发表了诗作《茶颂》。诗中描绘众神在奥林普斯山集会，论及茶德与酒德。此诗不经令人想起敦煌文书中唐代乡贡进士王敷撰写的《茶酒论》。

伟哉生命之液兮，赖尔灵感之力而颂声簸扬。

和而写之其不爽兮，何吾琴之铿铿！

唯尔淑美之宜人兮，已无殊乎妙想之浸注。

尔唯吾之主题兮，亦吾诗思与灵浆。

天之悦乐唯此芳茶兮，亦自然至真至实之财利。

盖快适之疗治兮，而康宁之信质。

经邦者之辅佐兮，贞淑之柔情。

诗仙之甘露兮，而大神之所嗜。

众神听哉，曷绝酒瓶！

茶必继酒兮，犹战之终以和平。

毋俾葡萄兮，构人于交恶。

群饮彼茶兮，实神人之甘露。

苏格兰

1773 年，苏格兰诗人罗伯特·弗格森写下了咏茶诗：

爱神永其微笑兮，举天国之芳茶而命之；

沸煎若风雨而不厉兮，乃表神美之懿征。

是维灵泉以六情之疾之兮，

使佚女绝乎娇蘖啜泣与伤悲。

女盍为神致尔虔崇兮！

彼烟腾之甘液，唯熙春与武夷，

无霞朝与露夕兮，

于尔玉案其来仪。

英国

英国诗人达尔文 1789 年写下了《植物园·植物之爱》的诗篇：

临小涧之磷磷兮，仁贞静之川灵；

盈彼军持兮，以流水之晶凝。

积彼稿柏兮，绕此银婴；

束薪焦爆兮，光逐焰升。

撷绿丛为中夏之名园兮，注华杯以宝液之蒸腾；

粲嫣然其巧笑兮，跪进此芳茶之精英。

美国

美国诗人拉尔夫·沃尔多·埃默森 1873 年吟咏了《波士顿》的诗篇，以纪念百年之前（1773 年）的"波士顿倾茶事件"：

噩耗来自乔治英王；

王曰："尔业繁昌，

今予文诰尔等，

尔当输将茶税；

税则至微，轻而易举，

乃与尔约，实尔荣光。"

茶货来兮!

使"印第安人"而获之,

箱箱投诸腾笑之海隈,

则其咎将安归?

帆举犁,何所施。

土地欤,生命欤,抑自由之危?

爱尔兰

1926年爱尔兰诗人阿奎罗写下了《一滴茶》的诗篇:

破晓时分给我一滴茶,

我将为天上的"茶壶圆顶"祝福;

当太阳趱行午前的程途,

十一点左右给我一滴茶;

待到午餐将罢,

再给我一滴茶,为了快活潇洒!

进了午后的瞌睡乡,

时间沉闷而精神颓唐,

给我一只小壶,一只小盘,一只小勺,

一点奶酪,一点砂糖,

小小一滴茶,

让我梦茫茫。

- 1559年,威尼斯的简巴蒂斯塔·拉姆西奥写下了欧洲第一篇有关茶叶的散文。

- 1660年,伦敦咖啡馆店主托马斯·加威发布一则关于茶的广告——《茶叶生长、品质和性能的详细说明》。

- 1699年,英国牧师约翰·奥弗顿在伦敦发表了关于茶的性质和品质的论文,结论是"茶是一种快乐之叶"。

- 1718 年，法国学者优西比乌·雷诺翻译出版了《第九世纪两个穆斯林中国印度旅行记》一书，书中称中国人用茶来防治一切疾病。
- 1730 年，苏格兰医生托马斯·舒特发表《茶论》。
- 1735 年，法国作家让·巴蒂斯特·杜赫德在巴黎出版《中国记》中专章论述了茶。
- 1790 年，英国文学家伊萨克·德·艾斯里撰写的《文学之珍异》中论及了茶。
- 1837 年，英国小说家狄更斯发表的《匹克威克外传》中写到了茶。
- 1883 年，苏格兰作家高登·斯塔布莱在伦敦发表《茶：快乐与健康的饮品》一书。
- 1884 年，英国作家黑德在伦敦发表了《茶与饮茶》一书。
- 1903 年，格雷在纽约发表茶书，书中说："在家中，在社会，茶实际上是一种世界性的饮品。"
- 1906 年，日本东京帝国美术院创始人冈仓觉三用英文发表《茶书》，论述了茶的起源、演变、与宗教的关系以及日本茶道。
- 1932 年，美国评论家阿根斯·瑞普里尔发表了题为《茶思》的茶桌漫谈。
- 1935 年，美国人威廉·乌克斯发表了《茶叶全书》(*All about Tea*)，与日本荣西的《吃茶养生记》、中国陆羽的《茶经》并称为世界三大茶书经典。

中外民间茶俗·阳春白雪与下里巴人

　　一件事物既可大俗又可大雅，而且不超出结构化的区间，体现出它的张力。琴棋书画诗酒茶，是大雅的茶；柴米油盐酱醋茶，是大俗的茶。生与死以及礼仪乃是人间大事，其中都有茶的参与。

中国茶俗·茶与婚礼

中国民间婚礼中以茶为礼是一种茶俗，然而步入婚姻的男女间追求的朝朝暮暮的爱情，却是人间第一等大雅之事。茶应用于婚礼礼仪起于何时已经难以考证，唐朝贞观十五年（641年）文成公主入藏和亲时的嫁妆中带有茶叶被记于史籍，距今已有1 300多年。到了宋代，茶由原来女子结婚的嫁妆，演变为男子向女子求婚的聘礼。元明时期，"茶礼"曾被用为婚姻的代名词，女子受聘茶礼称为"吃茶"，属于符合文化传统和道德规范的婚姻。到清代时许多地方仍保留着茶礼的习俗，民间有"好女不吃两家茶"之说，意指鼓励专一的爱情与婚姻。《红楼梦》中王熙凤给林黛玉送茶后说："你既吃了我家的茶，怎么还不做我家的媳妇。"

明代《茶流考本》中记载："茶不移本，植必生子"。古人认为，茶树以种子萌芽成株，不能移植栽种，故将茶视为"至性不移"的象征。同时由于茶树多籽，象征子孙绵延兴旺；茶树四季常青，寓意爱情婚姻持久永恒、百年好合。茶在民间婚俗中化身"纯洁、坚定、多子多福"的美好象征。旧时在江浙一带，将婚姻礼仪总称为"三茶六礼"，其中"三茶"指订婚时"下茶"、结婚时"定茶"、洞房时"合茶"。至今在我国许多乡村和城市中仍把订婚、结婚称为"受茶""吃茶"，订婚的礼金称为"茶金"，彩礼称为"茶礼"。新郎到女方家中迎娶新娘时，要向岳父岳母敬献"谢恩茶"，新娘被迎进至夫家时要向公公婆婆敬献"改口茶"，向其他长辈敬献"认亲茶"，父母长辈饮茶后表示认可这桩婚姻，会给新郎新娘红包以示祝贺。

中国茶俗·茶与祭祀

我国将茶用于祭祀供品，史载始于南北朝时期。南北朝齐武帝萧颐永明十一年（493年）遗诏云："吾灵上慎勿以牲为祭，唯设饼、茶饮、干饭、酒脯而已，天上贵贱，咸同此制。"齐武帝生性节俭，反对用牲畜作为祭品，提倡以茶为祭。清代时宫廷祭祖十分隆重，公元1871年（同治十年）冬至大祭时有"松萝茶叶十三两"的记载，公元

1879 年（光绪五年）岁暮大祭祭品中有"松萝茶叶二斤"的记述。茶叶在公元 7 世纪传到日本时，曾被用于皇室和寺庙的祭祀活动。

中国古代非常重视祭祀活动，除了祭奉祖先外还有祭天、祭地、祭灶、祭神、祭仙、祭佛等。用茶作祭的形式主要有三种：一是在茶碗、茶盏中盛装茶水，二可用干茶祭奉，三则置放茶壶或茶盅象征性供奉。我国许多少数民族至今保留着以茶为祭品的习俗，比如广西布依人每月初一、十五由全寨各家轮流到庙中点灯敬茶，祈求神灵保佑全寨人畜平安，云南丽江的纳西族会在濒死者的嘴里放入茶叶和米粒，以此祈愿人死亡后往生到"神地"。

中国茶俗 · 以茶待客

相传苏轼初到杭州任知州，微服造访当地一座寺庙，庙中住持见他相貌普通、衣着简朴、轻车简从，态度平淡地说了声："坐！"对小沙弥说了句："茶。"交谈之后和尚觉得来客才学过人、来历不凡，于是让至厢房中道："请坐！"对小沙弥说："敬茶。"深入交谈后和尚获知原来是新任知州、大诗人苏东坡造访，马上把客人延请到内室客厅并肃然起敬道："请上座！"吩咐小沙弥："敬香茶。"告别时住持请苏东坡题写对联留念，苏东坡挥笔写道："坐，请坐，请上坐；茶，敬茶，敬香茶。"住持连称"好字、好联"时脸红不已。据说后来郑板桥游访到这间寺庙时题写了一个横批"客分三等"。《水浒传》描写了北宋末年 108 位梁山好汉的故事，其中出现了大量以茶待客的场景描写，可见从宋代开始以茶待客已经成为中国社会普遍的待客礼仪。

时至今日，给登门拜访的客人泡上一杯茶以示欢迎，已经成为中国大部分地区人们的待客之道，许多地方的主人会给客人泡一杯绿茶或红茶，福建或岭南地区的居民则会请客人一起坐下泡工夫茶，在蒙藏地区受欢迎的客人会被奉上一碗热奶茶或酥油茶，而在我国的部分地区还有请客人喝"擂茶"的习俗。制作擂茶时主人将茶叶、大米、生姜、芝麻、花生、玉米、橘皮等置入擂钵捣烂，然后用沸水冲泡或者用壶煮沸后饮用，香气四溢、十分诱人，有的地方喝擂茶时还会配以花生、瓜子、炒黄豆、爆米花、笋干、南瓜干等小食，福建宁化、广东五华、江西瑞金、湖南凤凰、台湾新竹等地至今依然保留着喝擂茶的传统。

中国茶俗·以茶代酒

三国时东吴皇帝孙皓乃是孙权的孙子，初登帝位时励精图治、体恤民情，但到后来变得专横跋扈、耽于酒色，终日与群臣饮酒作乐，而且规定席中每人不论酒量，饮酒以七升为限。群臣中有名叫韦曜的大臣酒量很小，但因为他是孙皓父亲早年的老师，因此孙皓对他格外照顾，看到韦曜喝酒有醉态时，经常御令减少给他的酒，或者偷偷地将韦曜的酒替换成茶，由此在中国历史上留下了"以茶代酒"的典故。宋代著名诗人杜耒的诗《寒夜》："寒夜客来茶当酒，竹炉汤沸火初红；寻常一样窗前月，才有梅花便不同。"由此看来宋代时以茶当酒的场景十分常见，在不想、不宜、不便饮酒的时候，用一壶茶来招待客人显得既热诚而暖心。今天在中国很多不饮酒的场合，主人在对客户致礼时常常会端起茶杯："我以茶代酒……"以茶代酒已然成为一种众所接受的习俗。

外国茶俗·印度舔茶

印度人喜爱饮用马萨拉茶，马萨拉茶的制作方法十分简单，在红茶中加入姜和小豆蔻。印度人喝马萨拉茶的方式颇为奇特，调制好的茶汤不是斟入茶碗或茶杯里，而是斟入盘子里，饮用时不是用嘴巴去喝，也不是用吸管吸饮，而是用舌头去舔饮，所以当地人形象地称之为舔茶。想象起来很原始质朴的样子。

外国茶俗·阿根廷吸茶

南美的阿根廷人喜欢饮用马蒂茶，他们把马蒂茶叶置入一个上面刻有民族图案的精致葫芦形瓢中，加入开水冲泡成茶。阿根廷人的饮茶方法十分独特、别具一格，不用嘴巴直接喝，而是用一根银制的吸管插入葫芦瓢内，像年轻人吸饮料一样，慢慢地吸饮。热饮用管子吸饮，避免烫伤还是一门技术。

外国茶俗·阿拉伯嚼茶

阿拉伯人很早就有嚼茶的习俗，他们采摘下当地一种叫"卡特树"的树叶，制成"非茶之茶"。卡特树的树形很像冬青，是多年生常绿植物，开白色小花但不结果。阿拉伯人采下卡特树叶后既不用水熬煮，也不用沸水冲泡，而是直接把这种树叶放入嘴里慢慢咀嚼以吸取其汁水，称为"嚼茶"。

外国茶俗·马来西亚拉茶

制作马来西亚拉茶的用料与奶茶差不多，只是其制作过程十分有趣。调制拉茶的马来西亚茶师在配制好拉茶饮料后，用两个杯子像变魔术般将奶茶倒过来、倒过去，两个杯子间的距离逐渐拉远，看上去白色的奶茶好像被拉长了，形成一条乳色液体粗线，因此被形象地称为"拉茶"。拉茶像啤酒一样充满泡沫，口感十分美味宜人，且具有消滞功能，所以深得马来西亚人的喜爱。

外国茶俗·德国冲茶

德国家庭中制作茶饮不煮不泡，而是将茶叶置于细密的金属筛子上，用沸水不停地冲茶，冲下的茶水通过筛子下安装的漏斗而流入茶壶内。由于过水的时间很短，因此德国居家的茶水其色味十分浅淡。这种冲茶的方法类似于中国的飘逸杯泡茶，但是飘逸杯因为装有茶滤阀门而可以控制沸水过茶的时间。

外国茶俗·美国冷茶

速度和效率是美国文化的标签。美国人发明了袋泡茶，简洁方便，且利于工业化、大批量生产。美国人还喜欢喝冷茶，将泡好的茶放入冰箱冰镇后饮用，或者直接在茶水中加入冰块，喝起来畅快淋漓。为了便于运输携带，美国商人生产制造了大量罐装、瓶装冷饮茶投入市场，对茶饮消费量的提高起到了重要的推动作用。

外国茶俗·英国下午茶

英国人爱喝下午茶闻名世界。自从1840年代贝德芙公爵夫人发明了英式下午茶以后，每天下午四点已经成为英国人的"下午茶时间"。英式下午茶大多饮用印度大吉岭红茶、锡兰红茶、祁门红茶，使用的茶具十分精美考究，并且用三层瓷制点心盘盛装三明治、面包、松饼、培根卷和蛋糕、水果塔等用以佐茶。早期英国人都穿着礼服出席下午茶会，女士还须戴着花式帽子，是当时上层社会的重要社交场所。

第十一辑
爱茶者说・古今人
物竞风流

凭谁问爱茶者·灿若群星

历史上最精彩的部分往往涉及重要的历史人物，历史人物又往往承载着历史中最生动的部分。自汉唐以降，中国的茶与茶文化随着社会经济的发展而愈趋繁盛，并在朝贡贸易、经济交往、宗教和文化交流过程中传往周边地区与海外各国。茶在中外各个社会中的传播基本都沿袭了由上层社会渐次向中下层社会普及的路线，中外历史上出现的爱茶历史名人数若繁星、不胜枚举，从帝王将相到文人雅士，从政治家到文学家、艺术家，留下了无数爱茶、饮茶、颂茶的故事和传说。帝王中宋徽宗著《大观茶论》而名垂茶界，明太祖朱元璋因废团兴芽改变了中国乃至世界茶业的走向，清乾隆帝则以六下江南五题龙井而传爱茶之名，将相中三国诸葛孔明和元代耶律楚材最为著名，思想家中宋代朱熹和明朝王阳明可为代表，出家人中吴理真道人最早栽植人工驯化茶树而被奉为"中华茶祖"，弘一法师李叔同则是近代中国的文化大家、一代宗师。诗人、文学家和艺术家中爱茶者更多，李白、元稹、白居易、苏轼、陆游、杨万里、李清照、关汉卿、文徵明乃至鲁迅、金庸等都是著名的爱茶历史人物。日本的嵯峨天皇、荣西禅师、千利休等对日本茶道的发展皆有所贡献，英国女王维多利亚倡导的英式下午茶则风靡百年而蜚声世界。唐太宗时文成公主进藏和亲将茶传入了青藏高原，葡萄牙公主凯瑟琳与英国查理二世联姻则将中国茶引入了英国上层社会，爱喝茉莉花茶的慈禧太后被描绘为封建腐朽势力的代表，"可怜天下父母心"这样温情的诗句居然出自她的手笔。

唐玄宗·钦定茶字御千年

唐玄宗李隆基（685—762 年），系唐高宗李治与武则天之孙，唐睿宗李旦第三子。公元 712 年李旦禅位于李隆基，李隆基登基称帝，直至 756 年李隆基禅位于太子李亨而被尊为太上皇，在位 44 年，是唐朝在位时间最长的皇帝。

唐玄宗在位前期重用贤臣、励精图治，开创了后世称为"开元之治"的唐朝政经盛世，他政治上任人唯贤、整顿吏治，经济上重视农耕、大兴屯田，军事上推进雇佣兵制，对外交往上开展朝贡外交，文化上重视图书编撰、创设书院，李白、杜甫、王维、高适、岑参等著名诗人都生活在这一时期。李隆基在位后期逐渐怠慢疏于朝政、宠信奸臣，宠爱杨贵妃、耽溺声色，留下了"一骑红尘妃子笑、无人知是荔枝来"的故事，发生了长达八年之久的"安史之乱"，导致了藩镇割据、边疆不稳和社会混乱，埋下了唐朝由盛转衰的祸端与伏笔。

唐代以前史书典籍中对茶的称谓有荼、荈、槚、茗、诧、苦荼等许多种，735 年（开元二十三年），唐玄宗颁布《开元文字音义》，御笔作序改"荼"为"茶"，后来陆羽在《茶经》中沿用了"茶"字，此后一千多年中茶被正式称为"茶"。唐玄宗是否钟爱饮茶史籍中未见详细记载，但是他钦定一"茶"字而御千年，对中国茶文化的发展与繁荣可谓功不可没。

宋徽宗·《大观茶论》

赵佶（1082—1135 年），宋神宗第十一子、宋哲宗之弟，宋朝第八位皇帝。宋哲宗 1100 年病逝无子，弟赵佶继位为帝。历史似乎和宋徽宗赵佶开了一个玩笑，他当政 26 年北宋经济繁荣、文化发达，但是社会内部矛盾错综复杂，政治、军事形势十分紧张，梁山起义和方腊起义先后爆发，北方的契丹和金人多次举兵南下侵宋。1126 年宋徽宗禅位于宋钦宗，1127 年宋徽宗与宋钦宗被北方强敌金国俘获掳走，遭受"靖康之辱"。宋徽宗寿终于五国城，后人评价"宋宗徽诸事皆能，独不能为君耳"。

宋徽宗在艺术上的造诣非常高。他是工笔画的创始人，使宋代的绘画艺术得到空前发展，据传他是《清明上河图》的第一位收藏者。他自创的"瘦金体"传于后世，花鸟画自成"院体"，他的《四禽图》《柳鸦图》《池塘秋晚图》等都是艺术珍品，被故宫博物院等收藏。宋代盛行点茶、斗茶及茶百戏，宋徽宗对茶极为热爱、精于茶艺，多次亲自为臣下点茶，蔡京《太清楼侍宴记》记其"遂御西阁，亲手调茶，分赐左右"。宋徽宗所撰中国经典茶书之一《大观茶论》为历代茶人所引用，全书除序外分为地产、天时、采择、蒸压、制造、鉴辨、白茶、罗碾、盏、筅、瓶、杓、水、点、味、香、色、藏焙、品名、外焙共二十篇，对茶作了精要而系统性的论述。

朱元璋·废团兴芽·斩驸马

明太祖朱元璋（1328—1398 年，1368—1398 年在位），安徽凤阳人，中国古代政治家、战略家、军事家，明朝开国皇帝。朱元璋幼时家贫、放牛为生，25 岁参加红巾军起义，率部推翻元朝统治，于 1368年在应天府称帝，国号大明。立国后又渐次平定西南、西北、辽东等地，最终统一全国。朱元璋在位 31 年，在政治、经济、文化、民生等各个方面励精图治、成效卓著，史称"洪武之治"。

朱元璋对于茶有三件事至关重要。第一件是对茶马互市实行金牌信符制度，明朝沿袭唐宋以来与西北少数民族间开展的茶马互市，朱元璋通过实施"以马代赋"和金牌信符制度，加强了中央政府对茶马互市的控制，类似于皇家特许的资格准入。第二件是诏令茶贸实施政府专营，对偷运私茶出境与关隘失察者严惩不贷、处以极刑，驸马欧阳伦自恃皇亲国戚派人到陕西私运茶叶到西北边境牟利，被人告发后朱元璋将欧阳伦及其偷运私茶的属下一并斩首，刹住了一度猖獗的私茶牟利之风。第三件是朱元璋下诏撤销北苑贡茶苑，不再设皇家茶园，罢造龙团凤饼，全部改为"芽茶"，由此使茶叶的制造工艺大为简化、价格降低，茶叶更快地向社会各阶层普及，也避免了因制造龙凤团茶耗费民财民力导致民怨甚至民变的隐患。

朱元璋"废团兴芽"与"废蒸改炒"，精简了古法制茶的繁复工序，茶团、茶饼、茶膏等退出了主流历史。后世赞成者认为此举利于茶叶归其本真、加快民间普及，不赞成者认为唐宋制茶工艺从此失传，中国制茶技术由盛转衰。不论褒贬，朱元璋关于茶的改革对后世中国乃至世界茶业的发展产生了深远影响。此外，朱元璋第十七子朱权，因避皇室政斗，崇尚隐逸生活，晚年将一生喝茶的心得和经验著成《茶谱》一书，对品茶、收茶、点茶、熏香茶法、茶炉、茶灶、茶磨、茶碾、茶罗、茶架、茶匙、茶筅、茶瓯、茶瓶、煎汤法、品水等进行了详细的论述，成为中国茶文化的重要文献。

乾隆皇帝·五题龙井

爱新觉罗·弘历（1711—1799年，1735—1796年在位），清朝定都北京后第四位皇帝，年号"乾隆"。乾隆在位执政六十年，是中国历史上实际执掌国家最高权力时间最长的皇帝，也是中国最长寿的皇帝。他在康熙、雍正两朝文治武功基础上，平定边疆叛乱，完善西藏辖治，实现了中国这一多民族国家的完整统一，正式奠定了近代中国的版图。他关心民生，促进农业生产，减轻百姓负担，使经济繁荣、国库充盈、社会稳定。他重视和弘扬汉学文化，诏令编修典籍，完成了《四库全书》的编撰，一生作诗41 863首，被认为是全世界产量最高的诗人。乾隆1795年禅位，卒于1799年，享年88岁。

乾隆一生爱茶。相传乾隆曾为铁观音赐名、为大红袍题匾，写了许多以茶为题的诗文，在其作品集《御制诗集》中收录茶诗近200首，其中有《坐龙井上烹茶偶成》："龙井新茶龙井泉，一家风味称烹煎。寸芽生自烂石上，时节焙成谷雨前。何必凤团夸御茗，聊因雀舌润心莲。呼之欲出辩才在，笑我依然文字禅。"乾隆曾六下江南巡视，有五次到杭州考察采茶制茶，并为龙井茶题字。他在品尝西湖龙井后敕封龙井胡公庙旁十八棵茶树为"御茶"，在品尝湖南洞庭湖君山银针后将其御封为贡茶，他还发明了用银斗测水的方法，将北京玉泉、镇江冷泉、无锡惠泉分别御封为"天下第一泉""天下第二泉"和"天下第三泉"。乾隆84岁禅位时有大臣劝谏"国不可一日无君"，乾隆举起案前一杯茶答道："君不可一日无茶"。退位后的乾隆居于幽雅安静的北海镜清斋，在亭榭楼阁、小桥流水的花园内专设"焙茶坞"，得以悠然品茶、颐养天年。

慈禧太后·最爱茉莉花茶

慈禧（1835—1908年），叶赫那拉氏，孝钦显皇后，同治帝生母，晚清时垂帘听政，是清朝晚期的实际统治者。慈禧1852年入宫，1856年生皇长子爱新觉罗·载淳，1861年咸丰帝驾崩后她与孝贞显皇后两宫并尊称圣母皇太后。因同治帝年幼，慈禧联合慈安太后、恭亲王奕訢发动辛酉政变，诛顾命八大臣后夺取政权，形成"二宫垂帘、亲王议政"格局。1873年同治亲政，两宫太后卷帘归政。1875年同治崩逝，光绪继位，两宫太后再度垂帘听政。1881年慈安太后去世，1884年慈禧发动"甲申易枢"罢免恭亲王，独掌大权。1889年慈禧归政于光绪，退隐颐和园。1898年，"戊戌变法"中帝党密谋围园杀后，慈禧发动戊戌政变，囚光绪帝、斩六君子，再度训政。1908年，光绪驾崩，三岁溥仪登基，成为清朝末代皇帝，慈禧被尊为太皇太后。

慈禧喜爱喝茶。她喝茶十分考究，不同时节喝不同的茶，夏天喝龙井，冬天喝红茶，早春微寒之时喝普洱和乌龙茶，平常多喝花茶。慈禧对茉莉花茶有特别的偏好，最爱喝茉莉双熏，茉莉花茶在饮用之前用鲜茉莉花再次窨制。慈禧泡茶爱用"无根之水"和泉水，宫女太监们每天收集清晨的露水备用，另外还有当天清晨特地从西郊玉泉山运来的泉水，喝茶用的器皿也是特制御用的镶金白玉杯。慈禧每天三遍茶，早饭的茶最浓，午餐后的茶次之，临睡前的茶最淡。饮茶之前慈禧还会吃点糖莲子、核桃之类的点心，防止空腹饮茶引起不适或醉茶。慈禧是满族人，一年四季常喝奶茶，调制奶茶用的是上品君山银针。慈禧寝宫内专门置有一个茶枕，用于安神助眠，她还在颐和园牡丹山顶上建了一间茶室，专门供她赏景喝茶。

文成公主·酥油茶

唐太宗于贞观十四年（640 年）封远支宗室女为文成公主。641 年，文成公主远嫁吐蕃，成为赞普松赞干布的王后，唐王朝与吐蕃自此结为姻亲之好。文成公主于贞观十五年正月从长安出发，一路途经西宁、日月山，长途跋涉前往西藏。松赞干布亲率群臣到青海玛多县将文成公主迎回拉萨，吐蕃史籍《贤者喜宴》记载："松赞干布登临欢庆宝座，为文成公主加冕，封为王后。"松赞干布对美丽、贤淑、多才的文成公主十分宠爱，与文成公主共居于富丽壮观的布达拉宫。他自己脱掉毡裘，改穿丝绸衣服，派遣吐蕃的贵族子弟到长安学习中原文化，甚至还下令禁止了文成公主不喜欢的吐蕃人赭面习俗。文成公主于 680 年罹患天花不幸去世，吐蕃王朝为她举行了隆重的葬礼，拉萨的许多寺庙里至今仍然保留着文成公主的塑像。文成公主为了民族和睦远嫁吐蕃，促进了唐蕃友好和汉藏经济文化交流，她的历史贡献为人们所铭记。

文成公主进藏时的陪嫁中包括了茶叶。《西藏政教鉴附录》记载："茶叶亦自文成公主入藏也。"赞普的美丽王后喜爱饮茶，令茶很快在西藏成为时尚。由于藏民以牛羊肉、糌粑、奶制品为主要食物，高原上蔬菜匮乏，喝茶有助于消化和补充维生素，茶逐渐由上层社会向普通藏民普及，以至慢慢达到了"宁可三日无粮、不可一日无茶"的程度。藏区不产茶然而骏马成群，中原地区由于战争和运输的需要对于良马有巨大需求，于是青藏高原的骏马与中原地区茶叶相互交换的商贸活动应运而生，"茶马互市"历经唐、宋、元、明、清，长达一千多年。

《中国茶叶大词典》认为藏民最爱的酥油茶是文成公主的发明。文成公主初到吐蕃，为了适应高原干冷气候，解决多肉多乳的饮食带来的油腻和消化不良，把茶加进牛奶中饮用，在煮茶时尝试加入酥油、盐、松子等，逐渐形成了现在的酥油茶。在今天的青藏高原，有时还会听到藏民讲起文成公主喝酥油茶的故事。

英王维多利亚·东方美人

维多利亚女王（Alexandrina Victoria，1819—1901年），1837年6月继任为大不列颠及爱尔兰联合王国女王（1837—1901年），1876年5月加冕为印度女皇（1876—1901年）。她是第一个以"大不列颠及爱尔兰联合王国女王和印度女皇"名号称呼的英国君主，在位时间仅次于伊丽莎白二世女王，长达64年。维多利亚女王在位时正值英国自由资本主义方兴未艾、蓬勃发展的时期，经济、文化空前繁荣，英国成长为一个拥有全球殖民地的强大国家。英国最强盛的"日不落帝国"时期，历史上称为"维多利亚时代"。

维多利亚是一位十分喜爱茶的女王。英国下午茶正是她的闺蜜安娜·贝德芙公爵夫人所发明，受到维多利亚女王的肯定和赞赏后得以推广，因此也被称为"维多利亚英式下午茶"。在女王的推动下，英式下午茶进入了全盛时期，成为一门包含瓷器、品茶、糕点、插花、礼仪和音乐等在内的综合艺术。在红茶中加入柠檬片的喝法，据说是维多利亚女王到俄国探望大女儿之后带回英国的饮茶习惯。

中国台湾有一款有名的乌龙茶——"东方美人"，据传为维多利亚女王所命名。19世纪由英国商人将福建的武夷岩茶引入台湾种植，培育出了一款色泽漂亮、香韵独特的乌龙茶，这款茶条形高雅、含蓄、优美，细看呈现红、黄、白、青、褐五种颜色间杂，美若敦煌壁画中身穿五彩羽衣、仙袂飘飘的飞天仕女。英国商人将该茶奉为至宝，进献给了当时的英国女王维多利亚，此茶冲泡后外形艳丽，犹如东方仕女翩翩起舞，茶汤色如琥珀，果香与蜜味交叠，澄黄清透的色泽与醇厚甘甜的口感令女王赞不绝口、芳心大悦，欣然命名为"东方美人"。

嵯峨天皇·弘仁茶风

嵯峨天皇（786—842年），日本第52代天皇，擅长书法、诗文，被列为平安时代三笔之一。嵯峨天皇爱好汉学，诗赋、书法、音律都有很高的造诣，他特别崇尚唐朝的文化，在位期间大力推行日本社会"唐化"，从礼仪、服饰、殿堂建筑到生活起居都模仿唐朝，弘仁年间成为唐文化盛行的时代。嵯峨天皇是一个性情中人，不恋权位，爱好文学，精于琴棋书画，寄情山水之间，信奉无为而治。

日本弘仁六年（815年）夏，嵯峨天皇巡幸近江国时经过崇福寺，大僧都永忠亲自煎茶供奉。嵯峨天皇饮茶后异常喜爱，诏令在畿内、近江、丹波、播磨各地种植茶树，采摘、制作贡茶每年上贡，首都的一条、正亲町、猪熊和万一町等地当时都开设了官营的茶园。这个时期（810—824年）饮茶风尚在日本十分盛行，日本学术界称之为"弘仁茶风"。嵯峨天皇经常与弘法大师空海一起边饮茶边吟诗作赋，留下了许多优美的茶诗，比如《与海公饮茶送归山》《答澄公奉献诗》等。嵯峨天皇退位后"弘仁茶风"也随之衰落，中日间的茶文化交流一度中断。

诸葛孔明·六茶山

诸葛亮（181—234年），字孔明，号卧龙，今山东临沂市沂南县人，三国时蜀国丞相，杰出的政治家、军事家、外交家、文学家、书法家和发明家。早年随叔父诸葛玄居荆州，后到隆中隐居，人称"卧龙先生"。刘备三顾茅庐请出诸葛亮，联合东吴孙权大败曹军于赤壁，天下遂成三国鼎立之势。211年（建安十六年），诸葛亮助刘备夺得汉中，221年刘备在成都称帝、建立蜀国，诸葛亮任丞相。刘备去世后刘禅继位，诸葛亮受封武乡侯，前后六次率军北伐中原，撰《出师表》《后出师表》，终于积劳成疾，于234年病逝于五丈原，享年54岁，追封忠武侯。诸葛亮被《三国演义》塑造为神机妙算式的智者，兼具鞠躬尽瘁、死而后已的品格，发明了木牛流马、孔明灯、诸葛连弩等器具，他的"草船借箭""苦肉计""七擒孟获""挥泪斩马谡""空城计"等故事广泛传于民间。

诸葛亮被云南普洱茶产地的少数民族尊为"茶祖"可能超出很多人的知识范围。云南哈尼族、基诺族、壮族、佤族的茶农每年在采春茶的季节到来时，都会不约而同地举行祭茶仪式。祭茶是茶农对天地的感激，对先民的怀念，也是对未来的祈福。茶农们有的祭古茶树，有的祭一方山神，更多的是祭拜他们心中的"茶祖"——诸葛孔明。225年诸葛亮率军南征以平息南中诸郡叛乱，他采用了"攻心为上、攻城为下、心战为上、兵战为下"的策略，在军事征伐的同时教导当地归顺民众兴修水利、耕种谷粮、采矿冶炼、栽植茶叶等技术，以使地处险远的南中诸郡长期臣属而不复叛，诸葛亮的利民怀柔政策、恩威并施的军事策略和随俗教化的人格魅力在所到之处留下了"七擒七纵降孟获"等大量民间故事与传说。传说蜀军深入蛮荒山区后，许多军士出现了昏沉嗜睡的急症，有的还罹患了眼疾，诸葛亮见状将一支手杖插入山地中，手杖竟马上生根发芽，长出了青枝绿叶，将士们采下树叶煎水饮服，嗜睡症状即刻全消，用所煎汁水洗眼后眼疾痊愈，手杖长成的树就是茶树，当地人称为"孔明树"。南中诸郡基本平定后，远离家乡的蜀军将士思乡东归心切，传说诸葛亮命令全体官兵马头拴东、睡枕朝东，那些执行命令的官兵竟然一夜之间都回到了故乡，而那些没有执行命令的官兵则流落在了当地。诸葛亮看着这些流落异乡的部下心有不忍，于是拧了一把叶子往身后诸山一撒，这些叶子都是甘甜的茶叶。此后云南南部的山区就开垦出大片的茶叶地，流落边疆的这些蜀军将士的生活也有了着落。云南的基诺族至今仍自称"丢落"，认为他们是诸葛亮南征时遗留下来的后人，诸葛亮赠予他们茶籽，让他们世代种茶为生。现在云南仍然保留着许多以诸葛孔明命名的地名，像孔明营、孔明寨、孔明井、诸葛碑、诸葛堰等，当地的老百姓还沿袭着中元节放孔明灯、喝孔明茶的习俗。[1]

【1】姜南:《云南诸葛亮南征传说研究》，华东师范大学博士学位论文，2011年。

清代阮福在《普洱茶记》中记载："其治革登山，有茶王树，较众茶独高大，相传武侯遗种，夷民当采时，先具酒醴礼祭于此。"每年农历七月二十三是诸葛亮诞辰，当地茶山的各村寨都会举行集会进行祭祀，称为"茶祖会"。现在云南普洱产区还有六大名山的说法，清代《普洱府志·古迹》有记载："六茶山遗器俱在城南境，旧传武侯遍历六山，留铜锣于攸乐，置铜鉧于莽枝，埋铁砖于蛮砖，遗木梆于倚邦，埋马镫于革登，置撒袋于慢撒，因以名其山。莽枝、革登有茶王树较它山独大，相传为武侯遗种，今夷民犹祀之。"

诸葛亮平定南中，稳固了刘备去世后蜀国的政治经济基础，为后来北伐创造了良好的后方保障，就这个意义上讲，茶在其中也属功不可没。

沈括·《梦溪笔谈》

沈括（1031—1095年），字存中，号梦溪丈人，浙江杭州钱塘人，北宋政治家、科学家。沈括生于仕宦之家，幼年随父宦游各地。嘉祐八年（1063年），经科举考试进士及第，授扬州司理参军。宋神宗时参与熙宁变法，受到王安石的赏识器重，历任太子中允、检正中书刑房、提举司天监、史馆检讨、三司使等职。元丰三年（1080年）出知延州，兼任鄜延路经略安抚使，驻守边境，抵御西夏。晚年移居润州（今江苏镇江），隐居梦溪园。

沈括一生除了从政还致力于科学研究，在数学、物理、化学、天文、地理、水利、医药等众多学科领域都有很高的造诣和卓越的成就，在隙积术、会圆术、小孔成像原理、共鸣共振、石油制墨、天象历法、地图绘制、水利工程等方面都有研究和贡献，同时他还精通音律、工于书画鉴赏，被誉为"中国整部科学史中最卓越的人物"。他的代表作《梦溪笔谈》集前代科学成就之大成，在世界科学文化史上具有重要的地位，被称为"中国科学史上的里程碑"。

沈括喜爱喝茶并对茶颇有研究。他在《梦溪笔谈》中写道："芽茶古人谓之雀舌、麦颗，言其至嫩也。今茶之美者，其质素良，而所植之土又美，则新芽一发，便长寸余，其细如针。惟芽长为上品，以其质干、土力皆有余故也。如雀舌、麦颗者，极下材耳。乃北人不识，误为品题。予山居有《茶论》，且作《尝茶》诗云：谁把嫩香名雀舌，定来北客未曾尝。不知灵草天然异，一夜风吹一寸长。"

耶律楚材·诗人宰相·爱茶人

耶律楚材（1190—1244 年），字晋卿，号玉泉老人、湛然居士，契丹族，蒙古帝国时期著名政治家。他出身契丹贵族家庭，是辽太祖耶律阿保机的九世孙，东丹王耶律倍的八世孙，金朝尚书右丞耶律履之子。1215 年蒙古大军攻占燕京，成吉思汗将满腹经纶的耶律楚材收为臣下。1219 年耶律楚材随成吉思汗西征，1226 年再随成吉思汗出征西夏，因屡建奇功而备受器重。耶律楚材先后辅弼成吉思汗父子三十余年，担任中书令十四年，是中国历史上有名的清官，提出了"以儒治国"的理念，制订实施了"定制度、议礼乐、立宗庙、建宫室、创学校、设科举、拔隐逸、访遗老、举贤良、求方正、劝农桑、抑游惰、省刑罚、薄赋敛、尚名节、斥纵横、去冗员、黜酷吏、崇孝悌、赈困穷"的施政方略，为蒙古帝国的发展和元朝的建立奠定了基础。

耶律楚材还是一位有名的学者，颇爱品茶之道。他著述的《西游录》是研究当时历史地理的重要著作，诗文集《湛然居士集》流传至今，收录诗作 660 余首，其诗韵律流畅沉稳，风骨雄健豪放，境界开阔、格调苍凉。他所作茶诗是咏茶诗中的上乘之作，撰有《西域从王君玉乞茶因其韵》七律组诗，共有七首。其一为："积年不啜建溪茶，心窍黄尘塞五车。碧玉瓯中思雪涛，黄金碾畔忆雷芽。卢仝七碗诗难得，谂老三瓯梦亦赊。敢乞君侯分数饼，暂教清兴绕烟霞。"其五为："长笑刘伶不识茶，胡为买锸谩随车。萧萧暮雨云千顷，隐隐春雷玉一芽。建郡深瓯吴地远，金山佳水楚江赊。红炉石鼎烹团月，一碗和香吸碧霞。"

陆羽·《茶经》

陆羽（733—804 年），字鸿渐，今湖北天门人，号"茶山御史"，唐代著名茶学家，被尊为"茶圣"。陆羽一生嗜茶，精于茶道，以撰写世界第一部茶叶专著《茶经》而闻名于世。他对茶进行了长期的实地调查研究，熟悉茶树的栽植与育种，擅长制茶与品茗，他所创造的一整套茶学、茶艺、茶道思想，以及他所著的《茶经》，成为一个划时代的标志。他最早创造了中华茶道文化，是中国乃至世界茶文化发展史上的一座里程碑。

760 年，陆羽隐居于浙江苕溪（湖州），著成《茶经》一书。《茶经》分为上、中、下三卷，共十章：一之源，概述中国茶叶的主要产地及土壤、气候等生长环境，讲茶的起源、形状、功用、名称和品质；二之具，论述茶叶采摘、制作的器具，如采茶篮、蒸茶灶、焙茶棚等；三之造，讲述茶的制作过程和工艺；四之器，展示煎茶、饮茶的器皿，即二十四种饮茶用具如风炉、茶釜、纸囊、木碾、茶碗等；五之煮，讲解煎茶的过程、技艺及各地水质品第；六之饮，陈述饮茶的方法、茶品的鉴赏，唐代以前的饮茶风俗和历史；七之事，叙述古今有关茶的故事、产地和药效等；八之出，详细记载宋代产茶盛地，记载了全国四十余州产茶情形并品评其高下；九之略，论及采茶、制茶、饮茶器具的场景适用及置备；十之图，教人用绢素写茶经，陈诸座隅。《茶经》总结了当时的茶叶采制和饮用经验，系统论述了茶叶的起源、制作、饮用等问题，开中国茶道之先河，是中国古代最完备的茶书，在日本、欧美的茶界也享有盛誉。

卢仝·《七碗茶歌》传东瀛

卢仝（约 775—835 年），号玉川子，著名中唐诗人，祖籍范阳（河北涿州），生于河南济源市武山镇思礼村，是"初唐四杰"之一的诗人卢照邻的孙子。卢仝早年隐居在登封少室山，终日苦读，博览经史。他为人清正耿直，虽满腹经纶、工诗精文，却不愿出仕为官，朝廷曾两度召他出任谏议大夫，均婉拒不仕。

卢仝与韩愈、贾岛等交好，他的诗风格奇特、自成一家，人称"卢仝体"，现存诗作103首，有《玉川子诗集》传世。卢仝除了工于诗文，还是一位茶道大师，他好茶成癖、著有《茶谱》，被世人尊称为"茶仙"。他的《走笔谢孟谏议寄新茶》一诗，传唱千年而不衰，其中的"七碗茶诗"最为脍炙人口："一碗喉吻润，二碗破孤闷。三碗搜枯肠，惟有文字五千卷。四碗发轻汗，平生不平事，尽向毛孔散。五碗肌骨清。六碗通仙灵。七碗吃不得也，唯觉两腋习习清风生。……"卢仝对茶饮的审美愉悦在诗中表现得深入浅出而淋漓尽致。"七碗茶诗"传至日本，以《七碗茶歌》之名被广为传颂，逐渐简诵成"喉吻润、破孤闷、搜枯肠、发轻汗、肌骨清、通仙灵、清风生"，并内化为日本茶道的重要核心内涵。

"茶仙"卢仝在历史上常被与"茶圣"陆羽相提并论，范仲淹诗中就有"卢仝敢不歌、陆羽须作经"之句。日本人和韩国人对卢仝推崇备至，在日本的茶道著作和韩国的古代诗歌中都曾提到卢仝的名字，韩国古代三大诗人之一的李齐贤（1288—1367）在《松广和尚寄惠新茗 顺笔乱道 寄呈丈下》诗中写有"未堪走笔谢卢仝，况拟著经追陆羽"的诗句。据传抗日战争时期日军行军至河南济源思礼村时，看到村口树立的"卢仝故里"石碑，领队的日本军官端详良久，最后向石碑三鞠躬后绕村而过，可见卢仝在日本传统文化中受到的尊崇及其持久的影响力。

吴觉农·我国现代茶业复兴的奠基人

吴觉农（1897—1989年）浙江上虞人，著名的爱国民主人士和社会活动家，著名农学家、农业经济学家，我国现代茶叶事业复兴和发展的奠基人。

吴觉农青年时就读于浙江中等农业技术学校。1918 年留学日本，期间所写《茶树原产地考》和《中国茶业改革方准》两篇论文引起各方关注。回国后他历任上海市园林场场长、浙江省政府合作事业室主任、上海劳动大学教授、上海商品检验局茶叶监理处处长等职，首创了茶叶出口口岸和产地检验制度，在国内多地成立茶叶试验场，为革新改良华茶、振兴茶叶经济做了多方面的努力。他先后到日本、印度、锡兰、英国、法国和前苏联进行实地考察，对国际茶叶市场进行调查研究，撰写了《华茶对外贸易之瞻望》《中国茶业复兴计划》等报告。抗战期间他负责政府贸易委员会的茶叶产销工作，推动全国茶叶的统购统销，通过茶叶外贸换回外汇，支援抗战时期的经济。新中国成立后，吴觉农担任了农业部首任副部长，组织成立了中国茶业出口总公司并兼任总经理。他主持召开了全国茶叶会议，制订了第一个茶叶发展计划，为新中国的茶叶事业绘制了蓝图。"文革"结束以后，他以八十多岁高龄继续积极关注支持农业和茶叶事业的发展，提出了发展红碎茶、外销茶免税、建立外销茶产制运销统筹机制等重要建议。

吴觉农一生著译丰富，涉猎广泛。1987 年在他九十寿辰时，中国茶叶学会、中国农学会牵头选出版了《吴觉农选集》。在晚年，他还主编了《茶经述评》一书，对中国茶叶的历史和现状做了较为全面、客观的评述。2001 年 5 月，中国茶学界、茶文化界、茶业界联合发起成立了"吴觉农茶学思想研究会"。吴觉农因对茶学的渊博学识和理论著述，以及在发展和繁荣我国现代茶业方面的杰出贡献而被称为"当代茶圣"。

陈椽·现代茶学专家、茶业教育家

陈椽（1908—1999 年），茶学家、茶业教育家、制茶专家，我国近代高等茶学教育的创始人之一，著有《制茶全书》《茶业通史》等。

1908 年陈椽出生于福建惠安崇武镇。1934 年陈椽从北平大学农学院毕业后，先后在茶场、茶厂、茶叶检验和茶叶贸易机构工作，他决心献身茶业教育事业，赴浙江英士大学农学院任教，专心致志从事茶学研究和教学工作，编著了我国第一部高校茶学教材《茶作学讲义》。抗战胜利后他受聘到复旦大学任教，先后编著了《茶叶制造学》《制茶管理》《茶叶检验》《茶树栽培学》四部大学教材。新中国成立后，他赴安徽农学院任茶业系主任，主编了《制茶学》《茶叶检验学》两部高校教材，出版了《茶树栽培技术》《安徽茶经》《炒青绿茶》《制茶全书》等专著。"文革"结束后，陈椽继续编撰了《茶业通史》《中国茶叶对外贸易史》《茶与医药》三部著作，主编了《制茶学》《制茶技术理论》《中国名茶选集》《茶叶商品学》《茶叶经营管理学》等高校教材。

陈椽一生致力于茶学研究和茶业高等教育，学识渊博、著作等身，共发表 1 000 多万字的论文和著作，为我国培养了几代茶学科技人才。他关于《中国云南是茶树原产地》的论述得到了日本茶业专家的支持，他提出的把茶叶分为绿茶、黄茶、黑茶、白茶、青茶和红茶六大类的分类法得到了国内外的广泛认同。

朱熹·理学大家·武夷精舍

朱熹（1130—1200 年），字元晦，号晦庵，祖籍江西省婺源，生于福建省尤溪县，宋朝著名理学家、思想家、哲学家、教育家、诗人，闽学派的代表人物，儒学集大成者，世尊称为朱子。朱熹是唯一非孔子亲传弟子而享祀孔庙，位列大成殿十二哲者，受儒教祭祀。朱熹的理学思想对元、明、清三个朝代影响非常大，并成为三朝的官方哲学。朱熹担任过江西南康、福建漳州知府和浙东巡抚，官拜焕章阁侍制兼侍讲，曾为宋宁宗讲学。朱熹著有《四书章句集注》《太极图说解》《通书解说》《周易读本》《楚辞集注》，后人辑有《朱子大全》《朱子集语象》等。

朱熹一生爱茶，在武夷山蛰居 40 多年，嗜茶而戒酒，晚年自称"茶仙"。他自幼在茶乡长大，出仕后又当过茶官，与茶结下了不解之缘。他曾经撰写《劝农文》，提倡广种茶树，身体力行、躬耕茶事，研学、讲学之余亲自种茶、采茶、制茶。1170 年朱熹在建阳芦峰的云谷构筑"竹林精舍"，自称"晦庵"；又在北岭躬耕园亩、种植茶圃，耕且食之、聊补食用，名曰"茶坂"。他曾以《茶坂》为题赋诗曰："携籯北岭西[1]，采撷供茗饮。一啜夜窗寒，跏趺谢裘影[2]。"

1183 年朱熹于隐屏峰下修建"武夷精舍"，四周有茶圃三处，植茶百余株。他在讲学之余，行吟茶丛，曾作《咏茶》诗云："武夷高处是蓬莱，采取灵芽手自栽；地僻芳菲真自在，谷寒蜂蝶未全来；红裳似欲留人醉，锦幛何妨为客开；咀罢醒心何处所，远山重叠翠成堆。"在"武夷精舍"旁的五曲溪中，有"巨石屹然，可以环坐八九人，四面皆深水，当中有凹自然为灶，可以瀹茗"，朱熹常与友人环坐石上烹茶品茗、吟诗论道。至今石上还留有朱熹《茶灶》诗手迹："仙翁遗石灶，宛在水中央；饮罢方舟去，茶烟袅细香。"

王阳明·心外无物·诗酒茶

王守仁（1472—1529 年），字伯安，别号阳明，浙江宁波余姚人，明代著名思想家、哲学家、书法家、军事家和教育家。1499 年科举考中进士，历任刑部主事、贵州龙场驿丞、庐陵知县、右佥都御史、南赣巡抚、两广总督等职，晚年官至南京兵部尚书、都察院左都御史，因平乱有功而封爵新建伯。

王阳明与孔子、孟子、朱熹并称为孔、孟、朱、王。王阳明的学说思想在中国、日本、朝鲜半岛以及东南亚得到广泛传播，弟子众多，世称姚江学派，辑有《王文成公全书》。王阳明的理学理论强调"心外无物"，万事万物与"我"是"万物一体之仁"。有一次王阳明与友人同游，友人指岩中花树问道："天下无心外之物，如此花树在深山中自开自落，于我心亦何相关？"王阳明说："你未看此花时，此花与汝心同归于寂；你来看此花时，则此花颜色一时明白起来。便知此花不在你的心外。"这很容易让人想起 500 年后量子理论中"薛定谔的猫"的实验。

王阳明是一个儒者，也是一个诗人。王阳明的诗里有酒有茶，诗言志，酒当歌，茶自适。他的诗酒茶世界，也是儒家哲学世界，其中有真实的孤独与内在的自信，更多的则是寄情于泉石的洒脱和真实朴素的散淡。他倾慕释道、向往隐遁，同时却又胸怀家国天下，提倡万物一体之仁，一生贯穿了儒家经世致用的思想。在他的身上，体现了出世与入世、逸世与经世的矛盾与统一。

司马相如·《凤求凰》·卓文君

司马相如（公元前 179 年—公元前 118 年），字长卿，蜀郡成都人，西汉著名辞赋家，中国文化史上杰出的代表人物之一，代表作《子虚赋》词藻富丽、结构宏大。鲁迅在《汉文学史纲要》中把司马相如和司马迁放在同一专节里加以评述，并指出："武帝时文人，赋莫若司马相如，文莫若司马迁。"

司马相如是公认的汉赋代表人物和赋论大师，《汉书·艺文志》著录"司马相如赋二十九篇"，现存《子虚赋》《天子游猎赋》《大人赋》《长门赋》《美人赋》《哀秦二世赋》6 篇，另有《梨赋》《鱼菹赋》《梓山赋》3 篇惜于仅存篇名。司马相如在《凡将篇》中将茶称作为"荈诧"，列为 20 种中药材之一，是历史上最早提到茶的中华典籍之一。

司马相如曾奉汉武帝御令出使巴蜀，平定招安了西南的少数民族，政治上也有所建树。司马相如与卓文君私奔的爱情故事两千多年来在民间广为流传，许多戏曲以之为题材颂扬自由的爱情。

白居易·《琵琶行》·浮梁买茶

白居易（772—846 年），字乐天，号香山居士，祖籍山西太原，唐代伟大的现实主义诗人，与李白、杜甫并称唐代三大诗人，曾担任翰林学士、江州司马、苏州刺史、杭州刺史。白居易与元稹共同倡导新乐府运动，世称"元白"，又与刘禹锡并称"刘白"，他的诗歌题材广泛，形式多样，语言平易通俗，代表作有《长恨歌》《卖炭翁》《琵琶行》等，著有《白氏长庆集》传世。

白居易16岁初到京师长安，曾拿着自己的诗稿去见当时的大诗人顾况。顾况看到他的名字叫"居易"，开玩笑对他说："长安物贵，居大不易！"但当顾况翻开白居易的诗稿，读到"野火烧不尽，春风吹又生"时，大为激赏而改口说："有才如此，居亦何难！"

白居易有3 000首诗流传后世，其中以茶为题的有8首，与茶有关的有55首，合计共63首。白居易一生爱茶，早、午、夜均要饮茶，友人寄送来新茶，往往令他欣喜不已而赋诗。《谢李六郎中寄新蜀茶》："故情周匝向交亲，新茗分张及病身。红纸一封书后信，绿芽十片火前春。汤添勺水煎鱼眼，末下刀圭搅曲尘。不寄他人先寄我，应缘我是别茶人。"《吟元郎中白须诗兼饮雪水茶因题壁上》："吟咏霜毛句，闲尝雪水茶。城中展眉处，只是有元家。"《山泉煎茶有怀》："坐酌泠泠水，看煎瑟瑟尘。无由持一碗，寄与爱茶人。"《自题新昌居止因招杨郎中小饮》："地偏坊远巷仍斜，最近东头是白家。宿雨长齐邻舍柳，晴光照出夹城花。春风小榼三升酒，寒食深炉一碗茶。能到南园同醉否？笙歌随分有些些。"

白居易的千古名篇《琵琶行》，其中"千呼万唤始出来，犹抱琵琶半遮面""嘈嘈切切错杂弹，大珠小珠落玉盘""同是天涯沦落人，相逢何必曾相识"等名句被人反复传颂引用。然而那句"门前冷落鞍马稀，老大嫁作商人妇。商人重利轻别离，前月浮梁买茶去"，却正是写到了茶，只是《琵琶行》通篇佳句，情动于衷而发于外，浮梁买茶这样具象的事多被后人忽略，反而更显衬出此诗之绝唱。唐代的浮梁茶当时名闻天下，浮梁现隶属景德镇，是世界四大红茶——祁门红茶的重要产地之一。

苏东坡·从来佳茗似佳人

苏轼（1037—1101年），字子瞻，号东坡居士，世称苏东坡，北宋著名文学家、书法家、画家，与其父苏洵、弟苏辙并称"三苏"，为"唐宋八大家"之一。

嘉祐二年（1057），苏轼进士及第。他曾任翰林学士、侍读学士、礼部尚书等职，出知杭州、颍州、扬州、定州等地。晚年病逝于常州，后被追赠"太师"，谥号"文忠"。苏轼是北宋中期文坛领袖，在诗、词、散文、书、画等各个方面均有很高的成就。他的诗题材广阔，清新豪健，善用夸张比喻；他的词格局豪放，意境高远而富哲理，与辛弃疾同属豪放派代表；他的散文立意新颖，叙事宏大，行文独具风格；他的书法用墨厚重、力透纸背，笔画舒展而轻重错落，名列"宋四家"之一；他的画简劲豪放、自成一格，以怪石、墨竹、枯木等见长。苏轼的代表作有《东坡七集》《东坡易传》《东坡乐府》《潇湘竹石图卷》《古木怪石图卷》等。

苏轼也是一个爱茶和熟谙茶道的高手，他一生爱茶、煎茶、饮茶，有时还亲自制茶，对于茶叶、水质、器具、煎法，他都有深入研究并有自己独特的方法。他认为"水为茶之母，壶是茶之父。"在宜兴居住时他亲自设计了一种提梁式紫砂壶，壶上题有"松风竹炉，提壶相呼"的诗句，被后人称为"东坡壶"。他还曾制作一款名为"东坡翠竹"的茶，其外形扁平直滑，两端尖细，形似竹叶，冲泡后香气馥郁，味甘醇鲜，入口清香如兰。

宋代茶风极盛，文人雅士、官场同僚间互赠好茶而相和作诗极为普遍，苏轼曾作《次韵曹辅寄壑源试焙新芽》：

　　仙山灵草湿行云，洗温香肌粉未匀。明月来投玉川子，清风吹破武林春。

　　要知冰雪心肠好，不是膏油首面新。戏作小诗君勿笑，从来佳茗似佳人。

苏轼有一篇散文《叶嘉传》，以拟人手法称颂了闽茶历史、功效、品质和制作，是一篇研究中国古代茶史的重要文献。苏东坡的《仇池笔记·论茶》介绍了以茶护齿的妙法："除烦去腻，不可缺茶，然暗中损人不少。吾有一法，每食已，以浓茶漱口，烦腻既出而脾胃不知。

肉在齿间，消缩脱去，不烦挑剌，而齿性便若缘此坚密。率皆用中下茶，其上者亦不常有，数日一啜不为害也。此大有理。"

陆游·《钗头凤》·茶

陆游（1125—1210年），字务观，号放翁，今浙江绍兴人，南宋文学家、史学家、爱国诗人。陆游生逢北宋灭亡之时，诗文中忧国忧民溢于言表，宋孝宗时赐进士出身，历任福州宁德县主簿、敕令所删定官、隆兴府通判等职。乾道七年（1171年）投身军旅，任职于南郑幕府，次年又奉诏入蜀，与范成大相知。宋光宗时升为礼部郎中兼实录院检讨官，不久罢官归居故里。嘉泰二年（1202年）宋宁宗诏陆游入京，主持编修孝宗、光宗《两朝实录》和《三朝史》，官至宝章阁待制。嘉定三年（1210年）陆游与世长辞，留绝笔《示儿》："死去元知万事空，但悲不见九州同。王师北定中原日，家祭无忘告乃翁。"

陆游的诗、词、文均具有很高成就。著有《剑南诗稿》85卷，《渭南文集》50卷，《老学庵笔记》10卷，以及《南唐书》等。陆游与唐琬的爱情故事也流传千年，他早年娶表妹唐琬为妻，夫妻恩爱和睦，然而因唐琬不孕，为陆母所不喜，陆游无奈被迫与唐琬分离。后陆游依照母亲心意，另娶王氏为妻，唐琬也遵父命改嫁同郡赵士程。十余年后，陆游春游于沈园偶遇唐琬夫妇，伤感之余陆游在园壁上题了那首著名的《钗头凤》词："红酥手，黄滕酒，满城春色宫墙柳。东风恶，欢情薄，一怀愁绪，几年离索。错，错，错！春如旧，人空瘦，泪痕红浥鲛绡透。桃花落，闲池阁，山盟虽在，锦书难托。莫，莫，莫！"。唐琬看到陆游题诗后悲伤不已，依律亦赋一首《钗头凤》："世情薄，人情恶，雨送黄昏花易落。晓风干，泪痕残，欲笺心事，独雨斜栏。难，难，难！人成各，今非昨，病魂常似秋千索。角声寒，夜阑珊，怕人询问，咽泪装欢。瞒，瞒，瞒！"。不久唐琬在郁郁寡欢中去世，陆游闻讯哀痛不已，多次赋诗忆咏沈园，沈园也因此名传天下。

陆游也是一位造诣很深的茶人。他生于茶乡，当过茶官，晚年又隐居于茶乡，知茶至深，一生以茶入诗近三百首，茶诗数量位居历代诗人之首。陆游曾入闽任职提举福建常平茶事，署司在建州（今福建建瓯）。宋代是建茶的鼎盛时期，当时有官茶、私茶工坊千余家，建州制造贡茶的官焙有 32 所，以北苑最为盛大，品目达 51 个。陆游一生嗜茶，精于茶艺，好赋茶诗，有诗《临安春雨初霁》：

世味年来薄似纱，谁令骑马客京华。小楼一夜听春雨，深巷明朝卖杏花。

矮纸斜行闲作草，晴窗细乳戏分茶。素衣莫起风尘叹，犹及清明可到家。

陆游的一生令人感慨。事业上壮志未酬、仕途坎坷，北上收复中原的抱负没有机会实现。爱情上错过了真爱最爱挚爱的爱人，徒留无限遗憾悔恨愧疚。他诗中听雨、对月、品茗、独酌、静坐的意向，似有万千寂寥难以驱遣。他的《剑门道中遇微雨》或许算是平和抒志之作：

衣上征尘杂酒痕，远游无处不销魂。

此身合是诗人未？细雨骑驴入剑门。

杨万里·嗜茶如命的诗人

毕竟西湖六月中，风光不与四时同。

接天莲叶无穷碧，映日荷花别样红。

杨万里的这首《晓出净慈寺送林子方》曾是入选中学课本的宋代名诗代表作，他的"小荷才露尖尖角，早有蜻蜓立上头"则是各类文章和演说引用率相当高的金句。

杨万里（1127—1206 年），字廷秀，号诚斋，江西吉水人，南宋著名诗人、文学家。绍兴二十四年（1154 年）进士，历仕宋高宗、孝宗、光宗、宁宗四朝，曾任国子博士、广东提点刑狱、提举广东常平茶盐公事、太子侍读、秘书监等职，官至宝谟阁直学士，封庐陵郡开国侯。杨万里一生作诗多达两万多首,《全宋诗》收录四千二百余首,被誉为一代诗宗。他创造的"诚斋体"语言浅白、清新自然,描写自然景物的诗句生动而富情趣,抒发爱国忧时的诗则大多深沉愤郁、含蓄不露。"谁言咽月餐云客,中有忧时致主心。""两窗两横卷,一读一沾襟;只有三更月,知予万古心。"其诗中寄寓深意,值得细细咀嚼品味,具有较高的思想性和艺术性。

杨万里一生嗜茶,茶在他的生活中须臾不离,甚至被称为"茶痴"。他前后创作了 70 余首茶诗,生动反映了南宋时期的茶事活动及茶艺茶俗。杨万里的茶诗别具一格、主题多样,有以茶消食、以茶雅志、以茶助兴、以茶助学,既有茶禅一味的哲学境界又具经世致用的儒家思想。比如《过扬子江》:"携瓶自汲江心水,要试煎茶第一功。"《谢木韫之舍人分送讲筵赐茶》:"老夫平生爱煮茗,十年烧穿折脚鼎。"《走笔和张功父玉照堂十绝句》:"玉照堂中瀹早茶,下临溪水织纹纱。"

杨万里夜里也好饮茶,故常引致失眠。《苦热登多稼亭二首》:"日脚斜红欲暮天,倚栏垂手弄云烟。两行相对树如许,一叶不摇风寂然。剩欲啜茶还罢去,却愁通夕不成眠。黑丝半把垂天外,白雨初生远岭边。"《将睡四首》:"已被诗为祟,更添茶作魔。端能去二者,一武到无何。"《猎桥午憩坐睡》:"路是山腰带,苔为石面花。隔溪闻鸟语,疏竹见人家。雨足晴须耐,神劳睡却佳。睡魔推不去,知我怯新茶。"《三月三日雨,作遣闷十绝句》:"迟日何缘似个长,睡乡未苦怯茶枪。春风解恼诗人鼻,非菜非花只是香。"《不睡四首》:"夜永无眠非为茶,无风灯影自横斜。"

李清照·昨夜雨疏风骤

李清照(1084—1151 年),号易安居士,齐州章丘(今山东济南章丘)人,宋代著名女词人,婉约词派代表,有"千古第一才女"之称。李清照生于书香门第,早期生活优裕,出嫁后与夫婿赵明诚共同致力于书画金石的搜集整理。后金兵入据中原,李清照举家南迁,下半生颠沛流离。李清照工诗善文，更擅长词，人称"易安词""漱玉词"，流传至今约有45首。她才情横溢，年少时即以《如梦令》轰动整个京师："昨夜雨疏风骤，浓睡不消残酒。试问卷帘人，却道海棠依旧。知否，知否？应是绿肥红瘦。"后期更写出"生当作人杰，死亦为鬼雄"的诗句，朱熹评为"如此等语，岂女子所能"。

李清照留存的诗词和文章中有多处写到了茶。《鹧鸪天·寒日萧萧上琐窗》："寒日萧萧上锁窗。梧桐应恨夜来霜。酒阑更喜团茶苦，梦断偏宜瑞脑香。秋已尽，日犹长。仲宣怀远更凄凉。不如随分尊前醉，莫负东篱菊蕊黄。"《摊破浣溪沙·病起萧萧两鬓华》："病起萧萧两鬓华。卧看残月上窗纱。豆蔻连梢煎熟水，莫分茶。枕上诗书闲处好，门前风景雨来佳。终日向人多藉藉，木犀花。"

《金石录后序》记录了李清照与丈夫赵明诚在青州故居闲居时，以饮茶先后为赌注行茶令的生活趣事。夫妇俩每次收得有价值的史籍，便共同进行校勘和整理，收到有价值的书画器物，也共同鉴赏把玩，两人情投意合、经常一起工作到深夜。李清照自诩记性好，每次饭后烹茗饮茶时，爱与赵明诚打赌为乐，指某件事记录在某本史书的第几页第几行，以猜中或猜错分胜负，胜者可先行饮茶，由此增添了许多工作乐趣，有时猜中后一时高兴而举杯大笑，导致茶杯倾翻在怀中，反而喝不上茶。夫妇俩在饭后一边饮茶，一边互考对史料的记忆，留下"饮茶助学"的佳话，亦为茶事平添了几许风韵。

元曲群芳·关汉卿·王实甫

王国维曾有评述："楚之骚，汉之赋，六代之骈语，唐之诗，宋之词，元之曲，皆所谓一代之文学，而后世莫能继焉者也。"元曲在中国文化史上，与唐诗宋词、明清小说并列，出现了《西厢记》《窦娥冤》《丽春堂》等传世名篇。中国的茶文化历经了唐宋两朝的巅峰，到元代时被认为出现了一个相对低谷，未见专门的茶书专著，茶文、茶诗、茶词也较少。元曲是元代社会生活精髓的浓缩，也是元代社会政治经济文化的一面镜子，元代的茶文化在元曲中得到一定的映照。

关汉卿的《一枝花·不伏老》中写到了"分茶"："我是个普天下郎君领袖，盖世界浪子班头。愿朱颜不改常依旧，花中消遣，酒内忘忧。分茶攧竹，打马藏阄；通五音六律滑熟，甚闲愁到我心头？伴的是银筝女银台前理银筝笑倚银屏，伴的是玉天仙携玉手并玉肩同登玉楼，伴的是金钗客歌金缕捧金樽满泛金瓯。你道我老也，暂休。占排场风月功名首，更玲珑又剔透。我是个锦阵花营都帅头，曾玩府游州。"《西厢记》的作者王实甫著有杂剧十四种，存世的《丽春堂》《破窑记》《贩茶船》《芙蓉亭》等剧中间或有提到茶的曲文。

元曲"清丽派"代表人物张可久被誉为"词林之宗匠"，留下不少与茶有关的作品，《双调·折桂令·湖上道院》："鹤飞来一缕青霞，笑富贵飞蚊，名利争蜗。……双井先春采茶，孤山带月锄花。"《中吕·红绣鞋·山中》："老梅盘鹤膝，新柳舞蛮腰，嫩芽舒凤爪。"《越调·天净沙·赤松道宫》："松边香煮雷芽，杯中饭糁胡麻，云掩山房几家？"《双调·浮石许氏山园小集》："煮酒青梅，凉浆老蔗，活水新茶。灵冷兰英玉芽，风香松粉金花。"

元曲中写到茶的还有马致远的《江州司马青衫湿·沽美酒》："我则道蒙山茶有价例，金山寺里说有交易。"《吕洞宾三醉岳阳楼》："也不索采蒙顶山头雪，也不索茶点鹧鸪斑。"乔吉的《双调·水仙子·廉香林南园即事》："六一泉阳羡茶，书斋打簇得繁华。"《双调·卖花声·香茶》："细研片脑梅花粉，新剥珍珠豆蔻仁，依方修合凤团春。醉魂清爽，舌尖香嫩，这孩儿那些风韵。"柴野愚的小令《双调·枳郎儿》："访仙家，访仙家，远远入烟霞。汲水新烹阳羡茶。瑶琴弹罢，看满园金粉落松花。"

文徵明·雪夜烹茶·《惠山茶会图》

与唐伯虎、祝允明、徐祯卿并称"江南四才子"之一的文徵明（1470—1559），号"衡山居士"，江苏苏州人，明代著名画家、书法家、文学家，官授翰林待诏，留有《甫田集》。文徵明的书画造诣很高，诗、文、书、画无一不精，他一生极为爱茶，自诩"吾生不饮酒，亦自得茗醉"，"门前尘土三千丈，不到熏炉茗碗旁"。

文徵明创作了许多以茶为题的名画佳作。1518 年他创作了著名的《惠山茶会图卷》，画卷生动地呈现出闲适自得的茶会场景。1534 年创作的《茶具十咏图》，具象呈现了茶坞、茶人、茶笋、茶、茶舍、茶灶、茶焙、茶鼎、茶瓯、煮茶，其中《茶坞》题诗云："岩隈艺云树，高下郁成坞。雷散一山寒，春生昨夜雨。栈石分瀑泉，梯云探烟缕。人语隔林闻，行行入深迁。"《茶舍》题诗云："结屋因岩阿，春风连水竹。一径野花深，四邻茶舛熟。夜闻林豹啼，朝看山麋逐。粗足办公私，逍遥老空谷。"《茶人》题诗云："自家青山里，不出青山中。生涯草木灵，岁事烟雨功。荷锄入苍霭，倚树占春风。相逢相调笑，归路还相同。"文徵明另有《陆羽烹茶图》《品茶图》《汲泉煮品图》《松下品茗图》《煮茗图》《煎茶图》《茶事图》等均为明画中的精品。

文徵明爱喝阳羡茶，曾作诗云："苍苔绿树野人家，手卷炉熏意句嘉。莫道客来无供设，一杯阳羡雨前茶。"有一次他的朋友吴大本下雪天为他寄送来上好的阳羡茶，正巧另一位朋友郑太吉雪夜造访带来了惠山泉，文徵明高兴地写下了《雪夜郑太吉送惠山泉》："有客遥分第二泉，分明身在惠山前。两年不挹松风面，百里初回雪夜船。青箬小壶冰共裹，寒灯薪茗月同煎。"烹茗煮茶之余又写下了《是夜酌泉试宜兴吴大本所寄茶》："醉思雪乳不能眠，活火沙瓶夜自煎。白绢旋开阳羡月，竹符新调惠山泉。地炉残雪贫陶穀，破屋清风病玉川。莫道年来尘满腹，小窗寒梦已醒然。"一个爱茶的画家诗人形象跃然纸上、栩栩如生。

鲁迅·《朝花夕拾》·喝茶

鲁迅（1881—1936 年），原名周树人，字豫才，浙江绍兴人，中国著名文学家、思想家、五四新文化运动的旗手、中国现代文学的奠基人。鲁迅的主要成就包括杂文、短中篇小说、文学、思想和社会评论、古代典籍校勘与研究、散文、现代散文诗、旧体诗、外国文学与学术翻译作品等。代表作品有小说集《呐喊》《彷徨》，散文集《朝花夕拾》《野草》，学术专著《中国小说史略》，杂文集《且界亭杂文》《而已集》《南腔北调集》等。

《喝茶》是1933年鲁迅发表于《申报·自由谈》的一篇散文。"我知道这是自己错误了，喝好茶，是要用盖碗的，于是用盖碗。果然，泡了之后，色清而味甘，微香而小苦，确是好茶叶。""有好茶喝，会喝好茶，是一种清福。""感觉的细腻和敏锐，较之麻木，那当然算是进步的，然而以有助于生命的进化为限。如果不相干，甚而至于有碍，那就是进化中的病态，不久就要收梢。我们试将享清福，抱秋心的雅人，和破衣粗食的粗人一比较，就明白究竟是谁活得下去。喝过茶，望着秋天，我于是想：不识好茶，没有秋思，倒也罢了。"文章以茶为题、引发哲思，文字间饱含了对于中下层劳动人民的感情。

鲁迅的弟弟周作人也写有一篇《喝茶》的散文。"茶道的意思，用平凡的话来说，可以称作'忙里偷闲，苦中作乐'，在不完全的现世享乐一点美与和谐，在刹那间体会永久，是日本之'象征的文化'里的一种代表艺术。""所谓喝茶，却是在喝清茶，在赏鉴其色与香与味，意未必在止渴，自然更不在果腹了。""喝茶当于瓦屋纸窗下，清泉绿茶，用素雅的陶瓷茶具，同二三人共饮，得半日之闲，可抵十年的尘梦。喝茶之后，再去继续修各人的胜业，无论为名为利，都无不可，但偶然的片刻优游乃正亦断不可少。"

金庸·扫雪烹茶·悄然离去

金庸（1924—2018），原名查良镛，浙江海宁人，当代香港武侠小说作家、新闻学家、企业家、政治评论家、社会活动家，与黄霑、蔡澜、倪匡并称"香港四大才子"，与古龙、梁羽生合称为"中国武侠小说三大宗师"。金庸一生共创作"飞雪连天射白鹿、笑书神侠倚碧鸳"加《越女剑》共15部武侠小说，与宋代所谓"有井水处有柳永词"相仿，20世纪的七八十年代全世界有华人的地方就有金庸小说。金庸小说中塑造的人物像郭靖、黄蓉、江南七怪、杨过、小龙女、东邪西毒、南帝北丐、北乔峰、南慕容、令狐冲、岳不群、段誉等形象生动而深入人心。

金庸先生一生爱茶，最爱家乡的西湖龙井茶。他曾谈及自己的养生秘诀说："不过一杯清茶而已。"在金庸的武侠作品中也有许多不同场景写到了茶，比如《天龙八部》中，段誉初出江湖、上无量山，带他去的人便是普洱大茶商马武德。《神雕侠侣》中小龙女和杨过所练的武功当中，有一招叫"扫雪烹茶"。黄蓉跟瑛姑比试武功，摆下113只茶杯的茶阵。"一盏茶功夫"是金庸武侠小说经常出现的高频词，成为一个非常形象而有效的时间表述。金庸以茶比喻爱情的一段话堪称经典："理想的爱情是一见钟情、从一而终、白头偕老。一如好茶，长在云雾缭绕的山上，在最佳的时间采摘，经过精心烘焙。有懂茶的人来择水选器，并用心品尝。然后芳香四溢，回味无穷。"

有人问金庸大侠："人生应如何度过？"

答曰："大闹一场，悄然离去。"

吴理真·蒙顶茶祖

公元前53年，吴理真在四川雅安境内蒙顶山发现野生茶的药用功能，于是在蒙顶山五峰之间的一块平地上移植种下七株茶树。清代《名山县志》记载，这七株茶树"二千年不枯不长，其茶叶细而长，味甘而清，色黄而碧，酌杯中香云蒙覆其上，凝结不散。"吴理真种植的七株茶树被世人称作"仙茶"，他是世界上种植驯化茶树的第一人，被后人尊为"种茶始祖"。

吴理真是西汉时期道家学派人物，号甘露道人，先后主持四川蒙顶山各家观院。吴理真是中国乃至世界上有明确文字记载的最早种茶人，被称为蒙顶山茶祖、茶道大师。宋孝宗在淳熙十三年（1186年）敕令追封吴理真为"甘露普惠妙济大师"，把他手植七株仙茶的地方封为"皇茶园"。因此，吴理真也被称作"甘露大师"。

蒙顶山上至今尚存有吴理真种茶的蒙泉井、皇茶园、甘露石室等文物古迹。蒙顶山有一口龙泉古井，又名蒙泉井、甘露井，石栏镌刻二龙戏珠，据传是吴理真种茶汲水处，当地县志载"井内斗水，雨不盈、旱不涸，口盖之以石，取此井水烹茶则有异香。"在蒙顶山最大的寺庙天盖寺，至今仍供奉着蒙顶山茶祖吴理真。吴理真当年为了种茶，在荒山野岭搭棚造屋，掘井取水，开荒种茶，在经历了艰难困苦和无数的失败之后，终于种植成功了人工驯化的茶树。他把茶叶熬成茶汤，帮助附近的村民医病祛疾、强身健体，受到当地民众的尊敬和爱戴，谱写了世界人工种茶最早的历史。

释超全·《武夷茶歌》传天下

释超全（1627—1712年），清代名僧，俗名阮旻锡，字畴生，号梦庵。阮旻锡早年居厦门，后入京城师从工部尚书曾樱学习理学，返回厦门后在郑成功所设储贤馆任幕僚。1663年后阮旻锡离开厦门，云游四方。1683年，阮旻锡在燕山太子峪观音庵剃度出家，法号超全。1694年，释超全回到福建，入武夷山天心禅寺为僧。在武夷山期间，他与僧友一边共同研究佛学，一边一起研习茶艺，写下了后来传诵久远的《武夷茶歌》，回到厦门后又写下了《安溪茶歌》。

《武夷茶歌》以诗歌形式对武夷岩茶自宋以降的发展历程，以及岩茶的采摘、制作、品类等进行了简明扼要地阐释，对武夷山地区别具一格的祭祀、喊山等习俗也进行了描绘。诗中提到的丁谓，北宋咸平年间任福建漕，监造贡茶，进献了龙凤团饼，后来君谟（蔡襄）在北宋庆历年间任福建漕，造出了更加珍贵的小龙团，茶史中两人并称为"前丁后蔡"。

李叔同·如月清凉一碗茶

　　长亭外，古道边，芳草碧连天。晚风拂柳笛声残，夕阳山外山。

　　天之涯，地之角，知交半零落。一壶浊酒尽余欢，今宵别梦寒。

　　当这首《送别》的旋律悠悠然响起，没有人不会被带入那清寂感怀、哀而不伤的情境之中，那心灵的共颤隔着时空依然令人些许难受却又依依难舍。

　　虽然词中写了酒，然而那意境，却更像一泡甘苦参差交叠的武夷岩茶。

　　歌词作者李叔同（1880—1942年），是我国近代著名音乐家、美术教育家、书法家、戏剧活动家，中国话剧的开拓者之一。李叔同早年赴日留学，归国后教书育人，与金石书画家吴昌硕、文学翻译家夏丏（miǎn）尊等交好，后剃度出家、遁入空门，被尊为弘一法师。李叔同是我国近代文化史上公认的通才和奇才，对诗、词、书、画、篆刻、音乐、美术、戏剧的造诣均很高，堪称中国现代艺术的鼻祖。关于他出家的原因众说纷纭、莫衷一是，何以一位风流倜傥的传奇才子，在鼎盛之年突然决然毅然辞别娇妻与红尘，转身为一名芒鞋布衲、苦修律宗的空门高僧？

　　李叔同一生喜爱饮茶。在杭州居住期间，他最爱去西子湖畔的景园春茶馆喝茶。1918年李叔同在杭州灵隐寺受戒出家，开启以佛度人的后半生，从此远离俗世尘缘、超然物外，在晨钟暮鼓间潜心修行律宗佛法，最终成为一代高僧大德。他一生光明磊落、潇洒飘逸，道德文章、高山仰止。林语堂曾说："李叔同是我们时代里最有才华的几位天才之一，他也是一个奇特的人，最遗世而独立的一个人。"张爱玲说："不要认为我是个高傲的人，我从来不是的，至少，在弘一法师寺院围墙外面，我是如此的谦卑。"

1928 年弘一法师由浙入闽，晚年大部分时间在福建度过，并圆寂于泉州。福建茶山茶园遍地、景色宜人，他曾给性愿法师送去书联和安溪茶，给友人送过永春佛手包种茶，他对中国茶极为喜爱，对茶文化亦有深刻的领悟。弘一法师天津旧宅的书房里，茶几上方挂着一幅主人手书的茶诗作品，正是唐代元稹著名的宝塔诗《一字至七字诗·茶》。他在给友人的信中说："君子之交，其淡如水，执象而求，咫尺千里，问余何适？廓尔亡言，华枝春满，天心月圆。"弘一法师临终前，手书"悲欣交集"四字，随后安详示寂。

日本茶祖·荣西禅师

荣西是日本一代高僧，被尊为日本"茶祖"。1141 年荣西生于日本冈山市一个神官之家，14 岁时受戒出家，到日本天台宗最高学府去学习佛法。1168 年荣西随遣宋使团渡宋求法，他乘坐海船在浙江宁波登陆，遍访江南的名刹古寺，最后到达浙江天台山，拜在禅宗大师虚庵怀敞法师门下虔诚学习佛法。他在浙江广结善缘、至诚学法，后随虚庵禅师移居天童寺、景德寺，协助恩师完成景德寺的改建。虚庵大师曾作诗"锋芒不露意已彰，扬眉早堕知情乡"赞扬荣西具有卓越的见解和非凡的洞察力。荣西居以修行的寺庙周围一带，每年从春到夏都可以看到浙江的茶农采茶、制茶等茶事活动，当地民众和僧侣嗜茶成风，荣西耳濡目染受到熏陶，他一边潜心钻研佛学佛法，一边也养成了饮茶的习惯，同时对茶做了深入的研究。

1191 年 7 月荣西启程回国时，除了携带许多中华典籍，随行还带了一些中国茶籽。回到日本以后，荣西在筑前、肥前交界处的背振山一带播下中国茶树的种子，还将部分茶子赠送给了拇尾山高山寺的明惠上人。明惠上人在拇尾山播种下了中国茶种，由于气候、海拔、土壤等因素这里出产的茶叶品质格外优异，拇尾高山茶被称为"本茶"，除此之外的日本茶称为"非茶"。拇尾山的茶后来传至宇治等地，宇治现在已经成为日本著名的茶叶产地。

荣西禅师于 1211 年撰写了日本的第一部茶书《吃茶养生记》，开篇云：“茶者养生之仙药也，延寿之妙木也；山谷生之，其地神灵也；人伦采之，其人长命也。天竺唐人均贵重之，我朝日本酷爱矣。古今奇特之仙药也。”1214 年荣西有机会将茶推荐给了正患头痛病的镰仓幕府将军源实朝，并呈上《吃茶养生记》翔实讲解了吃茶养生之道。源实朝将军按荣西的指点吃茶疗养，头疾很快得到治愈并恢复了健康，将军于是对茶大加赞扬，积极支持荣西推广茶饮，使茶快速在日本的上层社会中传播开来。荣西积极推广茶饮和茶文化，提倡通过吃茶来养身、修行，为后来村田珠光、武野绍鸥、千利休等创建日本茶道奠定了基础。

千利休·日本茶道集大成者

千利休（1522—1591 年），日本战国时代著名茶道宗师，日本茶道文化的集大成者，创建了“和、敬、清、寂”的正宗日本茶道，被尊为日本“茶圣”。千利休本名田中与四郎，法名千宗易，出身于渔业町人家庭。他从小就爱好茶道，17 岁拜北向道陈为师，后向武野绍鸥学习寂茶。1585 年丰臣秀吉在皇宫举办黄金茶会，向天皇献茶，天皇御赐千宗易“利休”法名，进宫负责辅助举办茶会。千利休因擅长茶道、善于审美，先后成为织田信长和丰臣秀吉的茶道老师，同时还是丰臣秀吉的外交和政治顾问，当时许多日本大名（封建领主）都是千利休的茶道弟子。1587 年千利休主持举办北野大茶会，晋身“天下第一茶匠”，一时声名鹊起、从者如云，加之丰臣秀吉的器重，权势如日中天。他也被称为日本茶道的“集大成者”。

丰臣秀吉在最初征战中利用茶道凝聚人心，然而在平定天下后开始用士农工商的身份等级制度来确立社会新秩序。千利休或因町人出身而居高位，或因“木像事件”僭越获罪，或因不同意女儿嫁给丰臣秀吉为妾而招致杀身之祸，根本原因或许是他的艺术审美气质和不向世俗妥协的精神挑战了政治权贵的底线。千利休去世后，他的弟子和子孙继承了"和、敬、清、寂"的茶道精髓，并开枝散叶分成了不同的流派。日本明治维新以后贵族渐趋没落，千利休的后人创立的三千家即表千家、里千家和武者小路千家得到了复兴，通过茶道宗师制度的推行，三千家再次成为了日本茶道的中心。

第十二辑

饮一盏茶·漫话

人生哲学

遇见·只是人生偶然

茶叶，在茶树顶端的枝头芽端，吮吸过清晨晶莹甘甜的露水，见过最早露出地平线的朝阳，听过早起鸟儿的鸣叫和轻唱，也见过夕阳唱晚，也经历过月光如水安静清凉的夜。日复一日，日落月升，她以为这样的循环不会结束。

终于她在被认为最好的时候和状态下被采摘，进入萎凋、蒸青、揉捻、发酵、烘焙、分拣、塑形、装运的流程。在短短几周之内，茶叶经历了胶片快放式的改造。她以物来顺应的态度和朝闻道夕死可矣的哲学逻辑，接受了从鲜叶到茶叶的蜕变。

然而这只是棋至中盘，人生过半。她等待着一场相遇的重生。

相遇之前，她静如处子，不急躁，不抱怨，不抒情，只是安静地等在那里，屏息微兰，发着淡淡的幽香，她的美浑然天成。

她条形漂亮，香气如兰，却又不骄不怯，安静地等待着，甚或谈不上什么等待，因为你来或不来，她都在那里。

她不像五指山下的孙行者，焦急地等待那个路过的有缘人。她似乎明白，王子和唐僧都有可能骑着白马而来。

急或不急，时间总是均速地流逝。等待的那个有缘人会在合适的时候出现，将会把她再次唤醒，水的温度和恍如隔世的记忆，令她重新焕发青春的活力与气息，析出自身所有的营养价值。那经过时间沉淀而郁结形成的幽香持续不断地散发，沁人心脾、诱人成瘾，在释放完所有的能量之后，最终她以残茶的松散形态委身入尘，化作草丛下来年的春泥。

从开始到结束，她没有问过为什么。

回甘·人生否极泰来

窗外寒梅已著花，呷一口茶。

屏息凝神，双眼微闭惺忪。倏然间凝重的脸色微一松弛，遽而一股暖流游遍全身，一缕茶香瞬间沁入心脾，似乎山川秀气挟着隔世的记忆映入眼前、浮于脑海。这时缓缓地长舒一口气，一股回甘自喉下传来，口齿生香，似有霞光映照两颊。随后，一种无以名状的喜悦情绪温润地弥漫开来，脸上露出不易察觉的满足或得志的神态，感觉有一股以实化虚的能量激发人慢慢地兴奋起来。

回甘，是中国饮茶文化中一种特有的现象。上好的茗茶入口时会略带些许苦味，然而入喉以后很快会有甘甜从喉下舌底回传上来，那种微微的、似苦似甜、苦胜于甜、有层次有厚度的甜，不动声色地给人以失而复得的欣喜，令人生发一种深沉的愉悦，此之谓"回甘"。一泡茶有没有回甘、回甘的深浅、回甘的快慢，被作为评品一泡茶品质高下的标准之一。

回甘增添了饮茶的意境、乐趣和哲学意蕴。

因为有回甘，所以会对一泡好茶有了期待。有期待，就有了悬念，有悬念就会寓于故事情节，有无、快慢、高低、深浅都呈不确定性，从而平添了更多的可能性和想象空间。不同的主体对一泡好茶的研判、预估、品赏、审评都有不同的意见和想法，由此产生出一泡茶多纬品评、多感交错、多元结论的丰富层次和架构，甚或引入佛学、禅心、文学、音乐、绘画等元素加以映衬佐证。

中国传统文化中有否极泰来的哲学意象，正印合于饮茶的苦尽甘来。其中暗含三层人生逻辑：第一层，人生总是先苦后甜，任何事都是吃苦在前、享乐在后，有因有果有秩序，比如少壮不努力、老大徒伤悲，顺序颠倒易成悲剧，彰显劝进激励的价值观；第二层，人生有苦必有甜，每一样事物都有其两面性，不同事物之间具有普遍关联性，系统地、辩证地看待世界，就能从容面对有光明就有黑暗、有强大就有弱小、有美好就有丑陋的客观存在，所谓淡然正视、坦然处之；第三层，事物的发展自有其规律，寒来暑往、昼夜轮回，世间万事万物都呈相对动态变化，水满则溢、月盈则亏，乐极生悲、否极泰来，认识必然、顺其自然、受之泰然、渡之安然。贾母说，要享得富贵、耐得贫凉。

其实哪有天然的深沉，都是历经高光和磨难后沉淀的不惊与淡泊。

于是所谓风雨不动安如山，任他风吹雨打，我自闲庭信步。窗外北风吹雪，屋内炉火正旺，一壶好茶说《红楼》。

倒影·人生悲欣交集

如果将一盏茶安静地置于夜空下，你会注意到茶盏里竟然盛满了整个天空的星辰。然而，忙碌而多欲的人们似乎很少注意到茶盏里的倒影，或许是因为思虑和所念过多，或许是因为茶盏的圆周小开口以及微漾而变幻的波影，也或许是源于见惯不怪的忽略和习以为常式的不敏感。

然而，茶盏里的倒影，千百年来始终在。不端详，不静心，不注目，不内省，虽近在眼前，却看不到。

一个人外在的财富、人脉、感情恰在他的内心心湖中形成倒影，内化成他的心绪、境界和理念，并由内而外扩散外化于他的表情、精神与状态，即所谓境由心生。你看到的世界，恰是世界看你的样子。

世界上成功的人士到处广受欢迎地演讲着他其实并不可复制的经验。掌声和鲜花的精神愉悦依赖以及财富虚线暗随让他们沉迷于一览众山小的场景。然而那些越是成功的人士，无一例外地经受过巨大的艰难和磨砺，即便是由于运气或偶然获得巨大财富或者成功的人，在后期保持和管理好财富的过程中依然会遇到难以逾越的障碍。事实上一个人享有的权力和幸福，必然与他所承受的压力和痛苦成倒影式正比。

小人物有小人物的人生悲喜，大人物有大人物的悲欢离合，不以物喜、不以己悲的境界非常人可以修成。期望与现实之间的差距反复考验着人们的承受张力和欲望缩放，现在的人们已经逐渐接受幸福感并没有随物质财富增加而线性上升的客观现实。

泡一壶上好的武夷岩茶，在岩骨花香的意蕴中，看青山依旧在，观逝者如斯夫，把盏言欢品《三国》，滚滚长江东逝水……

仪式感·人生只是吃茶去

一泡工夫茶，要用十八道流程才能喝完。短暂而又漫长的人的一生，究竟要怎样才能风雨无阻地走完。你若问高僧，高僧淡然回答你三个字：吃茶去。你若再问，高僧仍然淡然回答你三个字：吃茶去。

《广群芳谱·茶谱》引《水月斋指月录》文曰：有二僧来参访赵州从谂禅师。师问道："上座曾到此间否？"云："不曾到。"师云："吃茶去！"又问那一人："曾到此间否？"云："曾到。"师云："吃茶去！"院主问："和尚，不曾到，教伊吃茶去，即且置；曾到，为什么教伊吃茶去？"师云："院主！"院主应诺。师云："吃茶去。"

从谂禅师对于"曾到"和"未曾到"的两位僧人，对已悟之人和未悟之人，都回以同样一个"吃茶去"，显示出他"了悟如未悟"的更高一层禅学境界。赵州和尚已然抛却了一切分别执着，达到众生万物无差别、平等如水平的境界。

从谂禅师这三声"吃茶去"，初看平淡无奇，细品深有禅意，后来被禅门僧众视为"赵州禅关"。"赵州茶"或"吃茶去"也成为禅林中的著名典故，为僧侣和信众所喜闻乐道。

一个能够不问世事纷扰，旁若无人地安静地坐下来喝茶，而且喝得很有仪式感的人，必然是一个有故事、有过往的过来人。你若去问他，他淡然一笑：喝茶。你再问他，他还是淡然一笑：喝茶。其实你问的是什么问题并不重要，而他回答你的，始终是两个字：

喝茶。

仓廪实而知礼节，衣食足而知荣辱。当中国人为了物质的进步埋头苦干几十年后走出短缺经济的时候，有社会学家提出我们的生活需要仪式感，映射出物质的快速膨胀对精神的挤压而致缺失，规范的重建将升腾起源于历史的荣耀信心。开学典礼、就职仪式、成人礼、结婚典礼等各种仪式更加受到重视和流行，自古讲求礼仪仁智信的中国人因着经济发展和物质进步，从衣食小康渐趋追求书香门第、礼仪之邦也符合经济基础决定上层建筑的社会发展规律。

日本茶道源于唐宋，其传承、发扬而自成一体的茶道精神和繁复仪式令人印象深刻。日本茶道大家森下典子在传播茶道时，建议年轻一代学习茶道要从形式学起，再将心意放入其中。事实上，由仪式带来的庄重、严谨、细致、用忍的仪式感本身就是对精神的淬炼、意志的锻炼和禅心的修炼。

仪式感借助于有形的人、物、事呈现于人们的目光与意识覆盖的范围。环境的讲究，器物的精致，气氛的安静，参与者的低眉顺从或严肃持重，乃至仪式主持人的威望、职位、修养都会引发和产生仪式感。很多时候，仪式感代表着责任、信任、承诺和使命，有仪式感的活动在人们的记忆中留下群体性的深刻印记。

一期一会·人生不会再见

日本茶道中渗透了一期一会的理念，因此亭主与茶客均对有缘这一次茶会十分珍视。这种珍视的情怀，似乎动了妄念，实则是山还是山、水还是水的自然之道。

即便亭主与茶客有机缘第二次再见，然而亭主已不是上一次的亭主，而茶客也已经不是上一次时的茶客。古希腊哲学家赫拉克利特曾说：人不可能两次踏进同一条河流。当你第二次走过一棵参天大树的旁边，你以为看到的还是第一次路过时见到的那棵树，事实是它由于变化与成长已经不是原来的那棵树了。

如果用宇宙亿万光年的长度来衡量人生的百年时光，正如人以百岁的年龄看待朝生暮死的蜉蝣。人的一生，宛如白驹过隙，在绝大部分人还没有想明白人生意义的时候已然倏忽而过。参悟人生的高僧大德只是极少数，跟随出家的僧人也只是少部分，世间芸芸众生皆在忙忙碌碌中度过了喜怒哀乐的一生。

或许，这正是人类得以存在而繁衍的原因。

人类总是希望有价值的东西不断增加，美好的情景能够不断重现。然而人性是人本身无法把握和变更的东西，当有价值的东西不断增加到超过一定量的时候，比如黄金遍地时黄金在人们的认知中就没有多大价值了。美好的情景如果不断重现，比如朝朝暮暮的爱情就变成了柴米油盐的日常，总是那些充满了朝思暮想的情侣在憧憬着求而不得的朝朝暮暮，见多了以后相见不如怀念的遗憾有时会若隐若现于激情消退之后。银发一族们聚会时发现上一次见面的人这一次缺席的时候，就难免对每一次的相见格外珍惜，多看几眼、多说几句、多握一会儿手。

所以日本茶道中讲求一期一会，除了顺应于人生无常以外，更多地劝解人们珍惜当下的美好。人生或不会再见，再见也不再是此番情景。再见时山已不是那座山，水已不是那江水。如果你说山还是山，水也还是水，我们且握手碰杯，饮下这一盏茶。

饮下这一盏茶，人生当下的意义全在这里了。

有人若问，微笑颔首答曰：喝茶。

路过·人生只是一场修行

一个亿万富翁说他对钱没有兴趣。没有必要去怀疑他讲的是真话，因为人对于已经拥有的东西、容易得来的东西、名下数量巨大的东西是不会有太多兴趣的。当然，如果你想让他把自己没有兴趣的东西赠送给你，那他一定会循循善诱地劝导你欲求不劳而获的思想的不可取及其危害性，只有经过自己努力奋斗和付出获得的成果与财富才会值得珍惜。

这也是真话，是看透了人生和世事的肺腑良言。

有一部日本电影，讲述一对美丽的姐妹的故事，姐姐曾经是红极一时的电影明星，退隐后看透红尘，劝解妹妹无须羡慕聚光灯下的纸醉金迷，那不过是人生幻象、转瞬即逝，且万事皆有代价。妹妹却回答道：可是你说的那种转瞬即逝的聚光灯下万众瞩目的感觉我还没有经历过呢。

人类的逻辑是很有意思的。有一位英国哲人说过，人生有两大悲剧：一个是得不到想要的东西，一个是得到了想要的东西。听上去令人一愣，好像十分深刻而有哲理，将人性描绘、刻画得入木三分，归纳起来就是不论得到还是得不到想要的东西，人生都是悲剧。如果另有一位哲人说，人生有两大喜剧，一个是得到了想要的东西，另一个是得不到想要的东西。从逻辑架构而言如果悲剧论是成立的，这个喜剧论也是成立的。喜剧论听上去也令人一愣，好像也十分深刻而有哲理。

这样一来，似乎人生的悲剧论和喜剧论都可以成立，所以人生是悲剧还是喜剧，关键在于你自己怎么看、怎么说、怎么做，这样一想你的人生观就积极了，阳光就照进来了。

中国人对待人生的态度不像西方人那样非悲即喜、非黑即白。中国人讲人生四大喜：久旱逢甘雨、他乡遇故人、洞房花烛夜、金榜题名时。为了防止你乐极生悲或者盲目乐观，中国人又给你讲人生四大悲：久旱逢甘雨——不停，他乡遇故人——债主，洞房花烛夜——隔壁，金榜题名时——做梦。

看上去或许有些戏谑，但这体现出中国人对待人生的态度与西方人不同，西方人的悲剧论走线性思维路线，于是容易走向极端，得到是悲剧得不到也是悲剧，归纳成人生就是悲剧。中国人看待人生的态度是辩证的、中庸的，你太悲了给你调喜一点，你太喜了给你调悲一点，这种方式用在科学计算和原则问题处理上并不可取，但是在对待人生的态度上，或许正是中国人的性格中有张力、有韧性的体现，是中国人人生哲学的底层架构。

　　所以一代宗师弘一法师留给世人的最后四个字是：悲欣交集。

　　如是，我们对于赵州和尚对待两位僧人、一名院主都用同一个"吃茶去"去度化，就容易理解了。如果还是觉得难掩人生的迷思，泡一壶陈年的千年古树普洱，我们喝茶去。

附录一
茶的发展历程大事记

时　间	标志性事件	人物
公元前 2700 年前	神农氏尝百草，发现茶叶并用以解毒	神农氏
公元前 202 年	长沙国设置"荼陵县"	刘邦
公元前 179 年—前 118 年	《凡将篇》将"荈诧"（茶）列为 20 种中药材之一	司马相如
公元前 59 年	西汉《僮约》记载："烹茶尽具……武阳买茶"	王褒
公元前 53 年	吴理真在蒙顶山最早进行人工栽植茶树	吴理真
227 年—232 年	《广雅》对茶的制作、加工作了详细描述	张揖
493 年	南齐武帝遗诏以茶代三牲为祭	萧颐
641 年	文成公主进藏和亲，将饮茶习惯输入吐蕃	文成公主
735 年	唐玄宗编《开元文字音义》，改"荼"字为"茶"	李隆基
756 年	《封氏闻见记》记载：中蒙边界首开茶马互市	封演
770 年	唐代宗在浙江顾渚山建贡茶院	李豫
780 年	茶圣陆羽所著的世界第一部《茶经》问世	陆羽
783 年	唐德宗年间中国历史上首次对茶业进行征税	李适
805 年	日本最澄法师将中国茶种传入日本栽种	最澄法师
814 年	怀海禅师制订《百丈清规》，形成禅宗茶礼	怀海禅师
828 年	中国茶籽被引入朝鲜半岛栽种	金大廉
835 年	唐文宗对茶实行专卖	李昂

时　间	标志性事件	人物
977 年	北宋在福建武夷山修建北苑贡茶院	赵光义
1074 年	宋神宗颁布茶马法	赵顼
1107 年	宋徽宗赵佶写成《大观茶论》	赵佶
1211 年	日本荣西禅师写成《吃茶养生记》	荣西禅师
1391 年	明太祖朱元璋诏令"废团兴芽"	朱元璋
1440 年	明燕王朱权写成《茶谱》，推动泡茶道形成	朱权
1423 年	村田珠光创建日本茶道	村田珠光
1522 年	千利休确立"和、敬、清、寂"的正宗日本茶道	千利休
1559 年	《中国茶摘记》在意大利出版	拉摩晓
1572 年	明王朝因茶贸与蒙古各部发生清河堡战争	张居正
1610 年	荷兰商人首次将中国茶叶出口到欧洲	—
1618 年	中国公使首次将茶叶作为国礼赠送给俄国沙皇	—
1658 年	英国伦敦出现了世界上第一则茶叶广告	—
1662 年	葡萄牙公主凯瑟琳将饮茶文化传入英国	凯瑟琳
1734 年	陆廷灿著最长古茶书《续茶经》出版	陆廷灿
1751 年	乾隆皇帝评京西玉泉山玉泉为天下第一泉	乾隆皇帝
1773 年	英属北美殖民地发生"波士顿倾茶事件"	—
1784 年	美国"中国皇后号"首次直航广州开展茶贸	—
1808 年	葡萄牙人招募首批中国茶工赴巴西种茶	—
1824 年	在印度阿萨姆发现大乔木型野生茶树	布鲁士
1824 年	锡兰将中国茶籽引入皇家植物园试种	—
1835 年	英国人将中国茶籽引入加尔各答植物园培育茶苗	戈登
1838 年	印度阿萨姆首次向英国输出茶叶	—

时　间	标志性事件	人物
1840 年代	英国贝德芙公爵夫人发明了英式下午茶	安娜
1866 年	举办了福州至伦敦的飞剪船运茶比赛	—
1872 年	世界第一部制茶揉捻机问世	威廉姆·杰克逊
1873 年	锡兰首次向英国输出茶叶	—
1889 年	清朝对英国茶叶出口首次被印度超过	—
1890 年	世界第一大茶叶品牌"立顿"创立	汤姆斯·立顿
1893 年	中国茶师刘峻周受邀赴俄国种茶	刘峻周
1896 年	中国首家机械制茶公司在福州成立	—
1903 年	英国人将阿萨姆茶种引入非洲肯尼亚种植	凯纳
1924 年	阿根廷从中国引入茶籽种植茶叶	—
1927 年	肯尼亚红茶首次输往英国	—
1933 年	国际茶叶委员会在伦敦成立	—
1935 年	世界茶叶巨著《茶叶全书》出版	威廉·乌克斯
1935 年	美国人发明了袋泡茶	托马斯·萨利文
1937 年	土耳其从格鲁吉亚引种茶叶获得成功	—
1940 年	复旦大学设立我国最早的茶叶专业	吴觉农
1949 年	中国茶叶公司在北京成立	—
1958 年	中国农业科学院茶叶研究所在杭州成立	—
1964 年	中国茶叶协会在杭州成立	—
1979 年	陈椽提出六大茶类的划分	陈椽
1966 年	山东在胶东半岛"南茶北引"获得成功	—
1981 年	宋代建盏工艺在福建复原获得成功	陈大鹏

时　间	标志性事件	人物
1991 年	中国首座茶叶博物馆在杭州建成开馆	—
1992 年	《中国茶经》出版	陈宗懋
1993 年	中国国际茶文化研究会在杭州成立	王家扬
1970 年代	中国云南发现世界最大万亩古茶树群落	—
1991 年	中国云南发现树龄 2 700 年世界最古老大茶树	—
1997 年	新中国发行第一套茶的邮票	—
2004 年	中国茶叶产量超过印度重回世界第一	—
2019 年	联合国设立"国际茶日"	—
2021 年	山东邹城邾国故城西岗墓地一号战国墓发现了战国早期偏早的茶叶残渣	—
2022 年	"中国传统制茶技艺及其相关习俗"列入联合国教科文组织人类非物质文化遗产代表作名录	—

附录二
茶具茶器名录与释义

《论语》曰：工欲善其事，必先利其器。饮茶品茗，必藉以茶具，茶之成礼成仪，势所需要使用各种器具以承载。陆羽《茶经》有论茶具二十四。

茶具按材质主要可分为瓷器类、紫砂类、金属类、漆器类、竹木类、玻璃类、玉质类、果壳类八个类别。瓷器类茶具最常见，有青瓷、白瓷、黑瓷、彩瓷、骨瓷等。紫砂类茶具有透气性、吸附性较好的特点，产地、器型、制壶者都好的紫砂壶为名家上品，具有收藏价值。金属类主要包括金、银、铜、铁、锡等金属制品。漆器类茶具主要产于福州、厦门，其质地轻盈而坚固，工艺精美，具有装饰性。竹木类茶具呈自然原生态，打磨、抛光、上漆后十分漂亮，且有返璞归真的意韵。玻璃类茶具通体透明，冲泡龙井、碧螺春、君山银针等茶时，茶芽青翠、旗枪交错、浮浮沉沉，而用于冲泡或盛装黄茶、红茶、黑茶等茶汤时，其汤色或金黄色或琥珀色，澄亮明丽而赏心悦目。玉质类和果壳类茶具相对较少，玉质类茶具的原材主要有真玉、绿松石、玛瑙、水晶、琥珀、红宝石、绿宝石等。果壳类茶具主要选用葫芦、椰子等硬质果壳。

以下罗列泡茶所用的常用茶具。

茶道六君子（也称茶道六用）

茶针：两头一粗一细，如针状。用于疏通壶嘴，防止堵塞。
茶夹：洗杯、温杯和奉茶时，用于夹取品茗杯的夹子。

茶匙：汤匙状，一端大一端小，用于从茶罐中拨取茶叶。

茶则：有柄微型簸箕状，用于从茶罐中量取茶叶。

茶漏：环状，置茶时套于壶口，扩大壶口面积，防止茶叶溢出。

茶筒：笔筒状，用于置放茶针、茶夹、茶匙、茶则、茶漏。

茶　盘

用于摆放茶杯、茶海、盖碗等各种泡茶具的盘子，可以盛接泡茶时溢出或倒掉的水或茶汤。茶盘以木制、石制居多，也有竹制、金属或陶制品，款式多种多样，高档的茶盘外形具艺术性。

茶　壶

泡茶时用于盛装茶叶、受水冲泡的带盖、有嘴、具柄的壶。茶壶有紫砂壶、瓷壶、玻璃壶等，以圆形、椭圆形居多，也有方形或筒状等不同器型。

盖　碗

用于冲泡茶叶、带盖的茶碗。碗盖、茶碗、茶托分别居于上、中、下组合成一套。盖碗可以一人一套，碗中置茶后用沸水冲泡，然后直接作为茶杯饮茶，左手持茶托，右手拇指和中指扣茶碗边沿、食指按碗盖，碗盖略倾斜而有茶汤自茶碗沿和碗盖间隙流出。盖碗也可以代替茶壶用，用盖碗泡茶后将茶汤倒入茶海，然后冲水再泡。盖碗以瓷质居多，也有紫砂、陶制和玻璃等材质。

品茗杯

品茗杯即小茶杯，用以品饮茶汤。常用的品茗杯有白瓷杯、紫砂杯、玻璃杯，有的杯壁上还画有花鸟、草木等工笔或写意画，特别材质的品茗杯还有陶碗、建盏等。偏爱饮茶者通常备有主人杯和客人杯，也有主客混用不讲究的。

闻香杯

用来嗅闻杯底留香的器具。材质与品茗杯相同，配成一套，再加一个杯垫就成为一套品饮组杯。闻香杯多在冲泡高香的乌龙茶时闻杯底留香使用，以瓷质为主，也有内白釉、外紫砂的闻香杯或陶制的闻香杯。

公道杯

又称茶海、母杯，用于盛装用茶壶或盖碗泡好的茶汤，再分倒入各个品茗杯，使各品茗杯所受茶汤浓淡相同、味道一致，避免厚此薄彼，放下分别心，建树众生平等理念。公道杯有的带柄，有的无柄，以瓷质、紫砂、玻璃材质居多。

茶 盂

也称为水盂，用于贮放泡茶过程中的废水和茶渣，在采用干泡方式泡茶时茶盂尤为重要。材质有瓷器、陶器等。

茶 巾

又称茶布，折叠成正方形或长方形布块，用于擦拭泡茶过程中茶具、茶盘上的水渍、茶渍，尤其是茶壶、品茗杯侧部和底部的水渍和茶渍。材质有棉布、麻布等，以吸水性好为上选。

茶叶罐

简称茶罐，用于储存茶叶的罐子，具有密封、防潮的功能。紫砂罐、锡罐是质地较好的茶叶罐，瓷质、陶质、纸质的茶叶罐属于常见的普通罐。

茶　刀

也称为普洱刀，主要用于撬开紧压茶如茶饼、茶砖、茶坨的茶叶，是冲泡紧压茶的专用工具。茶刀尖锐而不锋利，在普洱茶、黑茶中最常用到。

茶　荷

用于茶叶从茶罐取出后，在投入茶壶或盖碗冲泡前，临时置放的开口器具，具有赏茶的功能。

水　壶

用于泡茶烧水的壶。与古时不同，今天的烧水壶大都为金属制，而且与电炉、电磁炉相配套。

滤　网

漏斗型，底部为过滤网，泡茶时置于茶海（公道杯）上，用于茶汤"入海"时过滤茶渣。滤网的材质有瓷、陶、木、竹、不锈钢等，不用时搁置于滤网架上，滤网架有筒状、人手形状、动物形状等。

陆羽《茶经》中的茶之二十四器具

陆羽所著《茶经·二之具》中详细介绍了采茶、制茶的器具，又在《茶经·四之器》中专门介绍了煎茶、饮茶的器具使用。"但城邑之中，王公之门，二十四器阙一则茶废矣！"古人用文言写文章惜字如金，《茶经》十章中用两章写茶具，可见茶圣陆羽对茶具的重视。

器具之一：风炉

风炉形如三足古鼎，用铜或铁铸成，也有用泥高温烧制的，古诗中有"红泥小火炉"的说法。炉身一般饰有花卉、流水、方形花纹等，三足之间开三个孔，底下一孔用于通风和漏灰。

器具之二：筥

竹子编制的筐，高一尺二寸，主要用来放置木炭。

器具之三：炭挝

以铁制成的六棱形钎棒，长一尺，头部尖，中间粗。也有做成槌形或斧形，用于敲碎木炭。

器具之四：火筴

用铁或铜制成的火钳，形如筷子，用于取炭，又叫箸。

器具之五：鍑

用生铁铸造的锅，也有瓷锅或石锅。瓷锅和石锅都属于雅器，但是质地不坚固耐用。富贵人家有用银作锅，清洁坚固。

器具之六：交床

支架十字相交的马札型木制锅架，用来放置锅具。

器具之七：夹

用小青竹制成，长一尺二寸，使一头的一寸有竹节，节外另一头剖开，烤茶时夹茶饼。

器具之八：纸囊

用白且厚、产自剡溪的藤纸缝成的双层纸袋，用来贮藏烤好的茶，可使茶的香气得以长久保存不至散失。

器具之九：碾

碾以橘木做的为上，其次是梨木、桑木、桐木、柘木。碾槽内圆外方。

器具之十：罗合、则

用剖开的竹片弯曲呈圆形制成罗，用纱或绢制作罗衣。用竹节或用杉木片弯曲呈圆形涂上漆制作盒。罗筛筛下的茶末用盒加盖贮存。

则是一种量器，用海贝、蛤蜊的壳，或铜、铁、竹制成。

器具之十一：水方

用稠、槐、楸、梓等木板拼合，内外缝隙用漆膏涂密，可盛水一斗。

器具之十二：漉水囊

滤水的袋子，用青篾丝编织，卷成袋形，用来过滤净水。常用的漉水囊的骨架用铜铸造。

器具之十三：瓢

也称为牺杓，用剖开的葫芦制成，或用木头剜成，用于舀水。

器具之十四：竹筴

用桃木、柳木、蒲葵木、柿心木制作。长一尺，用银包裹两头，煎茶时用以环击汤心，以散发茶性。

器具之十五：鹾簋　揭

用瓷做成，圆形，直径四寸。形像盒子，也有的作瓶形，或为缶状。小口坛形，装盐用。

揭，用竹制成，长四寸一分，宽九分，取盐的工具。

器具之十六：熟盂

用瓷或砂制作，用来盛装沸水的水盂。

器具之十七：碗

茶碗，品鉴茶汤之用。以越州出产的最佳，鼎州、婺州出产的也不错，寿州、洪州出产的则次之。

器具之十八：畚

畚箕用白蒲草编织而成，用于收纳茶碗，也有用圆形有盖的竹筐代替。

器具之十九：扎

将棕榈皮编整齐后用茱萸木夹紧固定，样子像毛笔排刷，用于清洗品饮后的茶具。

器具之二十：涤方

用楸木制成，形状与水方相似，用于盛放洗涤茶具后的水。

器具之二十一：滓方

与涤方相同，用来收集盛放茶渣等物。

器具之二十二：巾

用粗绸制作，长二尺。一般制作两块备用，交替使用，用以擦拭茶具。

器具之二十三：具列

用木或竹制作，也有木竹兼用，制成有门的小柜。用于收放和陈列各种茶具。

器具之二十四：都篮

用竹篾编织成的筐篮，用以收纳和置放各种茶饮器具。

附录三
工夫茶十八道

　　社会起于结构化，人生需要仪式感。事务愈上层，仪式越重大。器物愈简单，仪式越隆重。饮茶，形以至简，艺则繁复，内涵丰富，怡情养性而形之以道。所谓工夫茶，是一种遵循既定方法与流程的沏泡饮茶方式。由于这种泡茶品茗的方式极为讲究，茶器较多而流程具有仪式感，沏泡品饮讲求一定的学问、技艺与功夫，故名之曰工夫茶。

　　工夫茶独成一格，起源于宋代，在广东潮汕、福建漳州、泉州一带最为盛行，属于对唐、宋以降品茶艺术的传承和发展。苏辙有诗曰："闽中茶品天下高，倾身事茶不知劳。"工夫茶是广东潮汕和闽南地区出名的风俗之一，潮汕本地的家家户户都备有工夫茶具，在家的人每天必然要喝上几回，许多侨居海外的潮汕人、漳泉人，也仍然保留着品工夫茶的风俗习惯。工夫茶多采用乌龙茶，常见如铁观音、水仙肉桂、凤凰单枞等。饮工夫茶一般以3—5人为宜，多选用宜兴产的紫砂壶和白瓷上釉茶杯。工夫茶除了泡制需要功夫，饮茶品味也需要功夫，可谓是一门生活艺术。

　　工夫茶的茶艺，十八道程序环环相扣、浑然一体。

第一道　焚香静气　烹煮甘泉

　　点燃一支香，香雾缕缕丝丝飘逸散开，空气中弥漫起似有若无的香气，祥和、肃穆、温馨的气氛呈现。坐下饮茶之人，先前或有激昂心绪，或有悲郁情怀，或有爱情喜悦，或有生意盈亏，此时皆须平静下来，功名利禄身外事，生前身后不随人。坐下，放下，当下的眼中心中只有这一杯茶。悠悠袅袅、沁人心脾的香烟，助催人渐缓渐慢而致平心静气。

水为茶之母。泡茶之水，古人说山泉水为上，井水常汲者亦佳，江河水则次。工业化时代以后，无根之水（天落水亦即雨水）已不可饮用，桶盛瓶装的矿泉水或纯净水是简单实用之选。古人煮水用风炉煮水，以榄核、蔗渣焚燃或用炭火，所谓"绿蚁新焙酒，红泥小火炉"。日本茶道中用地炉或风炉煮水，时下大多用电炉烧水。电炉烧水，用之方便、简单、清洁，炭火和电炉煮的水其味有无差异，或如柴火灶饭与电煲饭的不同。古代专注于茶的茶人认为当地水煮当地茶最为匹配相宜，古代帝王官宦有专从名泉取水泡茶者，文人雅士有专取红梅白雪煮水泡茶者，今日也只能作风雅之想了。

第二道　孔雀开屏　叶嘉酬宾

孔雀开屏是向同伴展示自己美丽的羽毛，这里借指向嘉宾展示泡茶所用的精美工夫茶茶具。欲工其事先利其器，烹茶品茗的茶具茶器对于一泡好茶至关重要。陕西法门寺出土的唐朝御用茶器精美绝伦，日本茶道在早期以持用唐物（唐朝舶来品）为荣，欧洲上层社会18世纪以前饮茶爱用精美的中国瓷器。中国宋代的建盏（日本称为天目盏）精美异常，今天爱茶的国人在饮茶时也爱用一只"建盏"显示自己喝茶的高段位。

工夫茶的茶器具主要有：1.茶盘，木、石、竹皆可。2.茶壶，紫砂或朱泥为佳。3.盖碗，陶瓷作，上有盖、下有托、中有碗。4.茶海，即公道杯，状如无柄敞口茶壶。5.闻香杯，闻香之用，较品茗杯细长。6.品茗杯，瓷、陶、紫砂等均可。7.茶匙，取茶入壶的竹、木量具。8.电炉或酒精炉、泥炉，用以煮水。9.水壶，与炉配套的煮水壶。10.储茶罐，锡、铁、铜、木、竹、石等。

"叶嘉"指茶叶。陆羽《茶经》云："茶，南方之嘉木也。"苏东坡著有《叶嘉传》，以叶嘉借指茶叶。"叶嘉酬宾"这里指茶叶在冲泡之前先给宾客展示鉴赏，不同的茶叶其色泽、条索、香气等各有不同，前来品茶的宾客可以对茶叶进行观色、闻香和评品交流，以赏心悦目的方法引导嘉宾进入品茶的境界，并且使宾主之间产生互动、增进共识，使气氛更加融洽。

第三道　孟臣淋霖　观音入宫

在泡茶之前先用沸水冲淋茶壶和茶杯茶盏，可以使泡茶器具温热而进入"备用"状态，兼有清洁去尘的功能。孟臣姓惠，是清代的制壶名家，且工于书法，擅长制作紫砂壶，因此行内人以孟臣借指茶壶，孟臣淋霖意指用沸水浇烫茶壶，促其温热，以备泡茶。工夫茶多选用乌龙茶，铁观音是乌龙茶中的代表，将铁观音（或其他茶叶）置入茶壶雅称为观音入宫。

第四道　高山流水　春风拂面

高山流水也称作悬壶高冲。乌龙茶讲究高冲低泡，高山流水意指将水壶提高，壶嘴从高处向茶壶内冲水，流水如瀑布般倾泻而下，水的势能冲入壶内转化为动能，使壶内的茶叶随着水浪翻滚，起到醒茶、洗茶的作用，同时也可促使卷缩的茶叶加快舒展而释放茶多酚等物质。当沸水初次冲入壶内，茶汤表面会泛起微微的白色泡沫，这时用壶盖轻轻地浮刮去茶汤表面白沫，使壶内的茶汤更清澄洁净，谓之"春风拂面"。

第五道　乌龙入海　重洗仙颜

品饮乌龙茶讲究"一道汤，二道茶，三道、四道是精华"。第一泡冲出的茶汤一般不喝，直接由壶嘴注入茶海。由于茶汤呈琥珀色，从壶口流向茶海，宛如蛟龙入海，所泡茶为乌龙茶，故称之乌龙入海。

武夷山九曲溪畔有一处摩崖石刻名为"重洗仙颜"，寓意为第二次冲水泡茶。第二次冲水要将沸水注满茶壶，在加盖后还要用沸水再次从上方浇淋整个壶身，谓之重洗仙颜。通过内外同时加温，利于茶香加快散发。

第六道　沸汤温杯　若琛出浴

乌龙茶的第一泡茶汤不喝，用以醒茶、洗茶，由壶中倒入茶海的热汤，用来烫洗一下茶杯茶盏，使原本处于"睡眠"状态的茶杯茶盏"苏醒"过来，并传导了茶汤的温度和茶的香味，使茶杯茶盏进入渐趋活跃的状态。若琛是古代善于制作茶具的高手，经常用以借指高品的白瓷茶杯，经高温茶汤浴洗后的茶杯宛如出浴的女子，洁净、光滑而晶莹。用沸水或头道茶汤洗杯温盏也被称为"白鹤沐浴"。

第七道　玉液回壶　再注甘露

古时冲泡乌龙茶时一般备有两把壶，一把紫砂壶专门用于泡茶，称为"泡壶"或"母壶"。另一把容积相仿的壶用于储存泡好的茶汤，称之为"海壶"或子壶。现代人常用"茶海（公道杯）"代替海壶来储存茶汤。把母壶中泡好的茶汤注入子壶（海壶），称之为"玉液回壶"。母壶中的茶汤倒净后，乘着壶热再次注入沸水，称之为"再注甘露"。

第八道　关公巡城　韩信点兵

将海壶或茶海中的茶汤快速而均匀地来回注入列成一排的闻香杯中，称之为关公巡城，也有称作祥龙行雨或甘霖普降，每一杯的茶汤量基本均等，含有不厚此薄彼、无分别心之意。当海壶或茶海中的茶汤所剩不多时，则将巡回快速斟茶改为点斟，这时茶艺师的手势有节奏地一高一低点斟茶水，形象地称之为韩信点兵，或谓之凤凰点头、蜻蜓点水，意谓向嘉宾行礼致敬，而且低斟出汤利于含香藏韵。也有人认为第七道程序如果称之"关公巡城、韩信点兵"，虽然动作形象但充满刀光剑影、有杀气，所以改称之为"祥龙行雨、凤凰点头"，似更符合"以和为贵"的茶道精神。

第九道　龙凤呈祥　鲤鱼翻身

闻香杯中斟满茶后，将品茗杯倒扣盖在闻香杯上，称之为"龙凤呈祥"，也有称作"夫妻和合"。再把扣合的闻香杯和品茗杯翻转过来，这时闻香杯由下翻身为上，杯中茶汤倾入品茗杯中，称之为"鲤鱼翻身"，寓意吉祥如意、好事将近。中国传统文化里有鲤鱼翻身、否极泰来、鱼跃龙门、金榜题名等吉祥意象和祝愿，客人听到这样的暗示性吉祥语往往会面露笑容，更容易进入到品评仙茗的状态之中。

第十道　捧杯敬茶　众手传盅

捧杯敬茶是指主人或茶艺师用双手把龙凤杯捧到齐眉高，然后恭敬谦和地向右侧的第一位客人行注目点头礼后，把盛有茶汤的龙凤杯传给他，客人按礼双手接茶，并颔首向主人或茶艺师点头致谢。主人或茶艺师再按照同样的姿势将其他盛有茶汤的龙凤杯由右向左依次一一传给其他客人，直到每一位客人都接到茶。

第十一道　鉴赏汤色　喜闻幽香

这时用左手把盛有茶汤的龙凤杯端稳，右手将闻香杯慢慢地提起来，闻香杯中的茶汤全部注入品茗杯，再将倒空的闻香杯翻转过来，杯口凑近鼻子轻微晃动，双目微闭而嗅之，闻香杯中逸出的茶香温润而不绝如缕，沁人心脾、启人遐思，茶之香气已然将茶之高品低味透漏三分，所谓喜闻杯底留香。闻香完毕，再看品茗杯中的茶汤，观其茶汤的色泽是否呈澄亮，是否清澈而润泽，可致赏心悦目、提升品茗雅兴的意境。

第十二道　三龙护鼎　初品奇茗

三龙护鼎指用拇指、食指扶杯，用中指托住杯底的持杯姿势。三根手指喻为三龙，茶杯如鼎，此端杯姿势称为三龙护鼎，既稳当又雅观。

初品奇茗是工夫茶中的头一品。茶汤入口后不下咽而贮于舌下及两侧，嘬嘴吸气，使茶汤在口腔中翻滚流动，茶汤与舌根、舌尖、舌面、舌侧的味蕾充分接触，以精确充分地品悟茶的味道。

第十三道　再斟流霞　复探兰芷

再斟流霞指为客人斟第二道茶。宋代范仲淹有诗云："斗茶味兮轻醍醐，斗茶香兮薄兰芷。"兰花之香是王者之香，二探兰芷借指请客人第二次闻香，细细地闻、慢慢地品，清幽、淡雅、甜润、悠远的茶香，会引发客人的各种遐想，形成闻味而致臆想的通感效果。客人品第二道茶，主要品茶的滋味，茶汤过喉鲜爽、甘醇与否，以及回甘的快慢。

第十四道　三斟石乳　荡气回肠

"石乳"是北苑贡茶中的珍品，后人常用来代指乌龙茶。"三斟石乳"即指斟第三道茶。"荡气回肠"是第三次闻香。品评乌龙茶如武夷岩茶，不仅可用鼻子闻，而且可以用口吸入茶香气，然后从鼻腔呼出，接连三次，可以让全身感受茶香，更加细腻地品味和辨别茶的香型特征。品茶过程中将这种闻香的方法称为"荡气回肠"。

第十五道　含英咀华　领悟岩韵

"含英咀华"指品味第三道茶，这是工夫茶中茶韵最浓郁的一道茶。清代《随园诗话》的作者袁枚在品饮武夷山岩茶时曾说："品茶应含英咀华，并徐徐咀嚼而体贴之。"含英咀华意思是在品茶的时候，要把好茶含在嘴里，像含着精华一般慢慢咀嚼、细细玩味，只有这样才能真正领悟到乌龙茶如武夷岩茶所特有的"岩骨花香"式的幽香岩韵。工夫茶中第三、第四道茶其色、香、味最为上乘，尤以第三道为佳，因此值得慢慢品味、渐品渐悟，茶的口感、香气、滋味、回甘及其丰富的层次变化在第三、第四道茶中得到完全的呈现。

第十六道　君子之交　水清味美

古人讲"君子之交淡如水"。在品饮了三道浓茶之后，喝一口白开水。这口白开水也要像含英咀华一样细细玩味，然后再咽下。咽下白开水后，张口吸一口气，这时候会感到满口生津、回味甘甜、无比舒畅，产生"此时无茶胜有茶"的感觉。浓茶后的白开水，犹如重味后的稀释，紧张后的松弛，又宛如曾经沧海后的舒缓淡泊。

第十七道　名茶探趣　游龙戏水

上好的乌龙茶七泡、八泡仍有余香，九泡、十泡也不失茶之真味。名茶探趣是在五泡、六泡以后请客人自己动手泡茶，试一试壶中的茶泡到第几泡还能保持茶的色香味。

把泡好后的茶叶放到清水杯中，让舒张的茶叶在清水中游晃，称之为"游龙戏水"。主要是让客人观赏泡后的茶叶，行话称为"看叶底"。乌龙茶属于半发酵茶，叶底三分红、七分绿，叶片周边呈暗红色，叶片内部呈绿色，美称为"绿叶红镶边"。

第十八道　宾主起立　尽杯谢茶

　　品茶即将结束时，宾主共同起立，一同干了杯中的茶汤，以相互祝福和感谢结束这次茶会。日本茶道中讲求"一期一会"，果真一生中只有这一次的宾主相会，那是怎样的一种缘分。

　　品饮工夫茶，志趣相类、情投意合的宾主最为重要，心境、天时、环境、茶器、茶叶、选水等对一场工夫茶都会产生影响。至于有泡茶者将工夫茶的流程简化至六道或八道，也有人将其衍生至工夫茶二十一式，那就是各有所爱、各取所需了。

万佛朝宗：和、清、静、美

（代跋）

中国的茶及茶文化虽然源远流长，或缘于中华物产之丰富多样，难以一物以蔽之，抑或缘于中华思想之丰富多样，不能一言以蔽之。与日本形成花开一枝的茶道不同，自汉唐以降中国的茶文化并未见归提炼归纳成独立的核心价值和文化体系，却以大隐于市的精神内嵌而隐现于各类文、赋、诗、词、歌、曲、小说之中。说它有，未见其形；说它没有，到处都是。这难道就是《道德经》里所讲的大音希声和大象无形吗？

近现代我国若干位茶界泰斗、茶学大家曾归纳提炼了几种中国茶道的精神，各有道理、各成体系而神脉相近，但始终没有在茶界形成一种公认的共识，形成一种一览众山的茶道在茶学中予以传承和弘扬。以下用不作褒贬的方法和见仁见智的态度将界茶流行的五种中华茶道论予以列示，供阅读者参阅。为了避免歧义或产生争论，作揖隐去几位茶道大家的名字，仅列其主要观点。

A 论：廉、美、和、敬。

廉——廉俭有德。

美——美真康乐。

和——和诚处世。

敬——敬爱为人。

B 论：理、敬、清、融。

理——品茶论理，理智和气之意。

敬——客来敬茶，以茶示礼之意。

清——廉洁清白，清心健身之意。

融——祥和融洽、和睦友谊之意。

C 论：和、俭、静、洁。

D 论：美、健、性、伦。

演绎为"茶道四义"：美律、健康、养性、明伦。

美——美是茶的事物，律是茶的秩序。

健——健康乃治茶之大本，有"修、齐、治、平"同等奥义。

性——以茶养性，发挥茶功，还其本来性善。

伦——举茶为饮，明以伦理。

E 论：正、静、清、圆。

以上各家对中国茶道精神的归纳提炼虽不尽相同，但主要内涵和指向趋向一致。其用字连缀为"廉、美、和、敬、理、敬、清、融、和、俭、静、洁、美、健、性、伦、正、静、清、圆"。其中"和、清、静、美"四字重复出现，如果将各位方家的意见综合起来，以寻取最大公约数的方式择其共识，辅以与时俱进的时代精神，若以四字为义，则中国茶道可表述为：

G 论：和、清、静、美。

和：和者，乃是一种架构。它是一种具有格局和气度的逻辑，是中国茶道的核心要义，唯和而不同，方得天下大同。它体现了人与人、人与物、物与物、人与自然、自然与物的和谐共生关系。人与人之间保持距离、尊重隐私，互敬互谅、相辅相成，换位思考、理解多让，不争不闹、以和为贵。天和、地和、人和，世间万物各归其位、统一自适。和，是为茶之世界观。

清：清者，乃是一种态度。为人清白，为政清廉，做事清楚，思维清晰，判断清醒，诸物清洁。穷则独善其身，达则兼济天下。格物、致知、诚意、正心、修身、齐家、治国、平天下。不混淆，不扭曲，不厚黑，不捣乱，不奢华，不势利。虽恶小而不为，虽善小而为之。自律，自省，自觉，勤俭，坚守，执着。清，是为茶之人生观。

静：静者，乃是一种状态。安静、清静、宁静、肃静、恬静。有定力，不随波逐流，不人云亦云。静如处子，静察世事，静观变幻，静水深流，宠辱不惊，物来顺应。人不知而不愠，不以物喜，不以己悲。不喧闹，不浮躁，不盲从，不争宠。静，是为茶之价值观。

美：美者，乃是一种审美，亦是一种追求，更是一种善果。以付出为美，以渡人为美，以修善为美，以孝敬为美，以举案为美，以慈爱为美。在所有的努力之后，接受不完美之美，欣赏人之美、物之美、景之美、动作之美、变化之美、世界之美。成人之美而达己，美不胜收。美，是为茶之审美观。

茶道，映射到人的内心和审美，是和、清、静、美的指向和结果。如茶之回甘，物之所用，人之幸福，收敛于美，归化于美。中国的茶道，固然也有清寂、独善、静美等意境，然而较之韩日茶礼茶道，更讲求静中有动、气韵生动，虚中向实、外圆内方，以出世之心为入世之行，格局更大、层次更高、意蕴更为深厚。

"此身合是诗人未？细雨骑驴入剑门。"你以为他是青衣小帽的书生，实为仗剑走天涯的剑客。煮一壶茗茶，处江湖之远，笑看窗含西岭千山雪，犹论心忧庙堂社稷事。

参考文献

郭孟良：《中国茶史》，山西古籍出版社，2002 年。

桑田忠亲：《茶道六百年》，北京十月文艺出版社，2016 年。

王仁湘、杨焕新：《饮茶史话》，社会科学文献出版社，2012 年。

威廉·乌克斯：《茶叶全书》，东方出版社，2011 年。

马克曼·埃利斯、理查德·库尔顿、马修·莫格：《茶叶帝国》，中国友谊出版公司，2019 年。

李贵平：《历史光影里的茶马古道》，中国文史出版社，2019 年。

金刚石：《茶事微论》，旅游教育出版社，2014 年。

罗伊·莫克塞姆：《茶：嗜好、开拓与帝国》，三联书店，2010 年。

宋时磊：《唐代茶史研究》，中国社会科学出版社，2017 年。

叶羽晴川：《一品茶香》，北京联合出版公司，2017 年。

王建荣：《茶道：从喝茶到懂茶》，江苏凤凰科学技术出版社，2015 年。

俞鸣：《茶史漫话》，上海古籍出版社，2008 年。

夏涛：《中华茶史》，安徽教育出版社，2008 年。

陆羽、陆廷灿：《茶经》，中国华侨出版社，2018 年。

陈椽：《茶业通史》，中国农业出版社，2018 年。

图书在版编目(CIP)数据

茶道两千年/易行健著. —上海：复旦大学出版社，2023.1
ISBN 978-7-309-16561-6

Ⅰ.①茶…　Ⅱ.①易…　Ⅲ.①茶道-研究-中国　Ⅳ.①TS971.21

中国版本图书馆 CIP 数据核字(2022)第 201017 号

茶道两千年
CHADAO LIANGQIANNIAN
易行健　著
责任编辑/方毅超

复旦大学出版社有限公司出版发行
上海市国权路 579 号　邮编：200433
网址：fupnet@ fudanpress.com　http://www.fudanpress.com
门市零售：86-21-65102580　团体订购：86-21-65104505
出版部电话：86-21-65642845
常熟市华顺印刷有限公司

开本 787×1092　1/16　印张 26.25　字数 365 千
2023 年 1 月第 1 版
2023 年 1 月第 1 版第 1 次印刷

ISBN 978-7-309-16561-6/T·726
定价：58.00 元